ゴミが作りだす社会
現代インドネシアの廃棄物処理の民族誌

Kota Yoshida 吉田航太

Society of Waste:
An Ethnography of Waste Management Infrastructure
in Post-New Order Indonesia

東京大学出版会

Society of Waste:
An Ethnography of Waste Management Infrastructure
in Post-New Order Indonesia
Kota Yoshida
University of Tokyo Press 2025
ISBN978-4-13-036292-4

ゴミが作りだす社会　もくじ

はじめに ───────────────────────────── iii

序　章　廃棄物処理と現代インドネシアの民族誌 ───── 001
　1　インフラストラクチャーの人類学　001
　2　廃棄物の社会科学と「ゴミ」の複雑性　008
　3　廃棄物処理インフラの民族誌と本書の問い　017
　　　──「分散」という論点
　4　現代インドネシアの民族誌　023
　5　各章の概要　026

第1章　スラバヤにおける廃棄物処理インフラ ────── 031
　1　調査地の概要　031
　2　スラバヤにおける廃棄物処理の歩み　035
　3　二重のインフォーマリティ──収集人とプムルン　039

第2章　民主化とゴミ問題の登場 ──────────── 057
　1　ゴミ問題の発生──インフラの機能不全　057
　2　ゴミ問題の構造──複数の問題の絡まり合い　065

第3章　市場化の隠れた機能 ───────────── 085
　1　日系企業の開発プロジェクトの事例　085
　2　純粋な市場化の課題──ゴミの混合性　099
　3　埋立処分場の民営化の事例　111
　4　不透明な市場化の効果──分離による問題の安定化　117

第 4 章　住民参加型開発の登場 ———————————— 131
　1　「住民」概念の系譜——開発の対象から権利の主体へ　131
　2　キーファクターとしての環境 NGO　139
　3　スラバヤにおける環境 NGO　147

第 5 章　住民参加のパラドックス ———————————— 157
　1　住民参加のテクノロジー——絶えざる発明と増殖　157
　2　環境コンテスト——住民参加の「劇場」　181
　3　住民参加の「成功」と専門家による批判　204

終　章　ゴミが作りだす社会 ———————————————— 217
　1　3つの廃棄物処理　217
　2　ゴミ問題に内在する複数性　221
　3　社会とインフラの「分散」　223

おわりに ———————————————————————————— 227

　用語集 ———————————————————————————— 233
　図版出典一覧 ——————————————————————— 236
　参照文献 —————————————————————————— 237
　索　引 ———————————————————————————— 245

はじめに

　「ゴミ」という存在はあまりに身近なものに思える。私たちの暮らしの中で毎日のように何かしらの使えない物が生まれては捨てられているが、そのことにわざわざ気を留めることもあまりない。だが、そうした自明性は、普段は意識されることのない日常に組み込まれた複雑なインフラによって維持されている。街中の無数の集積所に山積するゴミ袋を作業員とパッカー車がひとつひとつ収集していき、集められた大量のゴミは清掃工場で巨大なクレーンによって焼却炉へと投げ込まれ、焼却灰が最終処分場に埋め立てられる。こうした一連の技術システムがあるからこそゴミが日常生活を脅かすことはないのである。また、ペットボトルや缶などの特定の種類のゴミは「リサイクル」として再利用のために区別される。そして私たち自身もまた、収集日に合わせたゴミ出しや分別を通じて、このシステムの一端を担っている。

　ゴミをめぐる私たちのつながりは、こうした日常的なインフラのサイクルにとどまらない。時にはゴミは「ゴミ問題」として、不法投棄に対する住民の苦情や埋立処分場への反対運動といった局所的な問題から、国際的な廃棄物の移動規制や世界の海に漂うマイクロプラスチックといった地球規模の問題に至るまで、様々な議論や行動の原動力となっている。気候変動に代表される環境問題が人類にとって重大な課題とされる中で、ゴミ問題もその一環として絶えず俎上に載せられ、ゴミを削減したり効率的に処理したり再利用したりすることを謳う、新たな政策や新たな技術の提案は尽きることがない。また、ゴミ問題は人間性や社会の反映ともされ、ゴミを糸口に道徳や価値について考える試みは、集積所を管理する町内会のゴミ当番から廃材を使ってインスタレーションを作るアーティストまで様々

なところでなされている。「ゴミ」は単なるモノの塊なのではなく、現代の世界を構成する重要な領域のひとつなのである。

　本書は、インドネシアの一都市における廃棄物処理インフラを事例に、ゴミがどのように人々やモノの関係を生み出しているのかを、明らかにするものである。東南アジアのゴミと言えば、フィリピンのマニラにかつて存在したスモーキーマウンテンのように、積み上げられたゴミの山とそこでゴミを拾って生計を立てる人々のイメージがまず思い浮かぶことだろう。事実、メディアや学術研究においても、「ウェイストピッカー」や「スカベンジャー」と呼ばれるそうした人々に焦点をあてたものが圧倒的に多数である。確かにこうした人々は現在もインドネシアには存在しており、廃棄物を考える上で重要な一面であることは否定しない。しかし、本書が論じるのは、エキゾチックなイメージにとどまらないより広範な廃棄物処理のインフラである。そもそもゴミ山も自然に生まれるのではなく、人々が日常的にゴミを生み出し、それを収集し、埋立処分場へと運んでいく一連の技術が存在するからこそ、そうした景観が生み出されている。こうした景観は日本と同じように複雑なインフラのシステムの一部である。また、インドネシアでも「ゴミ問題」についての様々な議論やリサイクルなどの新たな試みがなされているという点で、日本とまったく同様である。ただし、これは日本あるいは欧米と完全に同じ形の廃棄物処理がなされていることを意味しない。そうではなく、日本や欧米のあり方や廃棄物処理工学で議論されている理想とは異なる、「分散」という別の姿を示していることを本書では明らかにしていく。

　そのために本書が理論的に依拠しているのが、科学技術の人類学およびそれを包摂する科学技術社会学（STS）という研究分野である。序章で詳述していくが、科学技術社会学は、近代的な科学技術を社会的な存在として取り扱うことで、科学的知識や近代技術と社会の関係について新たな視座をもたらしてきた。本書では、特に近年隆盛を見せているインフラストラクチャーの人類学という観点から、廃棄物処理インフラという技術からどのような社会が生み出されているのかという問いに取り組む。一方で、本書の問いは、たとえば「携帯電話という新たなインフラが地域の社会や

文化にどのような影響を与えたのか」といったものとは異なる。こうした問いでは技術と社会は区別され、前者の後者への影響という枠組みが設定されている。しかし、技術と社会の関係はそれだけではない。技術を個々の道具や人工物というミクロな範囲を越えて、より抽象的に何かしらの問題を解決するための方法というように考えれば、問題への対処のために人工物や自然物、そして人間もまた技術の中に含まれており、技術がすでにひとつの社会を構成しているのである。

　こうした技術の考え方は、人類学においてもともとは主流の視点であった。たとえば「狩猟採集社会」「牧畜社会」といった言葉は、食料の動植物を得るための弓矢や罠、籠などの人工物を用いた狩猟採集という技術が「狩猟採集社会」という社会を構成し、ウシへの給餌や繁殖といった飼育の方法およびウシの所有権や相続といった制度を含めた牧畜という技術の総体が「牧畜社会」を作り上げている、という観念を意味していた。そして、現代社会もまた、確かにより多くの複雑な技術が縦横無尽に走っているとはいえ、伝統社会の技術と同様にそれぞれの技術は社会を生みだす力となっているのである。そのひとつが近代化によって新たに生じたゴミ問題に対処する廃棄物処理という技術領域である。その意味で、廃棄物処理という技術は同時に「ゴミが作りだす社会」でもあるのだ。そして、同じ水田耕作の社会であっても、たとえば日本とジャワでそのあり方が異なるように、廃棄物処理による社会にどのような違いがあるのか、インドネシアにおける特徴を「分散」として示すのが本書の目的である。

　インドネシアにおける廃棄物処理が「分散」という形を取っているという本書の主張は、フィールドワークの中で生じていった問いへの答えでもある。インドネシアの第二の都市スラバヤ市で、筆者は2016年から2018年までの2年間、廃棄物処理インフラおよびゴミ問題への取り組みについてフィールドワークを行った。調査地をスラバヤに選んだのは、日本との開発協力でゴミ対策が成功した都市として、JICAの広報や日本のニュースサイトで紹介されていたというある意味ではシンプルな理由からであった。2001年にゴミ問題が深刻な課題となったスラバヤ市は、日本の北九州市との協力のもと、リサイクルや住民参加に取り組み、見事にゴミ問題

の解決に成功したとされていた。また、2016年当時スラバヤ市で廃棄物のリサイクル施設のプロジェクトを行っていた北九州市の企業から調査の受け入れを快諾してもらったこともあり、スラバヤの地で調査を始めることにしたのであった。

確かに、スラバヤでは廃棄物処理について数多くの新たな取り組みがなされていた。上述の日系企業のプロジェクトを調査の手始めとして、スラバヤ市政府の運営する有機ゴミの堆肥化施設、環境NGOの活動、住民組織によるゴミ対策や環境コンテストなど、無数のプロジェクトが展開されて多くの人々がゴミ問題に関わっていたのである。しかし、これらの取り組みを次々と紹介されるがままに調査していく中で、その複雑さに次第に困惑を覚えるようになっていった。かつてのゴミ問題の中核とされた埋立処分場は、民間企業に運営が移管されてからは外部からの門戸を閉ざしていて、ゴミ対策について断片的な情報しか知ることができなかった。また、様々なプロジェクトに関わる人々は自分たち以外のプロジェクトに無関心であったり、環境NGOや市政府の役人は「成功」とされる住民参加の取り組みにシニカルで否定的な態度を見せていた。そうした光景に遭遇するにつれて、スラバヤでの取り組みがゴミ問題と克服というストーリーではまとめきれないという印象が増していった。

ゴミ問題とその対策は確かにスラバヤで積極的に取り組まれていたが、筆者はそれらをひとつの廃棄物処理インフラとして統一的な像に結ぶことができず、それぞれの取り組みがまとまりを欠いて散らばっている感覚しか持てなかった。こうしたスラバヤのゴミ対策の状況について、親しくしていたある環境活動家はスラバヤ訛りで「めちゃくちゃ（gak karo-karoan）」という形容を好んで繰り返していた。しかし、ひとつひとつのプロジェクトが不合理で「めちゃくちゃ」かといえば、必ずしもそうは思えなかった。それぞれの取り組みに関わる人々は、その場の状況や制限の中で最善を尽くしていたし、また、ゴミ問題に対する知識や熱意も決して欠如しているわけではなかった。特に、地域住民が住民参加の取り組みにかける労力や情熱は日本では見られないほどのものであった。インドネシアでの「住民」は「社会」と同じ単語の「マシャラカット[1]（masyarakat）」で

あり、筆者が「ゴミについての社会学」を研究していると自己紹介すれば、必ずこうした住民参加についての研究をしているのだと納得され、市内各地の様々な取り組みを盛んに紹介されたのである。

　こうしたフィールドワークの中で抱いたバラバラと熱心さというふたつの印象を出発点に、本書は、スラバヤにおける2000年代以降の廃棄物処理インフラの変動を、ゴミ問題に対する複数の処理への分散として描き出すことを試みる。スラバヤの廃棄物処理は、環境工学で理想とされている「統合的廃棄物処理」の姿とは異なりながらも、むしろ複数の廃棄物処理へと分散していることによってゴミ問題に対して一定の解決がなされ、そこに独自の社会が生まれているのである。それゆえ、本書は環境問題についての研究として一般的に期待されるような、「インドネシアのゴミ問題をどうやって解決するのか」といった問いに直接答えるものではない。性急に問題を指摘して解決策を提示するのではなく、まずインドネシアのスラバヤという特定の地域でどのようにゴミが社会を生み出しているのかを明らかにするのが、民族誌としての本書の目的である。東南アジアやインドネシアといった、ゴミ問題が深刻な「発展途上国」という先入観を持たれがちな地域もまた、固有の条件のもとですでに様々な試行錯誤がなされていることを、詳細な事例の記述で示していく。それが、ゴミ問題や環境問題に対して文化人類学的なアプローチが貢献できるひとつのやり方なのである。

---

1)　本書でのインドネシア語およびジャワ語のカタカナ表記は、一音ごとに厳密に対応したルールを採用するのではなく、現地の音として筆者が自然な表記と考えたものを採用している。特に「ng」は場合によって「ガ行」と「ン＋ガ行」の二通りにしている。

序章

廃棄物処理と現代インドネシアの民族誌

1 インフラストラクチャーの人類学

1-1 インフラ研究の視座

　インドネシアにおける廃棄物処理インフラを文化人類学的な民族誌（エスノグラフィー）という手法で分析する本書の取り組みは、多くの読者にはあまり見慣れない試みに映るかもしれない。確かに、一見すると「廃棄物処理インフラ」という工学的な対象は、人間の社会や文化を研究するために参与観察を行い、そこから得られた質的なデータをもとに作られる民族誌という営みにそぐわないかのように思える。しかし近年、人類学[1]および科学技術社会学といった複数の領域を横断する新たな社会科学のテーマとして、インフラストラクチャー（インフラ）が注目を集めつつあり[2]、本書はこうした潮流の中での試みとして位置付けることができる。

　現代の世界において、道路や水道や電力、そして本書が扱う廃棄物処理といったテクノロジーはインフラストラクチャーと呼ばれている。現在一般化しているような大規模技術システムとしての「インフラ」の用法が確

---

1) 本書では文化人類学および社会人類学を総称したものとして「人類学」という言葉を用いている。
2) インフラストラクチャーの社会科学については、科学技術社会学（STS）ではスター（S. L. Star）の論考［Star 1999］を、人類学ではラーキン（B. Larkin）のレビュー論文［Larkin 2013］やハーヴェイ（P. Harvey）らによる論集の序論［Harvey, Jensen & Morita 2017］を参照のこと。なお、厳密に言えば、STSでの「インフラ」は、理論的には後述の大規模技術システム論と対比された理論的概念であり、テクノロジーが開発された後の普及段階や意識されない制約条件となっていることを指す［Star 1999; 福島 2017: 197-223］が、本書では人類学的研究や日常的な用法と歩調を合わせ、大規模技術システムも含めて広く「インフラ」と呼ぶこととしている。

立したのは1980年代と比較的新しいとはいえ[3]、インフラと考えられている個々の技術はそれ以前に確立されたものが多く、現代的な生活にはそうした様々な技術システムが不可欠となっている。これらのインフラは伝統的には社会科学の研究対象とはされてこなかった。農耕や狩猟採集といった生業、あるいは土器や衣服といった物質文化の研究は、人類学において当初から重要な研究対象であった一方で、インフラのような科学技術は、近代化による社会や文化の変容といった議論の背景として触れられる以外には、専門外の工学の範囲であるとして正面から扱われることはなかった。

　こうした古典的な人類学とインフラの関係は、2010年代以降に大きく変化してきており、科学技術としてのインフラを背景ではなく主題に据えた人類学的研究が急増してきている。ひとつには、インフラ開発が世界中で拡大を続けている点が理由に挙げられるだろう。「携帯電話を持った牧畜民」といったイメージが現代世界のクリシェの一種として広まっているように、いわゆる「近代的」な科学技術は人類学が研究領域としてきたアジア・アフリカ地域や各地の先住民社会に浸透を続けており、道路建設や発電所建設といった巨大なインフラプロジェクトから、携帯電話のような日常的な商品に至るまで世界中で同じようなテクノロジーを用いた生活様式が広まり続けている。そのため、人類学的研究もそうした新たなテクノロジーにも目を向けるようになってきており、そのひとつとしてインフラへの関心が高まってきたのである。

　しかし、こうした世界的な経済成長の持続だけが理由ではなく、むしろ、人類学における理論的潮流の変化がインフラ研究の登場に大きく影響している。それが科学技術社会学（Science and Technology Studies、以下STS）の影

3）インフラストラクチャーはもともと鉄道の専門用語であり、線路の下の砂利などの構造を指していたが、第二次世界大戦後になるとNATOの軍事用語として武器や兵士以外の基地などを指す言葉として用いられ、さらに開発経済学での社会的共通資本の意味でも用いられるようになった。さらに、1980年代のアメリカにおいて、公共事業費の削減に反対する議論の中で、税金を投入すべき重要な存在であるとして様々な公共的な大規模技術システムが「インフラストラクチャー」と呼ばれるようになった。これらの語用の経緯については次の研究を参照［Batt 1984; Carse 2017］。

響である。科学技術社会学は、科学的知識や科学技術というものが社会や文化から独立した存在ではないことを強力に主張してきた[4]。場所に左右されない普遍的なものだと考えられがちな科学技術が、様々な事例の研究を通じて、それらが構築されたり使用されたりするプロセスに社会的文化的な要素が不可避に入り込んでおり、そして同時に、社会や文化の方もまた、科学や技術から離れて存在するものではなく、現実にはそれらが複雑に絡み合っていることを明らかにしてきたのである[5]。

STSによる科学技術の捉え方の特徴のひとつに、科学技術を人間から遊離した特別な存在として考えるのではなく、儀礼を通じて不幸の原因を探るような宗教的知識や、農耕に見られるような複雑な伝統的技術といった、科学技術以外のものと比較可能な存在だと考える点にある。どちらも様々な自然的・人間的要素をかき集めながら特定の知識や技術が作られており、そのネットワークに強弱があっても本質的な違いはないことがこれまでの研究で論じられてきた。代表的な論者であるラトゥール（B. Latour）自身が自らの研究を「科学の人類学」と称していたように［ラトゥール 2008］、科学者たちを一種のメタファーとしての「部族社会」のように捉えることで、科学技術への新たな視点を生み出してきたのである。

ラトゥール自身は人類学のバックグラウンドを持たないがゆえにそうし

4）ここでの科学技術社会学の総論は以下の著作・論考を踏まえている［ラトゥール 1999, 2008, 2019; 福島 2017, 2020; 日比野・鈴木・福島 2021］。
5）たとえば技術の社会的構築論（SCOT）では、自転車の開発においてそれを用いるユーザーの社会集団の違いによって自転車の形状が変化してきたことが示され［Pinch & Bijker 1987］、また、アクターネットワーク理論（ANT）では、電気自動車の開発（の失敗）において技術者がいかなる社会を企図しており、それを実現するためにどのような社会的アクターや非人間的アクターの組み合わせが模索されたのかが分析されている［Callon 1986, 1987］。また、規制科学の研究を中心に、科学的知識と規制を行う様々な組織・制度が相互に絡み合っていることを分析し、両者の「共生産（co-production）」が論じられている［Jasanoff 2004］。「共生産」は主にアメリカの研究者で用いられているが、オランダのSTS研究者ではイノベーション研究の文脈で、複数の技術や制度を含んだ全体として「社会–技術的レジーム（sociotechnical regime）」が用いられている［Rip & Kemp 1998; Geels 2007］。これらは焦点を当てる時間軸や規模の違いはあるが、科学的な知識や技術が社会や文化と密接に関連していることを強調しているという点では同じ研究潮流に属している。

た問題含みなメタファーを使っていたが、人類学においてもラトゥールの「科学の人類学」を経由して、科学的知識や現代的なテクノロジーを中心的な研究対象とする動きが生まれてきた。それまでの人類学では自らの研究対象を科学技術と対照的な存在としてみなすことが多かった。典型的なのが、レヴィ＝ストロース（C. Lévi-Strauss）の『野生の思考』におけるブリコラージュとエンジニアリングの区別だろう［レヴィ＝ストロース 1976］。それに対して STS は、むしろ近代的な科学技術もまたブリコラージュに近い存在であり、具体的な社会的状況の中で形成されることを論じてきた。これらの STS の議論が参照されることで、科学技術が単に近代化の背景あるいは「象徴」として文化的解釈の対象とされるだけでなく、それらの具体的な知識や技術の内容に焦点を当てた研究が生み出されてきた。

　こうした流れの中で、近代的な科学技術の一環としての様々なインフラが人類学者によって研究されるようになり、これらのインフラが言葉の上では同じ「道路」や「電力」であったとしても、世界各地で実際には様々な形をしていることを明らかにしてきた。こうした視点は STS の研究を引き継いでいると考えることができるだろう。たとえば、STS において大規模技術システム論と呼ばれる分野は、現在であれば「インフラ」とされるような電力などの「大規模技術システム（large technological system あるいは large technical system）」[6]が、地理的・政治的・文化的な要因によって多様なあり方を形成していることを明らかにしてきた。代表的なヒューズ（T. P. Hughes）の電力システムの歴史の研究では、直流送電と交流送電のシステムの対立は電力会社などの社会的制度の規模の問題でもあることや、イギリスやドイツでは最初に電力システムが開発されたアメリカとは異なる、地方自治体の裁量が強いシステムや中央政府主導のシステムが作られたことが明らかにされている［Hughes 1987; ヒューズ 1996］。

　こうした STS の視点を世界中のインフラへと拡張し、さらにそれぞれ

6）　ヒューズの研究は 1970 年代後半になされており、まだ「インフラストラクチャー」という言葉が現在ほど一般的ではなかったため、その代わりに「大規模技術システム」という言葉が使われていた。

の地域における文化人類学的研究が関心を持ってきた社会的・文化的要素との関連を探究しているのが近年のインフラの人類学と考えることができるだろう。たとえば、南米のペルーにおけるアンデス山脈とアマゾン低地を繋ぐ大規模な道路建設プロジェクトを追った研究は、道路の建設という実践が、単に設計図面がそのまま適用されるような戯画化された工学的営みなのではなく、様々なローカルな事情が組み合わさって道路が作られることを具体的な記述を通じて明らかにしている。そうしたローカルな事情は、ペルーやブラジルの国際関係や建設企業と政府の癒着といった想像しやすいものだけでなく、粘土質の土壌で地盤整備をするための砕石がアマゾンの違法金採掘業者との連携によって初めて可能になったり、あるいはアンデスのシャーマンを橋の建設に反対する地域住民からの呪術（の疑惑）に対抗するために、雇用する必要があったりすることなどが含まれており、実際の道路が作られる過程には実に多様な要素が組み合わさっているのである [Harvey & Knox 2015]。

　また、インフラがローカルに多様なあり方をしているということは、それぞれの地域の政治を考える上でもインフラが重要な対象となっていることを意味しており、インフラ研究はそうしたインフラの政治的な側面にも強く関心を持ってきた。技術的人工物とそれが持つ政治性はSTSでも重要な論点であったが[7]、人類学的な研究でも人々の権利が具体的に交渉される場としてインフラが非常に大きな存在であることが論じられてきた。特に、上水道や電気といった日常生活に直結する重要な資源は、そこにどのようにアクセスできるかの違いが地域や国における政治を強力に形作っていることが論じられてきた。

　たとえば、インドのムンバイ市の水道の研究では、慢性的に供給量が不足している水道へのアクセスが、特にインフォーマルな居住者にとって、政治家への陳情といった政治的な組織化の原動力であり、また水道局の請

---

7) 技術が特定の政治的傾向（民主主義や権威主義など）を促進することについてのSTSでの古典的な研究としては、ウィナー（L. Winner）の著作が挙げられる［ウィナー 2000］。

求書は公的書類として他の様々な公的サービスへの足掛かりになるなど、「水利市民権 (hydraulic citizenship)」をめぐる政治が展開されていることが指摘されている [Anand 2017]。また、南アフリカにおいては、アパルトヘイトへの闘争形態として電気や水道などの公共料金の不払いが一般化したが、ポストアパルトヘイト期にその位置付けが揺らぐ中で、不払いを防ぐためのプリペイド式のメーターの導入が大きな争点となっていることが分析されている [von Schnitzler 2016]。

I-2 「社会」と「文化」の再考

　インフラ研究の登場は、科学技術が人類学の研究対象として中心化されたことが要因であるが、さらにその背景には、人類学を含めた社会科学において「社会」「文化」の概念を再考してきた大きな流れがあることを指摘することができるだろう。おおよそ1980年代以降、「社会」と「文化」という言葉が持つ、統一的で独自の実体という想定は様々な形で批判を受けてきた。「インドネシアの社会」や「インドネシアの文化」というものを他の社会・文化と区別し、その独自の「構造」や「パターン」を明らかにするというような発想が、かつては主流であった。しかし、「社会」や「文化」という特定の領域があるという考え方から、そうした区切りを前提とするのではなく、人々による無数の実践や関係性がまず広く世界に存在するのだという考え方へと変化してきた。

　人類学的研究も、実践や関係性をあらかじめ範囲を限定することなく幅広く追いかけていく方向へとシフトしてきた。「社会」「文化」といった名詞として捉えられるような具体的なものがあり、その構成要素 (たとえば親族構造や儀礼など) を明らかにすることが「社会の」あるいは「文化の」研究であるという位置付けから、人間が関与する無数に走る様々な連関関係 (人間と人間の関係だけでなく、人間と生物や、人間とモノなどの関係なども含む) の性質が形容詞としての「社会的」「文化的」なものであり、その連関関係を追いかけて明らかにすることが「社会的」「文化的」な研究であるという位置付けへと変化したのである。言い換えれば、「社会」や「文化」という全体およびその内部で細分化された部分があると想定するので

はなく、無数の関係性のひとつひとつやそれらの重なりをそれ自体「社会」や「文化」として捉えようとする再定義の動きが進んできたのである[8]。

　こうした社会科学の変化において強い影響を持った学問潮流のひとつが、先述の科学技術社会学（STS）である。社会と文化の再定義の動きの中で、これまで社会科学の領域とされてこなかった「自然」や「物」といった要素もまた、関係性の要素のひとつとして「社会的」「文化的」に研究できることを具体的に示した点に大きな意義がある。従来の社会科学において、人間の認識の領域としての「社会」はカント的な物自体の「自然」とは分離した存在とされ、社会科学が可能な研究対象はあくまで「社会」を通じた「自然」の認識や解釈であるとされていた。しかし、STSは個々の科学的知識や技術の具体的な生成過程を分析することで、「社会」ではないとされた科学技術それ自体が様々な社会的要素を含んで成立していることを明らかにしてきた。STSの貢献はそれだけでなく、「自然」ではないものとして想定されていた「社会」もまた様々な事物も含めたネットワークの中で形成されていることを論じてきた［福島 2021］。たとえば、19世紀の細菌説の浸透［ラトゥール 2023］や1980年代の電気自動車の開発［Callon 1986］といった事例の分析では、病原体としての細菌やバッテリーにおける電子や触媒といったアクターが、実際に起きたことの説明に必要不可欠であり、それゆえ「社会」を形る大きな要因であることを示してきた。

　こうした観点を踏まえると、インフラ研究において重要なのは、技術システムとしてのインフラそれ自体が社会的な存在であり、一種の「社会」として捉えることができるという点である。前節で述べたような、インフラがローカルな状況ごとに異なるというのは、技術システムとしてのインフラが、外部の「社会」なるものに影響を受けて歪められているということを意味しているのではない。そうではなく、たとえば水道であれば水道管や消毒設備のような個々の技術的人工物以外にも、水や微生物といった

8）こうした1980年代の人類学や科学技術社会学の傾向については次のような概説書に詳しい［Candea 2018; 前川ほか 2018; 日比野・鈴木・福島 2021］。

自然物、そして水道局などの組織・制度や水にアクセスする人々の総体がインフラなのであり、それらの構成がローカルな状況で異なるということを意味しているのである。そのため、インフラは技術的なものであると同時に社会的なものでもあり、技術－社会の複合体と考えることができる。

　言い換えれば、これはインフラのあり方がそのまま私たちの社会のあり方のひとつであることを意味している。たとえばムンバイの水道や南アフリカのプリペイドメーターは、そこにスラム住民と富裕層の社会的対立やポストアパルトヘイトの政治が「反映」されているのではなく、こうした水道やメーターのあり方がスラム地区や富裕層の地区の差異やポストアパルトヘイトを直接構成していると考えることができる。その意味で、インフラは社会を作りだしているのである。近年のインフラ研究が社会科学として民族誌の主題にインフラという技術を据えるのは、無数の実践や関係性の領域の一種としてインフラをそれ自体社会として描き出そうという試みに他ならない。本書もまたそうした試みのひとつに位置付けることができるのである。

2　廃棄物の社会科学と「ゴミ」の複雑性

　道路や水道などインフラといっても様々な技術的領域が存在しているが、本書が取り組むのはその中でも特に廃棄物処理インフラと呼ばれるテクノロジーであり、そこにはまた独自のダイナミズムが存在する。廃棄物処理はその名の通り廃棄物というモノを扱うことを目的としたテクノロジーであるが、水や電気といった他のインフラが扱うモノと異なり、廃棄物についてはインフラ研究とは別に社会科学の豊かな研究蓄積がなされてきている。なぜなら廃棄物は必ずしも特定の物質と結びついておらず、人々によって問題化されて初めて「ゴミ」となるため、ある意味で非常にオーソドックスな「社会的」存在であるからだ。廃棄物処理インフラの研究は、インフラについての研究と廃棄物についての研究が交差する地点にある。そのため、このゴミという社会的存在、特に「ゴミ問題」という近代特有の形式によって廃棄物処理インフラという新たな技術システムが生み出され

てきた。この節では、近年「廃棄研究（waste studies, discard studies）」という言葉でまとめられつつある、廃棄物についての社会科学的研究[9]を参照しながら、「ゴミ」という存在とそこから生まれた廃棄物処理インフラのあり方について論じていこう。

2-1 ゴミとは何か

「ゴミ」あるいは「廃棄物」という言葉は日常的に用いられ、特に意識することのないありふれた存在であるが、人類学を中心とした社会科学はこの「ゴミ」というモノが実際には社会的プロセスの中で構築され、多様なあり方をしていることを明らかにしてきた。まず象徴論的な研究からゴミの記号性が注目されたが、やがて廃棄という実践の観点からもゴミが論じられるようになり、「ゴミ」という一言の中に多様で複雑なダイナミズムがあることが指摘されてきた。

「ゴミ（waste）」についての社会科学的研究において、ダグラス（M. Douglas）の『汚穢と禁忌』はゴミを論じる多くの研究者にとって最初に参照される記念碑的な研究とされている［ダグラス 1972（1966）］。象徴人類学の代表作である『汚穢と禁忌』は、旧約聖書の食物禁忌から彼女の調査したアフリカのレレ社会におけるセンザンコウのタブーに至るまで広く各地の禁忌とされる物事の事例を渉猟しつつ、人類社会が分類によって秩序を構築しており、この分類秩序にうまく当てはまらない対象が秩序を脅かす「汚染（pollution）」として危険視されることを論じた[10]。彼女の議論の重要な点は、何が「危険」とされているかは社会によって異なり、古典的な

---

[9] 人類学分野での廃棄研究のレビュー論文［Reno 2015］や、人類学者、社会学者、地理学者らによる論集やハンドブックも出版が相次いでいる［Alexander & Reno 2012; Reno 2015; Alexander & Sanchez 2018; Gille & Lepawsky 2022］。これは前節のインフラ研究と同様に社会科学におけるモノへの注目の高まりを背景としている。

[10] 同時に、ダグラスの議論では、こうした分類秩序に当てはまらない「場違いなもの（matter out of place）」が秩序を再生させる力を持ち、儀礼などで重要視されることも論じている。また、彼女はその後、グリッド・グループ分析と呼ばれる方法論を洗練させ、何がリスクとされるかはグリッド・グループの四象限のどこに社会集団が当てはまるかで異なると論じており、リスク論の古典とされている［ダグラス 1983; Douglas & Wildavsky 1983］。

意味で社会的・文化的に構築されているということだ。こうした発想はゴミの社会科学が可能になっている前提として共有されている。近年の廃棄物研究の盛り上がりを受けて編纂された廃棄研究（waste studies）のハンドブックの序論においても、ダグラスを最初に引用しつつこの点が強調されている[11]。

　こうした象徴論のひとつとして、「ゴミ」を社会科学の分析対象とすることができるようになった。ダグラスの指導を受けたトンプソン（M. Thompson）によって『ゴミの理論』という著作が出版されており［Thompson 1979］、これはゴミ（rubbish）という言葉を前面に持ち出した最初期の研究である。この著作ではダグラスの議論を前提としつつ、アンティークなどを事例として、もともとの価値を持つ状態から価値が低下して「ゴミ」「汚染」となり、さらにその後再び価値を持つというプロセスが価値の理論として提示され、様々な民族誌事例を通じて論じられる[12]。

　トンプソンの議論にも見られるが、ゴミの記号論が持つもうひとつの意味合いは、汚染という積極的な脅威ではなく単純に価値を持たないという「不要」という側面である。waste という英語には「無駄」「浪費」という意味が含まれていることからもこのことはうかがえる。人類学では、1980年代から再興されてきた物質文化研究に代表される一連の研究群が、こうした不要としてのゴミの側面を価値の裏返しとして論じてきた[13]。これらの経済人類学の観点からの研究は、さらに廃棄行為（disposal）についての研究へと発展していった。これは、ブルデュー（P. Bourdieu）の影響によって実践という観点が注目されるようになったことも背景にあるが、直接

---

[11] 「実質的な公理として、廃棄の研究者たちは全員、廃棄物というものが社会的に構築されることを認めている。言い換えれば廃棄物は何かであるのではなく、作られるものなのである（waste *is not*, but it *is* made）」［Gille & Lepawsky 2022: 5］

[12] ただし、この著作はレヴィ＝ストロースのような難解な図が頻出する高度に抽象的な議論であり、出版当時はほとんど反響を得ることはなかった。評価が進むのはむしろ廃棄研究が盛り上がってからであり、2017年には再版もされている。

[13] アパデュライ（A. Appadurai）およびコピトフ（I. Kopytoff）の「モノの社会的生（social life of thing）」の研究は商品化という点からモノが交換価値をいかに持ったり持たなかったりするのか、特に複数の社会間を移動する中でモノが商品となったりならなかったりする点に焦点を当てている［Appadurai 1986］。

にはミラー（D. Miller）の物質文化論[14]から廃棄行為の研究は生じている。ミラーを中心としたUCL（University College London）の研究チームを筆頭に、イギリスでは消費に焦点を当てた物質文化研究が盛んとなり、その一環としてゴミおよび廃棄行為の研究がなされてきた。消費行為が社会関係の操作であったりアイデンティティを形成する社会的行為であったりするように、廃棄行為もまた消費のプロセスに位置付けられるものとして分析が行われてきた[15]。

このようにゴミは危険と不要という重なりつつも異なる性質が付与されて構築されるものであり、また世帯単位での廃棄行為という実践を通じて、日常生活において様々なモノが複雑な形でゴミとして対象化されていることがわかる。こうした世帯単位でのゴミの複雑なあり方を端的に示しているのが、マリのドゴン社会における世帯単位の廃棄実践について分析したダウニー（L. Douny）の論文である。ドゴンの農村ではネメという一般的なゴミを表す言葉の下位分類として、煙や手垢、食べ残しなどの豊かさを示すために家屋に残されるポジティブな汚れや、堆肥になりうる有機ゴミ類などの屋敷地の全体にばら撒かれているゴミ、腐敗物などの廃棄される無意味なゴミ、経血といった危険なケガレ、白人のものとしてポジティブに保管され再利用されるプラスチックボトルなど様々なゴミが別々に命名され、廃棄の実践がなされていることが分析されている［Douny 2007］。

非西洋社会の農村や個別の世帯におけるゴミについての研究からは、ゴミという存在が一種の社会的プロセスであり、人々の実践や認識と深く結びついて構築されていることが示されてきた。しかし一方で、こうした日

---

14) ミラーは、人間が自己をモノへと客体化し、客体化されたモノが主体としての自己を定義するというヘーゲルの主体と客体の弁証法を基礎としつつ、マルクス主義が想定していたような「生産」ではなく現代社会では人々は「消費」によって客体化をしており、消費による主体と客体の弁証法を検討することが現代の物質文化の課題であると定義した［Miller 1987, 1998］。
15) イギリスにおいては、特に団地の居住者などの労働者世帯がどのようにモノを捨てるのかという研究が積み重ねられており［Hetherington 2004; Gregson 2007; Bulkeley & Gregson 2009］、たとえば子供のおもちゃや衣服はその親密な記憶の度合いに従って保管や廃棄やチャリティへの提供へと分かれることなどが分析されている［Gregson 2007］。

常のレベルで多様に存在する廃棄物は、現代世界においては世帯や共同体を超えて、大規模な技術システムによってひとつの「ゴミ」としてまとめられた形で成立している。それが本書の主題でもある、ゴミ問題および廃棄物処理という専門領域である。

2-2 「ゴミ問題」と廃棄物処理インフラ

ドゴン社会において様々な廃棄物が分類されていたように、近代化以前から生業や再生産活動を通じてすでに廃棄物は存在していた。しかし、たとえば経血などの特定の汚染を別とすれば、廃棄物のほとんどの物質性は「ケガレ」として問題視されるようなものではなかった。そのため、様々な廃棄物はそれぞれが廃棄実践に合わせて細分化されたままであり、それらがひとまとめに「ゴミ」とみなされることはなかった。しかし、近代以降、つまり産業化と都市化の進展によって廃棄物の影響がより大規模になり、ゴミが「ゴミ問題」として位置付けられるようになっていった。

「ゴミ」が「ゴミ問題」として変容していったのは、19世紀以降に公衆衛生が登場し、その一環として「ゴミ」が問題化されるようになったことがきっかけである。有史以来、都市化の進展で人々が集住することで、世帯が廃棄するモノが集積していき、徐々に抽象的なゴミの概念が生まれていった[16]と考えられるが、本格的に成立していくのは公衆衛生の登場以降である。コレラや腸チフスなどの感染症の原因として瘴気説が支持され、街のあちこちで腐臭を放つ汚物が集められ郊外へと投棄されるようになった［Melosi 2005］。集団的な疾病の原因としてゴミ一般が対処の必要な対象として問題化されるようになり、これまでの個々の物質とは異なる新たな「ゴミ」概念が生まれてきたのである。19世紀から20世紀のアメリカに

---

16) 日本語でも、「ごみ」はもともと水路などに堆積する泥、「ちり」が土砂やほこりなどの粒子状のもの、「あくた」が腐ったものなどそれぞれ細分化されたカテゴリであった。江戸時代に入ると都市では水路や空き地の維持のため、法令でも「ごみ」「ちり」「あくた」「ちりあくた」などを投棄する場所の指定などがなされてくる［伊藤1982］。日本で近代的な廃棄物処理が始まるのは1900年の汚物清掃法の制定以降のことである［溝入1988］。

おける廃棄物の社会史を研究したストラッサー（S. Strasser）は、家庭からの廃棄物が多数に細分化され、それぞれに再利用する職業が存在していたのが、公衆衛生の広がりに伴ってこうした職業が不衛生なものとして排斥され、抽象的な「ゴミ」へと統合されていったことを明らかにしている［Strasser 1999］。現在日常的に用いられているような「ゴミ」概念は、歴史的に常に存在してきたわけではなく、きわめて近代的な存在なのである[17]。

　街路や裏庭に分散していた廃棄物が収集され、それぞれの物質性が吟味されることなく集積された結果、廃棄物は新たな物質性を獲得した。それが個々人の廃棄のスケールを超えてゴミというモノが大量にあるという状態である。アメリカの埋立処分場の民族誌を著したレノ（J. Reno）は、こうした廃棄物処理システムによって成立した一般廃棄物を「大量廃棄物（mass waste）」と呼んでいる［Reno 2016: 13］。このマスとしての廃棄物は、個々の世帯の廃棄実践とは切り離されて固有の存在となり、量という特性によってそれ自体の特別な対応が必要とされるようになった。また、日常生活において清潔が重視されていくことへの反転として、集められた大量廃棄物が生み出す悪臭や害虫、害獣はそれまで屋内や街路に不衛生が遍在していた状況ではなかったような強烈な嫌悪を引き起こす物質性を持つようになった。

　大量廃棄物という一般化されたゴミを扱うテクノロジーとして、「廃棄

17）　そのため、「ゴミ」という言葉はしばしば公衆衛生の確立によって新たに生まれる。たとえばエチオピア南西部のアリ社会では、もともとゴミを表すアリ語はなく、公用語のアムハラ語でのゴミを意味する「コシャシャ」が用いられているという［金子 2019］。同様に、インドネシアにおいても筆者が調査したスラバヤでは日常的にはジャワ語が用いられているが、ゴミを指す言葉としては公用語であるインドネシア語の「サンパ（sampah）」のみが用いられている。19世紀のジャワ語―オランダ語の辞書［Gericke 1847］では汚物（vuilnis）の意味として「ウウ（uwuh, wuh）」という単語および廃棄場所の意味として「パウハン（pawuhan）」が記載されているが、現在では使われることはない。ちなみに、「ウウ」の単語はわずかに「ウェダン・ウウ（wedang uwuh）」という飲料の名前に痕跡がとどまっている。ウェダン・ウウとはショウガやシナモンのほか、スオウの木やクローブの葉などの香辛料の幹や葉を煮出して作る飲料であり、グラスの中に葉や木片をそのまま残した見た目からこの名が付けられている。「ウェダン」はお湯で煎じた飲料を指し、日本語で言えば「ゴミ茶」のようなニュアンスとなる。

物処理（waste management）」という、新たな技術的かつ社会的な専門領域が成立してきた。廃棄物に関わる実践自体はすでに述べたように多様な形で存在していたが、公衆衛生の観点からゴミが公共的な問題となることで、廃棄物を集めて何かしらの形で適切に処理する必要性が生じ、それに対応する様々な技術や制度が生み出され、これらをまとめる「廃棄物処理」という枠組みが登場したのである[18]。それぞれの家屋や商店などからのゴミを集めて運搬して 1 か所にまとめるという物質の流れが生み出され、この流れを実行するために、ゴミ箱や運搬の車両から焼却炉や埋立処分場に至るまで大小多数の装置が開発され、さらに、行政の専門部署や大学の専門科目が設置され、この流れに従事する労働者や技術者といった新たな職業が成立するという一連の流れを通じて、ひとつの大規模技術システムが形成されていった。そして、この技術システムが各地で浸透して当たり前の存在となることで、近代的な都市生活に不可欠なインフラのひとつとなり、現代まで続いているのである。

このように「ゴミ問題」と大量廃棄物の登場によって近代的な廃棄物処理インフラが成立したのであるが、この近代的なテクノロジーの領域が現れたことは物事が単純になったことを意味しない。かつての「ケガレ」や個別の廃棄実践とは異なりつつも、新しい「ゴミ」処理インフラもまた、ローカルな状況によって左右される新たな複雑性を抱え込むこととなった。「ゴミ」および「ゴミ問題」をどのように捉えるか、具体的にどのような技術や制度を採用するのか、そして人々や装置や自然物によって実際の仕組みがどのように動くのか（あるいは動かないのか）、それらが時代や地域で様々に異なる形を見せており、廃棄物処理についての研究もこの点に着目してきたのである。

たとえば公衆衛生にのみ廃棄物処理の目的が限定されていた 19 世紀後半から 20 世紀前半においても、収集したゴミをどのように処理するべき

---

18) イギリスの社会史・技術史の研究者の間では、廃棄物が行政や専門家の領域となり一般の人々は廃棄物をただ汚いものとして捨てるだけの存在になった変化は、「廃棄物革命（refuse revolution）」と呼んでいる［Luckin 2001］。

なのかについて複数の技術が存在し、地域ごとに様々な試行錯誤がなされていた。ゴミをそのまま埋立処理するのかあるいは焼却処理をするのか、埋め立てることが「衛生的」なのか、あるいは焼却という試みにどれほど実現性があるのかについての様々な試みや立場の違いが存在していた［Melosi 2005: 66-86; Clark 2007］。さらにゴミを有効利用しようという試みもなされており、アメリカでは生ゴミを養豚の飼料としたり、生ゴミからの油脂による石鹸製造などが試みられていた［Melosi 2005: 187-188］。

　また、廃棄物の内実も時代によって変化しており、個別の技術もまたそうした変化に対応して姿を変えてきた。19世紀後半の欧米では収集する廃棄物は馬糞と灰が中心だったのが、馬車から自動車への移行およびエネルギーのガスへの移行により馬糞と灰はほとんど消滅したり［Melosi 2005: 17-41, 111-124］、あるいは20世紀後半に化石燃料由来のプラスチックが増加したために焼却技術もそれに適合しなければならないなどの変化が起きてきた［溝入 1988: 450-452］。

　そして、1970年代以降には環境問題という新たな問題化が生まれることによって、廃棄物処理インフラはさらに複雑さの度合いを増していった。『沈黙の春』［カーソン 1974］の出版を契機として、特定の化学物質が有害物質として予期しない被害をもたらす可能性が認識されるようになり、廃棄物処理のシステム自体が潜在的な危険性を持っていると考えられるようになったのである。こうした環境被害の補償を求める運動など、環境運動が広がりを見せるなかで、埋立処分場や焼却処理といった既存の技術も近隣住民の反対運動を呼び起こす激しい批判の対象となっていった。また、1972年のローマクラブの『成長の限界』［メドウズ、メドウズ、ラーンダズ＆ベアランズ 1972］の出版以降、資源の有限性を考慮した持続可能な経済発展が目指されるようになり、その観点からも廃棄物の無制限な排出を抑制することが廃棄物処理の目的とされるようになった。こうした流れを受けて、廃棄物処理という領域は、公衆衛生のみが目的であった段階ではゴミを運んで捨てればよいだけの比較的シンプルな問題であったのが、環境問題となることでゴミの排出量そのものを減らすという新たな目的が登場し、また、埋立処分場などの個別の技術をいかに人々に容認されるようにする

のかといった問題もさらに加えられてきたのである[19]。

　こうして新たに環境問題としてゴミ問題が再定義されるにしたがって、技術システムとしての廃棄物処理インフラもまた様々な変革の試みがなされてきた。それらの変革は一言で述べれば、既存の行政中心のシステムを基盤にしつつ、そこから様々な要素を取り入れてさらなる拡張を目指すものであったと考えることができる。それが、廃棄物工学の間では、一般に「統合的廃棄物処理（integrated waste management）」[20]と呼ばれている取り組みである［McDougall, White, Franke & Hindle 2001（2004）; Marshall & Farahbakhsh 2013］。これは特定の技術を指すものと言うよりは、持続可能な廃棄物処理として廃棄物の再利用を増やし、排出量を減らすという目標を実行するための大きな枠組みとして用いられている。このコンセプトは1970年代に生まれ、1990年代には国連欧州経済委員会や国連環境計画での報告書に採用された結果、現在では標準的な考え方となっている［McDougall et al 2001: 21-22］。ここでの「統合」では、行政を中心とした収集・運搬・埋立という既存の仕組みを維持しつつ、分別やリサイクルといった新たな技術を導入し、廃棄物処理の関わる範囲を拡大していくことが目指されている。

　このように複数の問題や技術、そして社会制度や人々が複雑に絡み合っているため、どのような要素を取り込んでいるのか、あるいは取り込んでいないのかのローカルな差異が非常に大きく、廃棄物処理インフラは世界規模で標準化された技術システムというよりも、非常に多様な形態を各地に生み出してきた。近代的な廃棄物においても古典的なケガレと同様に社会的な差異が著しいことは廃棄物の社会科学において着目されており、廃棄物の定義や統計は国ごとに異なり単純には比較することができないことが知られている［Gille 2007: 14-17］。廃棄物処理の技術面でも地域ごとに大きな違いが存在し、たとえばOECD加盟国内であっても焼却・埋立・リ

---

[19]　たとえば1990年代から2000年代にかけてダイオキシンが大きな社会問題となり、廃棄物処理の焼却の規制などが進められた。日本のダイオキシン問題については［定松2018］を参照のこと。

[20]　日本の環境工学分野では「総合的」と翻訳されることが多いが、全体の趣旨に合わせて本書では「統合的」としている

サイクルの構成割合は大きく異なっている[21]。ゴミという物質および廃棄物処理インフラは、他のインフラと比較して技術面においても非常に幅広いバリエーションが存在するのである。

3　廃棄物処理インフラの民族誌と本書の問い――「分散」という論点

3-1　廃棄物処理インフラの民族誌

廃棄物処理インフラは前節で述べたようにローカルな多様性が生み出されてきており、そのような技術と社会の複合体がそれぞれの地域で具体的にどのような形をしているのかについて、これまでも社会科学的研究がなされてきている。これらの研究は廃棄物処理インフラが地域や時代によって多様性があることを個々の文脈に即して具体的に明らかにしてきた。

代表的な研究として、第二次世界大戦後のハンガリーの廃棄物処理を論じたジル（Z. Gille）の民族誌が挙げられる。社会主義期からポスト社会主義期にかけてのハンガリーにおける廃棄物のあり方が時代によって変化し、かつアメリカの廃棄物処理とは位置付けや処理が異なることを示すために、彼女は廃棄レジーム[22]という概念を用いている。このレジームという考え方に基づき、第二次世界大戦後のハンガリーにおいて３つの廃棄レジームが登場したと彼女は分析する。まず重工業化を目指す社会主義経済体制においては、消費ではなく生産の問題として廃棄物が捉えられ、鉄鋼業における原材料として鉄くずがゴミのプロトタイプとなり、節約やリサイクルを人々に奨励する「金属レジーム」が存在した。その後、経済改革によって効率性を重視して、リサイクル以外の埋立処分が視野に入る「効率レジ

---

21) OECDの廃棄物に関するレポートを参照のこと［e. g. OECD 2015: 50; 2019: 48］。
22) これは国際政治学者ヤングの資源レジーム論を参考にしており、ゴミは資源のような有価物のレジームの副産物としてではなくゴミ独自のレジームを備えていることを強調するために作られた言葉である。ここでのレジームは廃棄物のあり方の時代的・地域的差異を示すための枠組みであり、生産されるゴミの物質的な種類、ゴミの流通や処理、ゴミについての文化的・社会的表象、およびそこから漏れたゴミの物質性のもたらす予期しない結果、ゴミ問題への対処方法などの要素を網羅的に挙げて、それらのパターンを総称してレジームと名指している（Gille 2007: 31）。

ーム」を経て、有害な化学物質の産業廃棄物が問題の中心となったためリサイクルではなく処理が目的となり、また体制転換後に機能不全となった国家の代わりにEUと国際企業が処理を担う「化学レジーム」へと変化したという［Gille 2007］。

さらに、ゴミ問題が環境問題化していく中で生まれた「統合的廃棄物処理」の試みという新たな変化についても民族誌的な研究がなされてきた。特に、廃棄物処理インフラが行政中心のシステムからの拡張を目指す中で、市場化と住民参加というふたつの変化に焦点が当てられてきた。これらの研究では、「統合」という理念のもとで進められてきたこれらの変化の試みが、実際には様々な困難や衝突、あるいは統合による従属関係が生まれていることが論じられてきた。

まず第一の変化としては市場化が挙げられる。新たに排出量の削減という目的が加わったことで、廃棄物から再利用可能な有価物を回収するリサイクルが廃棄物処理の一部に位置付けられるようになった。これは同時に廃棄物処理インフラと市場との関係という新たな問いが生まれることを意味している。また、1980年代以降には公共サービスの民営化が世界的に進められていく中で、廃棄物処理システムにおいても民営化が試みられてきた。こうした市場化は、廃棄物の削減および事業の効率化を期待したものであったが、実際の取り組みではこうした理想が必ずしも実現されないことが、これまでの研究で示されてきた。

リサイクルによる市場化では、排出量の削減という目的と予算の効率化という目的が必ずしも一致しないことが指摘されている。資源ゴミの分別施設や有機ゴミを堆肥化する施設の建設は、1970年代以降の欧米の各都市で進められたが、これらの運営コストは売却益を差し引いても埋立処分だけの時よりも高くつくことが多かった[23]［Gandy 1994］。廃棄物処理への

---

[23] また、新たなリサイクルの技術が導入されたとしても、ビジネスとして利益を得られないばかりか環境汚染などの問題を新たに引き起こすこともある。たとえば、イギリスの自治体で導入された、焼却処理を利用した団地への暖房システムや生ゴミからのバイオガス製造といった新たな技術は、大気汚染や感染症への懸念からうまくいかなかったことが指摘されている［Alexander & Reno 2014］。

リサイクルの導入が難しいのは、リサイクルの登場以前から廃棄物の市場がすでに存在していることも大きい。廃棄物処理と並行して、資源化可能な有価物は常に市場で取引されており、国際的な流通のネットワークや[Alexander & Reno 2012]、ウェイストピッカーと呼ばれるインフォーマルに廃棄物を回収する生業が各地に存在している[Medina 2007; Nguyen 2018]。利益を生みやすいゴミはすでにこうした市場が担っているため、新たな「リサイクル」は利益が出にくいゴミを扱う困難に直面しがちである。こうしたインフォーマルな廃棄物市場をウェイストピッカーの組織化などで組み込もうとする動きは、この生業の流動性などによってなかなか進まないことが指摘されている[Millar 2018]。民営化による市場化については、先行研究では民営化によって廃棄物処理がグローバルな市場に組み込まれ、また、しばしば既存のアクターとの軋轢が生まれるといった問題が指摘されてきた。先述のハンガリーの事例では、化学物質の汚染が放置されていた処分場に、民主化後、フランス企業が参入することで有効な改善策が取られる一方で、ヨーロッパ各地の有害物質を受け入れることが近隣住民の不安を引き起こしている[24][Gille 2007]。「統合」が起きたとしても新たな問題が発生することが論じられてきたのである。

　第二の変化には住民参加の推進が挙げられる。ゴミの排出源は住民であるとはいえ、かつては路上にゴミを置くといった単純な作業を担うのみであったのが、住民にも分別やリサイクルに協力してもらう必要性が高まってきた。また、廃棄物処理が環境問題となっていく中で、住民による処理施設への反対運動が高まっていったことは、変動のそもそもの原因のひとつでもあった。そのため、廃棄物処理を揺るがす要因としても住民という存在が表面化していき、廃棄物処理を維持するためにも住民を廃棄物処理の一部として統合を進める方向性が試みられてきたのである。

---

24) 他にも、アメリカの埋立処分場の民営化により、アメリカだけでなくカナダからも廃棄物が運搬されるようになったために反対運動を引き起こした事例も存在する[Reno 2016]。また、欧米以外でも、パキスタンでは伝統的な清掃集団によって担われていた収集運搬と近年新たに設立された民営会社との間で対抗関係が生じていることも指摘されている[Butt 2020]。

先行研究で論じられてきたのは、「住民」という存在はあらかじめはっきりとした形を持っているわけではなく、ゴミ問題と廃棄物処理インフラを通じて「生成」されるという視点である。科学技術と社会的アクターの相互構成に着目する科学技術社会学では、「市民」「住民」といったアクターもまた、あらかじめ確固とした形を持つというよりも、個々の問題に即して生成されることが指摘されてきた[25]。廃棄物処理においても、ゴミと関わる「住民」はゴミ問題や廃棄物処理との関係で生成していると見ることができる。たとえば埋立処分場や焼却処理施設による健康被害などが認識されるようになることで、それまでは明確に形を取っていなかった「反対する住民」という存在が反対運動を通じて形成される[26]。廃棄物処理における住民は常に生成過程にあり、住民参加という変化も廃棄物処理に協力する住民を新たに作りだそうという試みだと言える。

しかし、先行研究では、処理施設への近隣住民の反対運動以外の形では「住民」が積極的に生成されないことがこれまで指摘されている。これは廃棄物処理の業界においてNIMBY[27]という言葉で表されている問題でもある。ほとんどの人にとってゴミとは不必要な存在であり、自分の住む範囲から取り除かれるとそれ以上の関心を廃棄物処理に向けることはなく、

---

25) こうした議論はプラグマティズムの概念、特にデューイの公衆概念を背景にしている。デューイは何かが「公的（public）」であるとは、ある行為の効果が第三者に影響している状態を指し、その影響をコントロールしようと第三者が組織化されることで「公衆（the public）」が生まれると論じた［デューイ 2014］。この議論を援用して、科学技術社会学では科学技術の問題において「市民」は公共圏概念のようにあらかじめ存在しているというよりも、問題が認識され解決を試みる動きの中でダイナミックに生成するものであると考えられるようになったのである［Marres 2007, 2012; 吉田 2021］。

26) この「住民」は固定的ではなく、ゴミ問題や廃棄物処理との関係で変容していく。たとえば、1970年代のいわゆる「東京ゴミ戦争」では、杉並区の清掃工場建設への反対運動は最終処分場の位置する江東区の住民の反対を招き、マスメディアや世論からも批判された結果、強制収用によって清掃工場が建設されて、反対住民という存在は維持することができずに、清掃工場を容認する住民のみが形成された［柴田 2001］。

27) Not in My Backyard（「私の裏庭以外ならよい」の意味）の略であり、それぞれの家屋や近隣にゴミがなければそれ以上の関心を人々が持たないことを批判して、行政関係者や技術者の間で用いられている言葉である。

廃棄物処理の仕組みについての知識も持たないことが普通である［Reno 2016; Alexander & O'Hare 2020］。カナダのキングストン市における廃棄物政策策定のプロセスを事例とした研究では、どのような政策や技術がふさわしいか、市議会での議論が続いて合意が得られない一方で、この問題に市民が関心を寄せることはほとんどないことが指摘されている。市議会議員や技術者もまた市民への影響が大きい政策を避け、市民の関与が少なくなる技術を好む傾向にあり、その結果ゴミ袋の有料化やリサイクルの教育プログラムといった最小限の関わりにとどめる技術が採用された［Hird, Lougheed, Rowe & Kuyvenhoven 2014］。廃棄物処理では、「住民」を形成することが困難であり、むしろ住民参加をなるべく少なくする力学が働くのである。

　より積極的な住民参加が起きる場合にも問題があることが、先行研究で指摘されている。セネガルの首都ダカールの廃棄物処理についての民族誌であるフレデリックス（R. Fredericks）の研究によれば、ダカールでは1980年代の構造調整によって廃棄物の収集業務が機能不全に陥っていく中で、若年層を中心とした自主的な清掃運動が一種の政治運動として大きく盛り上がったが、結果として正規雇用の職員の代替として低賃金で動員され、2000年代以降はむしろ清掃労働者としての待遇改善を求めてストライキなどの労働運動へと発展したという［Fredericks 2018］。住民が廃棄物処理へと「統合」された結果として、住民がシステムの中で従属的な立場となり、清掃運動として始めた住民は都合のよい「住民参加」であることをやめ、むしろ行政の一部としての正当な地位を要求しているのだ。住民参加の結果として、住民が廃棄物処理において従属的な地位に陥ってしまうのである。

3-2　本書の問い――統合に向かわない均衡状態

　このように廃棄物処理インフラの民族誌では、世界各地の具体的な廃棄物処理のあり方を詳細に記述することを通じて、ゴミ問題の定義から採用される技術に至るまで様々な違いが廃棄物処理インフラに存在すること、そして近年の環境問題化を通じた変化においては理想としての「統合」が

現実には様々な困難や想定外の事態が発生することを明らかにしてきた。本書もまた、インドネシアのスラバヤ市という具体的な場所における廃棄物処理インフラのありようから、現実の廃棄物処理が個々の技術的装置だけではない様々な要素によって成立していることを示すという点で、こうした研究の連なりのひとつに位置付けることができる。

　しかし一方でこれまでの研究では、廃棄物処理インフラについてある種の考え方が前提となっていたことを指摘したい。それが、インフラが機能しているということは、すなわちインフラがひとつの全体をなしているということであるとして、両者を同一視する考えである。たとえばジルの廃棄レジーム論では、時代ごとにレジームの変化はあったとしても、ある時点でのレジームはひとつであることが想定されている。そこでは、ゴミ問題の定義や廃棄物処理のあり方が、一貫したまとまりをなした一種のパラダイムのようなものとして捉えられている。これは、廃棄物工学における「統合的廃棄物処理」が民族誌的な研究においても隠れた前提となっていると考えることができる。近年の変化である市場化や住民参加を扱った研究でも、「統合」の試みが現実には失敗したり、あるいは「統合」したことにより予期せぬ問題が起きたりすることを論じてはいても、そうした問題と対比される、インフラが新たな試みによって「統合」されている理念的な状態が想定されている。そのため、「統合的廃棄物処理」には当てはまらないが、しかしある意味で機能している廃棄物処理インフラのあり方がこぼれ落ちてしまっているのである。

　インドネシアのスラバヤ市が示しているのは、統合された全体というモデルとは異なる廃棄物処理インフラのあり方であり、それが本書を貫くテーマの「分散」である。スラバヤでは2000年代初頭にゴミ問題が表面化し、市場化や住民参加において様々な取り組みがなされてきた。その結果、スラバヤ市はインドネシア国内では廃棄物処理が進んだ都市として評価され、国際的な開発業界においてもしばしば成功例として取り上げられている。確かにスラバヤ市の変化は一定の成果を結んでおり、ゴミ問題がある程度解消しているという点でも、また様々な取り組みが10年以上の長期にわたって継続しているという点でも「成功」と考えることができる。し

かし、この「成功」は「統合的廃棄物処理」において想定されたものとは異なる様相を呈していた。市場化や住民参加といった新たな処理のあり方が登場する一方で、これらがひとつのシステムの中で拡張されるというよりも、現実にはもともとのシステムから分離したり、独自の論理で働く領域として肥大化したりすることで、複数の廃棄物処理の並存という結果を生んでいるのである。

　このように書くと、インドネシアの廃棄物処理が、「統合的廃棄物処理」にまだ辿り着いていない遅れた状態にあるのだと受け取られるかもしれない。しかし、本書が強調したいのはそうではない。重要なのはこうした並存状態がまがりなりにもうまくいっているということだ。確かに様々な課題は山積しており、それに対する批判は現地の人々からもなされているにもかかわらず、ゴミ問題に対する様々な試行錯誤の結果が、現在のスラバヤの廃棄物処理の（暫定的な）ありようであり、そこにある種の変化や改善が見られるのも事実なのである。たとえば本書の第3章で詳述するように埋立処分場の民営化は、政治家との不透明なつながりが批判される一方で、その不透明さによって埋立処分場が原理的に持っていた技術的困難を通常の廃棄物工学が想定していない意外な形で解消していたのである。

　その意味で、本書が描きだす廃棄物処理インフラは、「統合」とは別の形としての「分散」型のインフラという積極的な側面を持つものとして評価することができる。本書が民族誌という形で明らかにしていくのは、新たな取り組みが「分散」という結果を生み出したプロセスであり、そしてその「分散」が実はゴミ問題に対する別様のテクノロジーとなっている可能性なのである。

4　現代インドネシアの民族誌

　現代的なテーマを扱った民族誌はある種の両面作戦を取らざるを得ない。ひとつは、「インフラ」や「廃棄物」のような、世界各地の事例を比較可能にするための抽象的な概念についての新しい知識を作りだすことである。本書で言えば「分散」という新たな像をインフラの民族誌に付け加えるこ

とがそれにあたる。しかし同時に、そうした比較可能な抽象概念の議論を可能としているのは、あるローカルな状況下で成立した具体的な事例である。そのため民族誌は、そうした具体的な事例が位置している特定の地域・時代についての新しい知識もまた作りだしている。たとえば南アフリカの水道インフラの民族誌記述は、ポストアパルトヘイトの社会を通じてプリペイドメーターの使われ方の理解を深めると同時に、プリペイドメーターを通じてポストアパルトヘイトの社会の理解を深めてもいるのだ。どちらにより比重を置くかは様々であるが、民族誌が提示する記述にはこのふたつの知識が同時に含まれているのである。

　本書において後者にあたるのが、「現代インドネシア」——ポストスハルト期[28]における民主化後の社会という論点である。1998 年にそれまで 30 年以上も続いた権威主義体制であるスハルト政権が倒れ、インドネシアは「改革（Reformasi）」の時代を迎えた。自由選挙の実施から、地方自治の大幅な拡大、言論や社会活動の自由化に至るまで様々な政治制度の変化がわずか数年間で急激に進み、暴力に基づいた権威主義的統治によって形作られた社会のあり方を見直し、どのような社会へと変革していくべきなのかの試行錯誤があらゆる領域で模索されるようになった。現代のインドネシア地域研究の多くはこのポストスハルトという問いに取り組んでおり、新たに生まれつつある社会のあり方について何かしらの理解を得ようと努めてきた[29]。

　本書も同様に、こうしたポストスハルト論のひとつに位置付けることが

---

28) 「ポストスハルト体制」ないし「ポストスハルト期」は主に日本の研究者の間で用いられており、インドネシア国内では一般的に「改革期（Era Reformasi）」と呼ばれている。英語圏の研究者の間では、スハルト政権が自らの統治を「新秩序（Orde Baru）」と呼び、インドネシア国内でも時代区分にこの名称が用いられていることを踏まえて、「ポスト新秩序（Post-New Order）」と呼ばれることが多い。

29) すべてを列挙することはできないほど数多くの研究が存在しているが（最も総花的な論集としては［Hefner 2018］）、たとえば日本における研究だけでも、民主化の度合いや内実についての研究［本名 2013; 岡本 2015］、「イスラーム化」の進展についての議論［見市 2014; 荒木 2022］、慣習法や慣習社会の興隆や、抑圧されていた華人文化の復興など、新たな地域社会の生成についての研究［杉島・中村 2006; 津田 2011; 鏡味 2012; 高野 2015; 岩原 2020］などが挙げられる。

できる。本論で詳述するように、スラバヤの廃棄物処理インフラは民主化という社会の大きな変化と不可分の関係にある。スハルト体制の崩壊によって初めてゴミ問題が大きく表面化し、その後の様々な取り組みはこうした民主化という変化の中で環境NGOや日本の地方自治体、外資系企業などの新たなアクターが関わることで作り上げられてきた。この点は、特に住民参加の領域に大きく関わっている。先行研究では廃棄物処理において住民参加が困難であることがしばしば指摘されてきたが、インドネシアが特異なのは、リサイクルや生ゴミの堆肥化などの住民参加型の廃棄物処理の試みが日本や欧米よりも大規模であったことにある。

この「住民参加（partisipasi masyarakat）」という理念は、廃棄物処理だけでなく近年のインドネシアのあらゆる開発プロジェクトで重視されており、これはスハルト体制期の上からの開発主義とは異なるオルタナティブな開発理念としてポストスハルト期に急激に盛り上がりを見せたためである。こうした動きを先導したのがインドネシアの環境NGOである。科学技術社会学の市民参加論では、環境NGOは市民団体という住民の一部とされることが多いが、インドネシアにおいて環境NGOは一種の知識人層ないし専門家集団として、政府とは異なる主体としての「住民（masyarakat）」を現実化しようとする重要なアクターとなってきた。ゴミ問題とその対策の試みはポストスハルト期の「改革」の一環として登場してきており、本書が描き出す「分散」というあり方もこうした政治的社会的状況を背景として成立してきたのである。

そして、インフラ研究の議論を踏まえれば、「ポストスハルト期のインドネシア社会」は、外的要因としての中央政府の政治制度のように、インフラから区別された別個の存在にとどまるものではない。そうではなく、ゴミ問題とその対策が新たに生み出されていった廃棄物処理インフラの変化のプロセスそのものが、それ自体現代インドネシア社会の一部でもあり、「ポストスハルト」を理解するための重要なヒントとなるのである。その意味で、廃棄物処理インフラの「分散」は、同時にポストスハルト期のインドネシア社会のあり方をも指し示している。たとえば、第4章と第5章で詳しく論じるように、廃棄物処理の中で住民参加が独自の領域として肥

大化していったという事態は、「住民」と同じ単語である「社会（kemasy-arakatan）」が「行政（pemerintahan）」とは別の領域として（インドネシア独自の形式で）姿を現してきたことも意味している。あるいは、第3章で論じるような埋立処分場の民営化は、「汚職（korupsi）」というインドネシアの宿痾とされる現象が、技術的な複雑性を単純で計算可能な経済性に縮減するという生産的な側面を持ってしまっていることを示してもいるのである。

　また、2010年代前半の調査に基づいて描き出した廃棄物処理インフラの「分散」は、2000年代後半から登場し、2020年代前半まで大きな枠組みは変わらずにいる。インドネシアはスハルト体制崩壊直後の混乱を経て、2004年からのユドヨノ政権、2014年からのジョコウィ政権、そして2024年からのプラボウォ政権へと政治制度としては一応の安定性を見せるようになっている。そして、本書もまた、「改革」が結果として生み出した行政・企業・住民の関係の新たな安定性を――たとえそれが、「改革」を夢見た（環境NGOも含んだ）社会活動家たちのかつての理想とは異なる形であったとしても――明らかにしているのである。

5　各章の概要

　本書は序章、本論5章、終章から成り、各章はスラバヤ市が経験したこの20年間の廃棄物処理の変化に沿って構成されている（図0-1）。

　第1章では調査地であるインドネシア・スラバヤ市の概要と、近年の変化の前提となる既存の廃棄物処理の仕組みについて論じる。インドネシアの廃棄物処理の特徴として、行政を中心としたシステムでありながらも住民と廃棄物市場との間にインフォーマルな関係しか存在せず、行政が直接管理する状態にないという点がある。この二重のインフォーマリティが2000年代以降にゴミ問題への対策が試みられる中でも維持され、市場化と住民参加の試みが既存のシステムから分離する素地となったのである。

　第2章では2000年代初頭においてスラバヤ市政の中心的な課題となったゴミ問題の発生を扱う。埋立処分場の反対運動をきっかけに、スラバヤ市では廃棄物処理が機能不全に陥った。それには当時の体制転換に伴う政

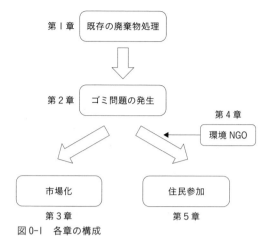

図 0-1　各章の構成

治対立も原因となっており、ポストスハルト体制の新たな政治としてもゴミ問題への対策が焦点化された。こうした経緯を踏まえた上で、スラバヤ市におけるゴミ問題についての知識の複雑性について分析する。埋立処分場への廃棄物の排出量の削減という中心的な問題に、焼却処分の忌避、廃棄物の組成、かつての分別政策の失敗、住民道徳の問題などの複数の問題が絡み合っており、一連の構造を受けて、市場化や住民参加の具体的な取り組みが形になっていったことを示す。

　第3章では、市場化の試みとして、日系企業のプロジェクトおよび埋立処分場の民営化というふたつの事例を扱い、廃棄物処理における純粋な市場化の難しさと隠れた市場化の機能を分析する。北九州市とスラバヤ市の協力関係を背景に、ある日本の環境企業は分別施設と堆肥化施設を運営する開発プロジェクトを始めた。これはビジネスとして展開していくことを狙っており、純粋な市場化を試みるものであった。しかし、様々なゴミの混合という一般廃棄物の特徴による困難に直面し、最終的にスラバヤ市から撤退する結果となった。一方でもうひとつの市場化の事例である埋立処分場の民営化は、不透明な入札の経緯など地元政治家とのつながりが噂されており、経済的効率性という観点からは純粋な市場化とは言い難い。しかし、埋立処分場が行政から分離することによって、外部への情報の非公開、「ガス化」発電という曖昧な技術や契約書の導入がなされ、その結果、

埋立処分場の長期の安定性が確保されている。民間企業への分離という市場化の隠れた機能によって、スラバヤ市のゴミ問題は実はある程度解決されているのである。

　第4章と第5章ではもうひとつの変化である住民参加を取り上げ、インドネシアで独自の住民参加が発展していることを論じる。第4章はやや変則的な章として、住民参加型開発が近年盛んになった社会的背景である、インドネシアの「住民」概念および環境NGOの活動について論じる。インドネシアの「住民」概念は、「社会」の翻訳語から出発して、地域コミュニティ、そして開発の介入対象と同時に権利の主体としても構成されるという複雑な経緯を辿り、ポストスハルト期において「住民」が新たに開発の焦点となった。さらにこうした「住民」概念を推進したのが環境NGOである。インドネシアでは環境問題は社会批判の領域として独自の地位を獲得し、活動家は「住民に寄り添う」ことを行動原理として住民参加型開発を推進した。その結果、廃棄物処理の住民参加でも環境NGOが大きな影響力を持っており、この点をNGOの日常的な活動から明らかにする。

　第5章では、住民参加の試みを、住民参加型技術の開発および環境コンテストというふたつの側面から論じる。ゴミ銀行や堆肥化の技術などの様々な住民参加型技術が開発され、また、スラバヤ市では住民組織を単位とした大規模な環境コンテストが毎年開催されている。これらの独自の技術や技法は、廃棄物処理に人々が関心を持たないことを前提に、ゴミとは直接関係ない魅力を備えることによって、ゴミに関与する「住民」を生成することに成功している。しかし、一方で、住民参加が自己目的化し、既存の廃棄物処理とは分離して独自に肥大化している状況にある。そのため、住民参加を推進してきた環境NGOは次第に住民参加に批判的となり、「住民」から離れて自律した新たな取り組みを目指すようになっているのである。

　終章では、これまでの章の議論をまとめた全体像を示す。スラバヤ市では市場化と住民参加という変化が成功している反面、どちらも既存の廃棄物処理システムから分離した並存状況にあり、「統合的廃棄物処理」の理

念とは異なる「分散」の状態にある。この「分散」が起きた背景を分析し、最後に「分散」という概念の意義や可能性について考察する。

第 1 章

スラバヤにおける廃棄物処理インフラ

1 調査地の概要

　本書の調査地はインドネシア東ジャワ州スラバヤ市とその周辺地域である[1]。インドネシア共和国は東南アジアの島嶼地域に位置し、数百もの民族によって構成される、人口2億8000万人の大国である。アジア通貨危機をきっかけとした経済危機とそれに続く1998年のスハルト体制崩壊の混乱を経た後は安定した経済成長を続けており、一人あたりのGDPは約4000ドルでそれほど高くはないとはいえ、国内総生産（GDP）全体では約1兆ドルで世界第16位となっており、新興国のひとつに数えられる[2]。

　本書が対象とするスラバヤ市（Surabaya）[3]は、首都ジャカルタに次いでインドネシアで2番目の規模を誇る大都市である。インドネシアの政治や経済の中心であるジャワ島に位置しており、ジャワ島の東側3分の1を占める東ジャワ州の州都でもある。東ジャワの主要河川であるブランタス川が海へと流れつき、マドゥラ海峡を挟んでマドゥラ島と対面する河口のデルタ地帯に、赤い屋根瓦でできた家々がひしめきあい、ところどころに高層のアパートメントやビルが点在する光景が広がっている。熱帯のインド

---

[1] 主な調査期間は2016年4月から2018年3月の2年間である。その他に2015年9月に予備調査、2018年9月に追加調査を行った。現地では基本的にインドネシア語を用いて調査を行った。ジャワ語については学習し、日常会話であれば多少理解できるようにはなったが、インタビューなどで自分から用いることはなかった。

[2] それぞれIMFのデータ（2018年）に基づく。

[3] 正式には「市」を意味する「コタ」が付けられた「スラバヤ市（Kota Surabaya）」である。なお、ジャワ語では語末のaはoと発音するので、「スロボヨ」と発音される。

ネシアとはいえ山岳地帯で涼しい地域も多いジャワ島の中では特に暑い地域として知られ、また、雨季には首都ジャカルタ同様しばしば洪水に悩まされる。

スラバヤの市内人口は 277 万人であるが、隣接するグレシック県とシドアルジョ県を含んだスラバヤ都市圏としては 588 万人に及ぶ。さらに近隣県のバンカラン、モジョクルト、ラモンガンを合わせてひとつの経済圏とされ、首都のジャボデタベック（Jabodetabek、ジャカルタ都市圏）に相当するものとしてそれぞれの名前から音を取って「グルバンクルトスシラ（Gerbangkertosusila）」と呼ばれており、こちらになると人口は 911 万人にまで達する[4]。

経済もまたジャカルタに次ぐ規模であり、様々な産業が集積している。1980 年代頃まではスラバヤ市内でも製造業などの工業が盛んであったが、徐々に隣接県での工業団地の開発が進み、現在スラバヤ市自体は商業やホテルなどのサービス産業が中心となっている。巨大なショッピングモールが市内中心部のあちこちにそびえており、どこかに遊びに行くとなると多くの人々は各々の経済事情に沿ったモールに行くことが第一の選択肢となる。また、ジャカルタのタンジュンプリオク港に次ぐ規模であるタンジュンペラック港を持つため、東ジャワだけでなくインドネシア東部にとってのジャワ島の玄関口でもあり、貿易の中心地でもある。

教育面でもスラバヤには多くの国立・私立大学が立地しており、東ジャワ州を中心としてインドネシア各地から多くの学生が毎年流入してくる。国立のアイルランガ大学およびスラバヤ工科大学は国内でトップクラスの大学であり、大学内の研究室や卒業生のネットワークは行政を中心として様々な面で影響を持っている他、スラバヤ教育大学などの国立大や、キリ

---

4) それぞれ頭からグレシック（Gresik）、バンカラン（Bangkalan）、モジョクルト（Mojokerto）、スラバヤ、シドアルジョ（Sidoarjo）、ラモンガン（Lamongan）となり、音の響きの良さで並べているため順番には特に意味はない。それぞれの人口の数値は 2010 年人口センサスに基づいたデータである。ただし、グルバンクルトスシラまでとなると農村部もかなり含まれるため、ジャボデタベックのようにひとつの都市圏とまでは言えない。なお、2020 年人口センサスではスラバヤ市の人口は 287 万人の微増となっている。

スト教系大学を中心にした私立大が多数存在している。こうした大学に所属する学生や教員たちは、本書の対象であるゴミ問題といった環境問題の専門家（研究者や環境 NGO）の出身母体となっている。

　ジャカルタに次ぐ2番目の都市とはいえ、インドネシア各地からあらゆるエスニシティが集まるジャカルタとは異なり、スラバヤ市はジャワ人が人口の 80% を超えておりジャワの地方都市という性格が強い[5]。日常言語としてもジャワ語のスラバヤ方言が用いられており、複雑な敬語体系を持つジャワ語の中で敬語を最小限しか用いないスラバヤ方言は、単語や言い方において最も「野卑（kasar）」だとスラバヤの人々自身が冗談にしつつもその点に誇りを持つことを隠さない。人口比で言えばジャワ人が多数派であるが、都市部であるため華人も多く居住しており、富裕層であればあるほどその存在感は大きい。マドゥラ島と近接しているため北部を中心にマドゥラ人も多く居住しており、これらの三者の民族的なネットワークの差異はゴミ問題においても背景となっている。

　「スラバヤ」の名前の由来には諸説ある[6]が、ジャワ語の「サメ（sura）」と「ワニ（baya）」が語源とされることが多く、このふたつは今でも同市のシンボルとして、実物を見ることはなくとも、市章から彫像まであちこちで両者が並び合うイメージを見ることができる。スラバヤの歴史は古く、14 世紀にこの地名が初めて碑文や歴史書に現れて以来、この地域の中心的な都市であり、貿易の重要拠点であった。15 世紀から始まるイスラームの受容が最も早くなされた地域のひとつでもあり、ジャワにイスラームを伝えた九聖人のひとりスナンアンペル（Sunan Ampel）の墓が中心部にあ

5）2010 年人口センサスによれば、ジャワ人 83.7%、マドゥラ人 7.5%、華人 7.3% と続き、その他にアラブ系、インドネシア人およびバリ人やアンボン人など各地のエスニシティが居住する。

6）スラバヤ市の公式の説明では、1293 年にジャワに侵攻したモンゴル軍を撃退した際に「危機に際して勇敢（sura ing bhaya）」として名付けられて誕生したとされるが、資料的な裏付けはない［佐藤 2008］。一般的にはスラバヤはジャワ語の「サメ（sura）」と「ワニ（baya）」を意味するとされ、災害を避けるための象徴として強い生物の名前を使った、あるいはかつて人が住む前はサメとワニがお互い戦っていた場所であるなどとされる。

り、そこを訪れる巡礼者は今でも絶えない。16世紀末には北海岸地域の港市国家の中で最も有力な国となり、同時期に勃興した内陸のマタラム王国と覇権を争ったが、最終的に敗北し、マタラム王国に服従する立場となる［Ricklefs 2008: 45-48］。その後も戦乱と破壊が続いたため、現在ではこの時代の遺跡はほとんど残っていない。

　現在でも目につくのはオランダ植民地時代に建てられた無数のコロニアル建築である。1743年にマタラム王国からオランダ東インド会社に割譲されて以降、バタヴィア（現在のジャカルタ）やスマランと並ぶ貿易港として発展を続け、特に1830年に強制栽培制度が始まって以降はプランテーション作物の輸出港として栄華を誇り、バタヴィアの人口を超えるほどであった。1929年の世界恐慌で農産物価格が暴落してからはもはやジャカルタと並ぶようなことはなくなったが、その後の日本軍の占領や独立戦争、そして幾度かの体制転換の混乱を経ても、現在に至るまで国内第2位の主要都市の地位を維持し続けている。独立戦争では最初に戦闘が始まった場所でもあり、多くの国家英雄に代表されるナショナリズムの神話[7]を抱えたこの街は「英雄の街（Kota Pahlawan）」の別名を持ち、多くの記念碑が建てられ、その脇を無数のバイクと自動車が駆け抜けていく。

　植民地時代のスラバヤはオランダ人や華人が多く住み、「欧華都市」［リード 2021: 190-199］の典型であったが、第二次世界大戦の混乱以降、特に1965年以降のスハルト体制期には農村部からの膨大な流入が続き、ジャワ人やマドゥラ人を中心とした庶民層が暮らすカンプンがひしめきあう現在の姿となった。1930年には33万人だった人口は1960年には99万人に達し、さらに1980年には203万人、2000年には260万人と爆発的に人口が増加した［佐藤 2008］。オランダ人は独立後に帰国を余儀なくされたが、華人はスラバヤの主要な住民であり続け、1980年代以降に住宅開発が進

7）　イスラーム同盟のカリスマ的指導者であったチョクロアミノト（O. S. Tjokroaminoto）や、彼の家に下宿していたインドネシア初代大統領のスカルノ（Soekarno）、独立戦争中に闘争を呼びかけるラジオ放送を行ったことで有名なブン・トモ（Bung Tomo）、オランダ国旗を引き裂いてインドネシア国旗を掲げたマジャパヒトホテル（Hotel Majapahit）など、多くの人物や出来事がスラバヤと結びついている。

むと、これらの開発で新たに生まれたプルマハン（perumahan）[8]と呼ばれる新興住宅地へと多くが移り住んだ。現在のスラバヤは多くのインドネシアの都市同様、富裕層を中心とした居住地であるプルマハンと、庶民層が密集して住むカンプン（kampung）[9]と呼ばれる地域によって構成されている。経済発展によって中間層が育ってきたため、カンプンに住んでいるからといって必ずしも貧困層を意味するわけではないが、インドネシアにおいてカンプンとプルマハンという二項対立は、日常的な都市景観や人々の認識枠組みの前提となっており、本書で論じるスラバヤ市における廃棄物処理のシステムの背景ともなっている。

2　スラバヤにおける廃棄物処理の歩み

　序章でも述べたように、現在まで続く公共的なインフラとしての廃棄物の収集処理は、19世紀の公衆衛生という新たな概念と共に成立してきた。そのため、廃棄物の再利用といった営みは当然インドネシア地域においてもはるか以前から行われてきたと思われるがここでは言及せず、公衆衛生としての廃棄物処理から歴史を始める[10]。インドネシアの廃棄物処理は20世紀初頭のオランダ植民地期に初めて導入されて以来、戦争や政変といった社会の変動を経験しながらも細々と継続し、スハルト体制期の

8）　プルマハン（perumahan）とは「家（rumah）」に共接辞 pe-an が付いて「住宅街」を意味するが、ここでは1980年代以降に不動産企業によって開発された中間層以上に向けた新興住宅地のことを指す。こうした新興住宅地に対する呼称はいくつかあり、本書ではスラバヤ市で最も一般的であったプルマハンを用いるが、研究者によっては「コンプレックス（kompleks）」や「リアル・エステート（realestat）」が使われている［新井 2012］。

9）　カンプン（kampung）とはマレー語で「村」を意味し、インドネシアでは都市部の庶民層が住む人口稠密な地域かつその地域コミュニティを指す。現代のインドネシアの都市はこのカンプンと上述のプルマハンがモザイク状に入り混じった都市構造をしている［布野 2021］。こうしたインドネシア都市部の居住環境についてはジャカルタを対象とした地球研のメガシティプロジェクトが近年の研究成果として包括的である［村松・村上・林・栗原 2017; 村松・岡部・林・雨宮 2017］。

10）　この節は20世紀のスラバヤにおける経済や行政を包括的に扱ったディックの歴史研究に主に依拠して記述する［Dick 2003］。

1970年代後半から1980年代に開発援助を受けて現在のシステムが確立されていった。

2-1　20世紀初頭からスカルノ期まで

　ヨーロッパが公衆衛生として廃棄物処理に取り組むのは19世紀からであるが、植民地であったオランダ領東インドで公衆衛生政策が始まったのはそれよりも遅く20世紀に入ってからであった。そもそも地域全体を統治する行政組織としての自治体（gemeente）が設置されたのが20世紀以降であり、それ以前はオランダ領東インドの都市部ではそれぞれの集団ごとに統治が任されており、ヨーロッパ人居住地ではヨーロッパ人の理事官（resident）、そしていわゆる原住民、華人、アラブ人にはそれぞれ首長が任命され、また各所に点在する私領地ではそこを所有する地主に一任されていた。20世紀に入っていわゆる「倫理政策」と呼ばれる、原住民の福祉向上を植民地支配の正統性の担保とする政策がオランダ政府によって推進されると、スラバヤにも1906年に自治体が置かれ、公衆衛生を含む様々な公共サービスへの取り組みが始まった［Dick 2003: 42-46］。

　廃棄物の収集処理もまたこのような動きの中で始められた。ジャワの各地で新設された自治体において、原住民も含めた公衆衛生政策が本格的に始まるのは、1911年に発生したペストの流行がきっかけである［村上2007］。ペストの感染拡大を恐れたオランダ人は、自分たちを守るためにも原住民へのペスト対策を迫られた。1916年にはスラバヤ市に保健局や公共事業局が設置され、原住民の家屋の改築や公立病院の開設などが進められ、ゴミの収集や道路・水路の清掃（reinigingsdienst、清掃業務）もネズミの繁殖やコレラなどの感染症を抑えるために同年から市政府によって始められることとなった。

　ゴミの収集は、当初はヨーロッパ人地区および東洋人地区、そして市場でのみ行われていたが、1929年からはいわゆる原住民のカンプンも対象に含まれるようになった。当時は牛車によって収集が行われており、ヨーロッパ人および東洋人の地区では各家屋の前に設置されたゴミ箱から一軒一軒回収し、カンプンの場合は大通りのカンプンの入口にコンクリートで

作ったゴミ捨て場を設置してゴミが一定量に達すると回収していた。捨てられたゴミは海岸沿いの塩田や市内の水田の埋立に用いていたという。とはいえ、これらの行政サービスが円滑になされていたわけではなく、収集の遅滞は日常的であり、カンプンでの収集も限定的で、多くの住民が旧来通り水路や川への投棄や野焼きをしていると当時の市政府報告では不満が記されていた。[Dick 2003: 168-173, 188-191; Ni'mah 2016: 76-86]

　その後、第二次世界大戦時の日本軍による占領統治および独立戦争時のオランダ軍による統治といった混乱の極みの中であっても、廃棄物の収集処理は細々と続けられていた [Dick 2003: 88]。1950年にインドネシア共和国に編入されるとオランダ人からインドネシア人に行政が移管されたが、その後の議会制民主主義期および指導民主主義期は経済混乱のため市の予算はほんのわずかであり、しかも政治的な対立[11]が激化の一途を辿る中で、実効的な行政の仕事はほとんどなされなかった。廃棄物の収集サービスも、スラバヤに流入する膨大な数の貧困層に圧倒され、ほとんど有効な手を打つことはできなかったとされている。[Dick 2003: 207-218]

2-2　スハルト体制──現在のシステムの起源

　こうした混乱は、最終的には1965年の9月30日事件以降のインドネシア共産党の壊滅そしてスハルトの新秩序体制へと帰結し、暴力を背景とした国軍による統治がインドネシア全土に敷かれることとなった。スラバヤも共産党系の市長が国軍に拘束され行方不明となるなど、軍とイスラーム勢力による殺害と逮捕の暴力が吹き荒れ、市内を流れる河川に毎日のように死体が流れていたという [Peters 2013: 50-71]。その後、陸軍将校が市長に就任し、政治活動が抑圧される一方で行政サービスは徐々に改善されていった。民主化した現在でも多くの行政サービスがこのスハルト体制期に起源を持つ。

---

11)　1965年までのスラバヤの政治は、農村部から大量に流入した移住者を組織化することでインドネシア共産党（PKI）が大きな力を持ち、それに国軍およびNUを中心とするイスラーム系政党が対抗するという構図であり、それぞれ支持者の間の争いが頻繁であったとされる [Peters 2013: 38-50]。

本書で扱う近年の様々な取り組みの前提となる、現在の廃棄物処理システムもまたこの時期に整備されたものである。開発主義を自らの正統性の根拠としたスハルト政権は、当初は経済発展や家族計画に注力しており、廃棄物処理までは手が回らなかった。しかし 1970 年代後半になると世界的な環境への関心の高まりを背景として、開発政策の中に環境問題対策およびその一環として廃棄物対策が盛り込まれるようになっていった。1978 年には環境省が設立され、1979 年からの第三次五ヵ年計画（Replita III）には廃棄物への対策が記載され、中央政府から廃棄物処理に取り組むように指示と予算が地方政府へと降りていった［国際協力事業団 1991: 7-10］。1982 年には環境管理法[12]が制定されて法的な裏付けも備わり、環境政策が地方の政策に組み込まれるようになっていった［Puspitasari 2016］。

　こうして植民地期以来実に 50 年ぶりに廃棄物処理が新たに改善されることとなり、その中でもスラバヤ市は特に力を入れた都市として知られており、それには当時の市長の影響が大きかった。1984 年から 10 年間市長であったプルノモ・カシディ（Poernomo Kasidi）は陸軍出身であり、軍医というバックグラウンドもあって任期中は公衆衛生に力を入れた人物でもあった。また、同時期の 1986 年からスハルト大統領肝いりの環境政策として、都市を対象とした全国的な環境コンテストであるアディプラ（Adipura）が始まり、このアディプラへの入賞が市政府全体で熱心に目指された。スラバヤ市は 1988 年から毎年入賞して何度も最優秀賞を獲得しており、当時の地方紙（スラバヤポスト）では、毎年アディプラが開催される 6 月になると特集が組まれて様々な施策の記事や有識者のインタビューが掲載されており、受賞のニュースは 1 面で取り扱われるなど、当時はアディプラが行政においていかに重視されていたかがうかがえる。

　デング熱などの感染症の抑制や排水の管理、水路の整備と並んで廃棄物処理は当時中心的に整備が進められた分野であった。まずそれまで公共事業局の部局として行われていた清掃業務を独立させ、1984 年に清掃局

---

[12]　UU 1982 No. 4 Tentang Ketentuan-Ketentuan Pokok Pengelolaan Lingkungan Hidup.（法律 1982 年第 4 号　自然環境管理の基本規定について）

(Dinas Kebersihan) が新設された。プルノモ市長が始めたもので最も有名なのは、「黄色部隊（pasukan kuning）」と呼ばれる、道路や水路の清掃員の雇用である。黄色のユニフォームをつけた大量の清掃員を雇用し、24時間態勢で清掃を行ったことにより、市内の通りは劇的に綺麗になったという。貧困層の生活保障にもなるこの政策は評判がよく、アディプラに入賞した最大の理由とされている［Puspitasari 2016: 380］。現在もこの「黄色部隊」は存続し、他の都市よりも多くの人員を清掃に割いているため、スラバヤでは近隣の都市よりも道路の環境は比較的清潔に保たれている[13]。

　廃棄物の収集もより広く行われるようになった。住民の一般廃棄物を収集するインフラとしての廃棄物処理が、この時期に実質的に整備され始めたのである。特に五ヵ年計画と連動した世界銀行（世銀）による都市開発プロジェクトであるUrban-III（1979-84）、Urban-V（1984-1989）において廃棄物処理のための予算が組まれたため、この予算をもとにゴミ収集の中継所やトラック購入などの整備が進められた［国際協力事業団 1991: 34］。しかし、中央政府や世銀からの支援があるとはいえ、予算には限界があり、ゴミ箱やリヤカーなどの設備も民間からの寄付を受け付けている状態であったため、市政府が包括的に管理するシステムは構築されなかった。その結果、市政府が中心である一方で、住民組織にも廃棄物収集の責任を担わせるという、現在の廃棄物収集システムの基礎が成立することとなった［Dick 2003: 230-231］。このスハルト体制期に構築された収集方式が現在まで維持されており、ポストスハルト期におけるゴミ問題とそれに対応した様々な取り組みはこのシステムが前提となっているのである。

3　二重のインフォーマリティ──収集人とプムルン

　廃棄物処理の歴史はここで止め、本節ではスハルト体制期に確立され、

---

[13]　筆者の調査時もプルノモ市長と「黄色部隊」がゴミ対策の始まりとして語られることがしばしばあり、現在の廃棄物処理の関係者の間では最も古い参照点となっている。

現在まで続いている廃棄物処理システムについて記述していこう。インドネシアの廃棄物処理は、行政が収集運搬の中心となっている点は日本や欧米と同様であるが、大きな違いとして、ゴミを排出する住民および有価物を回収する廃棄物市場がインフォーマルな関係でのみ行政と繋がっているという点が特徴的である。ここでのインフォーマルとは、条例などでの規定が存在せず、行政が命令したり、制度の細かな変更をしたりできないことを意味している。法令上はそれぞれの県市レベルの地方政府が廃棄物について全体的な責任を負うことになっているが、実質的には地方政府は業務の全体を担っていないのである。各所に設置された中継所から最終処分場までを地方政府が担当している一方で、個々の住民の世帯から中継所までは住民組織および住民組織が雇用する収集人というインフォーマルな生業が担っており、この上流の半分の部分は行政の管理下にはない。また、この収集運搬の流れの中で、インドネシア語で「プムルン（pemulung）」と呼ばれる有価物を回収する人々が働いているが、このプムルンによって担われている廃棄物市場は行政とは独立した存在となっており、こちらに対しても行政は管理する権限を持っていない。

　この仕組みがいつ頃から確立されたのは定かではないが、少なくとも1980年代前半に廃棄物処理が整備され始めた頃には、すでに行政と住民の間の分離が前提となっていたことが国際協力機構（JICA）の報告書からはうかがえる。世銀からの援助も中継所の建設や収集トラックの購入に重点が置かれており、JICAの廃棄物処理マスタープランでも各戸別の収集は予算的にも現実的ではないと否定されている［国際協力事業団 1991］。オランダ植民地期のゴミ収集の時点ですでにカンプンごとの収集であったことを踏まえると、1980年代に全国的に整備が進む以前から住民による収集の仕組みが存在し、それがそのまま踏襲されたのではないかと考えられる。かつてから存在していた廃棄物市場の管理もまたそのまま維持され、大幅に介入することなくシステムが構築されていったと予想できる。

　このように、インドネシアの廃棄物処理システムは住民と市場との二重のインフォーマリティに囲まれている。こうした収集システムは次章以降で論じるスラバヤ市におけるゴミ問題および様々な取り組みの前提条件と

なっているのである。以下では廃棄物の収集処理の流れを、上流の住民組織が雇用した収集人による収集作業から始め、次に中継所から最終処分場までの市政府の清掃公園局を中心とした行政のフォーマルな廃棄物処理を説明し、最後に並行して存在する廃棄物回収の生業であるプムルンについて記述していく。

3-1　住民によるインフォーマルな収集——収集人

　まず住民によって生み出されるゴミの収集にあたるのがインフォーマルな収集人[14]（図 1-1）である。日本であれば戸別収集のシステムであれ、集積所に各世帯が持ち込むシステムであれ、個々の住民と行政は直接収集の流れで繋がっているが、インドネシアではそのような仕組みにはなっていない。インドネシアでは個別の住民とゴミの中継所との間に、住民組織（RT）[15]が雇用した収集人が存在している。この RT が雇用する収集人は行政の管理下にはなく、それぞれの RT が住民から徴収した会費によって収入を得ている。そのため、行政は住民の廃棄行為に直接介入する経路を持たないのである。

　これらの収集人によって住民の各世帯から中継所までの最初のゴミ収集が担われている。中間層以上の住宅街であるプルマハンか、庶民層の住む

---

14) 収集人は「トゥカン・サンパ（tukang sampah、ゴミ屋）」と呼ばれることが最も多い。ただし、「トゥカン（〇〇屋）」には侮蔑的なニュアンスもあり、収集人によってはより中立的な「ゴミ取り人（pengambil sampah）」を自称したりもする。あるいは、技術用語のような雰囲気を持つ「ゴミ作業員（petugas sampah）」や「清掃作業員（petugas kebersihan）」という言葉を自称として好む者もいるが、収集人たちの間でもそこまで浸透している名称ではない。なお、2023 年に再度スラバヤ市を再訪した際には主に清掃公園局の職員を中心に「リヤカー引き（penarik gerobak）」という名称が使われていた。

15) RT（Rukun Tetangga）および RW（Rukun Warga）はインドネシアにおける最小単位の住民組織であり、数十から百世帯ほどでひとつの RT となり、RT が複数集まって RW が構成される。複数の RW から行政の最小単位である区（kelurahan）ができており、RT 長や RW 長はボランティアでなされる自発的な地域組織であるが、住民カードの手続きなどを担っており、行政の末端としての機能も強い。もともとは日本軍政下に整備された隣組・字常会をもとにスハルト体制期に全国的に制度化されたものである。詳しくは第 4 章第 1 節を参照。

図 1-1　収集人

カンプンかにかかわらず、大抵の地域では RT によって整備されたゴミ捨て場（tempat sampah）が路上に複数設置されている（第 2 章図 2-4 参照）。調査時点では 1 m 四方程度の大きさのコンクリート製の囲いが最も一般的な造りであり、収集人が回収しやすいように道路に面した側に空洞が空けられている。その他にも金属製の蓋つきゴミ箱が設置されていることもあるが、ショッピングモールなどの商業施設以外の住宅地では高級住宅地であってもそこまで一般的ではない。

　特定の日時にゴミが収集され、それに合わせてゴミを出すという日本では一般的な仕組みはスラバヤではなされておらず[16]、各家庭はそれぞれのタイミングでゴミ捨て場へと投棄している。分別収集は組み込まれておらず、ゴミ捨て場にすべてのゴミが一緒に投棄されることがほとんどである。生ゴミや赤ん坊の使い捨てオムツなど臭いがするものはさすがにビニール袋に包まれて投棄されることが多いが、その他の紙や包装紙やプラスチックはそのまま捨てられており、日本のように世帯ごとにゴミ袋に分けられて積まれているというよりも、巨大なゴミ箱のようにゴミがそのまま混ざっている状態にある。

---

16)　インドネシア全体でもそのような仕組みはほとんど存在しない。調査時には例外的に西ジャワ州のデポック市で試験的に収集曜日のプログラムを実施していた。

図 1-2　リヤカー（最上段が収集人の名前、2 段目以下が RT の住所）

　収集人はリヤカー（gerobak）を引いて、カンプンの狭い路地の隅々にまで設置されたゴミ捨て場からゴミを収集する。これらのリヤカーはそれぞれの RT が所有しており、住民同士の出資や市政府からの援助で購入されている。収集人は RT が所有するリヤカーを借りる形で仕事を営んでおり、リヤカーの側面にはトラブルを防ぐためにそれぞれの RT と収集人の名前が明記されている（図1-2）。このリヤカーはたくさんのゴミを詰めることができるように縦長に壁が伸びており、金属製で専用に製造されたものもあれば、ありあわせの木材を組み合わせて作られたものもある。一度に回収するゴミの量次第だが、平均的にはリヤカーとゴミを合わせて 500 kg 前後の重さになり、重い時には 800 kg を超えることもある。このリヤカーを収集人はバイクや車を避けながらゴミ中継所までひとりで運ぶことになる。大抵の RT では週に 1 回か 2 回収集するという契約を結んでいることが多い。

　リヤカーへの補助金などは市政府が提供しているとはいえ、収集人という生業自体は屋台や小商いといった都市の雑業のひとつとして営まれている。それぞれの RT と収集人が個別に契約を結んでおり、収集人が何かしら特定の組合などを組織して市政府と契約するという形は取られていない。収集人たちは近隣の RT の収集人、つまり同じ中継所へとゴミを運ぶ収集

人を中心にした知人関係というゆるやかな社会的ネットワークを形成しているのみであり、スラバヤ市全体における収集人の実態については収集人当人であってもその全体像を知る者はいない。このネットワークはしばしばインドネシアの生業で見られるような特定の地縁や民族のネットワークではなく、新たに契約するRTがあった時に、近隣の収集人が知人や親類などに声をかけて人を見つけるという流れで形成されたものである。そのため、少なくとも収集人たちは自分たちを特定の民族や地縁のネットワークだとは認識していない。この点は同じ廃棄物関連でも、有価物を収集して売却することで生計を立てるプムルンと呼ばれるリサイクル業とは異なる。

そのため、収集人は生まれてからずっとこの仕事をやるようなタイプの生業ではなく、基本的には様々な職業を経験する中で、収集人の仕事に就いているという経緯を辿っている[17]。ほとんどの収集人は30代から50代の壮年男性である[18]。たとえばある収集人は東ジャワ州のマラン県から中学卒業後にスラバヤに移ってバイクの整備屋や建設現場で働いていたのを、住んでいたRTにいた収集人に誘われてこの仕事を始めたという。また別の収集人はスラバヤ生まれだが、カリマンタンの鉱山での契約労働を数か月やってスラバヤの地元に戻り、金がなくなればまた出稼ぎに行くという暮らしを続けていたが、結婚を機にスラバヤを離れない仕事を探しているうちに、儲けが少なくとも安定している収集人に落ち着いたのだという。

彼らによれば、収集人の仕事は建設現場や鉱山などへの出稼ぎ、あるいは行商などの他の仕事と比較すると金額は低いが、安定した収入が得られるという[19]。また、RTから支払われる報酬以外にも収集の仕事を通じて得られる副収入があり、たとえばペットボトルや金属類をリヤカーに引っ

---

17) これらの収集人の経歴は、第3章で扱う分別施設の調査において、施設にゴミを運搬してくる収集人に対して聞き取りをして得たデータに基づく。
18) その他には、60代以上の高齢の男性も少数であるが存在し、また、女性の収集人としては筆者の知る限り夫婦共同で収集を行っている高齢女性がひとり存在した。
19) 1つのRTの収集で月70万ルピア（約7000円）が契約の相場であり、収集人の仕事をしている者は、複数のRTと契約して収集人の仕事だけで生計を立てるか、あるいは建設現場の労働者や行商といった他の仕事を兼業している。

かけた袋に別に取っておいたり、カバンや靴などそのまま売れるものを抜き取ったりして売却することは広く行われている。ただし、有価物の抜き取りはあくまで副収入程度であり、後述する有価物の回収業であるプムルンであれば収集するような単価が低いもの（プラスチックバッグなど）はそのままにしておくことが多い。

　その他の収入源としては、裕福な地域を担当する収集人であれば、住民からたばこ代にとチップのような形で数万ルピア程度（数百円）のお金を貰うことがある[20]。こうした副収入は豊かな地域であれば頻繁であり、貧しいカンプンであればそうした機会は少なく、また収集の契約金も少ない傾向にあるため、カンプンの収集人はよく不満を漏らしている。そうした収集人も、担当するRT以外に副業として食堂や商店から出るゴミを受け取って処理料金を貰っていることはよくある。こうした事業者から出る廃棄物は市政府ではなくそれぞれの店が自己の責任で処理費用を出すことになっているが、小規模な店では近くのRTの収集人に少額を払って引き取ってもらうことも多い。そのため、労働のきつさはともかくインフォーマルな雑業層の中では悪くない収入を得ることができる[21]。

　このようにインフォーマルなネットワークであるため、収集人の仕事は市政府の統制下にはないという点が重要である。その点では市政府によって雇用される道路の清掃員などの作業員とは、似たような低賃金労働とはいえ位置付けはまったく異なる。道路の清掃などのために清掃公園局が雇用する作業員は、雇用や福利厚生などの保障が存在しない点では同様であるが、指揮監督権が市政府にあるため、作業員の業務を柔軟に変更することが可能である。しかし、収集人の場合はRTという住民組織との契約であり、市政府は収集人に直接介入することはできない。事実、市政府の職

---

20) この話をしてくれた収集人によれば、こうしたお金を渡してくれるのはほとんどが華人とのことである。
21) 世界的にも廃棄物に関する生業は、高い学歴や技能を求められない仕事の中ではある程度の収入は得られることが多い。そのため、衛生環境などは別にして、収入という点だけ見ればどの地域でも最貧困層に位置付けられることはほとんどない［Medina 2007］。

員は自らが責任を持つ中継所では収集人がむやみにゴミを散らかしたり、中継所に夜間リヤカーを勝手に駐車したりしないようにする以外は、収集人の仕事や雇用や人となりに関心を寄せるそぶりは見せなかった。市政府が無関心な態度を決め込んでいるように、RTレベルにおける住民のゴミの収集は収集人という行政からほとんど自律したインフォーマルな生業として営まれているのである[22]。

3-2　行政の収集システム──スラバヤ市清掃公園局

現在のスラバヤ市における廃棄物処理は、1984年に新設された清掃局の後継部局であり、公園局と合併してできた清掃公園局（Dinas Kebersihan dan Pertamanan, DKP）が担っている[23]。環境関連では他にも環境局（Badan Linkungan Hidup, BLH）が存在するが、こちらは排水規制などの政策面を担当しており、廃棄物処理の実際の業務や市政府が主導するプログラムなどは清掃公園局の業務となっている[24]。その他には保健局や公共事業局、農業局などが部分的に関与しているが、基本的には清掃公園局が廃棄物処理を担当している。なお、清掃公園局のスタッフはマネジメントを行う正式な公務員（Pegawai Negara Sipil, PNS）と実質的な労働を行う非正規職員（Pegawai Harian Lepas）に大きく分かれており、大多数は後者の作業員であ

---

[22]　行政からの自律という点は、高層アパートメントや大規模な富裕層向けプルマハンでさらに顕著である。これらでは警備なども含めてRT/RWではなくデベロッパーが管理を担っており、一定以上（1日2.5 m³以上）のゴミを排出する事業者は、中継所を用いることはできず、最終処分場まで自らの費用で運ぶこととなっているため、管理するデベロッパーは商業施設と同じくプムルン（プグプル）と契約して行政による収集を経由することなくゴミを廃棄している。

[23]　調査中の2017年には「清掃緑地局（Dinas Kebersihan dan Ruang Terbuka Hijau, DKRTH）」に名前を変更したが、組織構成や業務内容についてはほぼ変更がなかったため、本書では一貫して清掃公園局の名称を用いている。

[24]　この並列は、もともとスハルト体制期には環境局は中央政府の環境省の支局という位置付けだったのが、地方分権化に伴って市政府の組織に鞍替えしたことに由来している。地方政府に行政機能が一元化された現在では業務が重複するため、多くの地方政府では両者の合併が進んでいるが、スラバヤ市は清掃公園局を基盤に独自のゴミ対策の取り組みを行ってきたため、調査時は並列状態が続いていた。ただし、2022年に他の自治体と同様に合併され、環境局（Dinas Linkungan Hidup, DLH）に統合された。

第 1 章　スラバヤにおける廃棄物処理インフラ　047

図 1-3　スラバヤの中継所（TPS）の例

る。雇用の時点でこれらは完全に分かれているため、正規の職員がゴミ収集の実際の作業を行うことはない[25]。

　一般廃棄物の収集業務は清掃公園局[26]によって日常的に遂行されており、市内の各所に設置された中継所から最終処分場までゴミを運搬する責任を負っている[27]。中継所はインドネシア語で TPS[28] またはデポ（depo）と呼ばれており、市内各所の 10 t トラックが入れるような大きな通りに設置されている（図1-3）。周辺のカンプンやプルマハンからゴミを収集したリヤカーが集まり、大きなコンテナがひとつ設置されているのが標準的な中継所の様子である。

---

25) もともと作業員として仕事を始めたが、試験を受けて正規職員に入り直したという例はある。
26) 清掃公園局は大きく 3 つの部署に分かれており、清掃オペレーション課（Bidan Operasional Kebersihan）、公園および街灯課（Bidan Pertamanan dan Penerangan Jalan）、設備課（Bidang Sarana dan Prasarana）のうち、廃棄物収集を担当するのが清掃オペレーション課である。
27) この中継所から最終処分場までの運搬は基本的に清掃公園局の業務であるが、ある中継所のみ民間企業が委託されて運搬しているという。ただし詳細は不明である。
28) Tempat Pembuangan Sementara の略称であり、日本語では「一時的な廃棄所」という意味となる。本書で「中継所」と書く際には常にこの TPS のことを指す。なお、2008 年廃棄物管理法など、TPS の P が「廃棄（pembuangan）」ではなく「収容（penampungan）」となっている場合もある。

カンプンでゴミを集めた収集人はこの中継所まで運び、ゴミをリヤカーからコンテナに移し替える仕事も担っている。基本的にはこの積み替えは機械化されておらず、リヤカーを降ろした後にゴミを棒で掻き出して竹製のカゴを使って何度も往復しながらコンテナにゴミを積み込んでいく[29]。有価物を抜き出すプムルンがいることもあり、中継所の地面にはしばしばゴミが無造作に散らばっている。またコンテナの回収が遅れて満杯になるまで積み上げられることもあり、コンテナからこぼれたゴミが積み上がっている光景も日常茶飯事である。熱帯地域のインドネシアでは生ゴミが腐るのも早く、散らばったゴミに丸々と太った無数のハエが群がり、産み付けた卵から生まれたウジが地面を這い回っている。清掃公園局ももちろんこうした現状をよいとは思っておらず、夜間は中継所を閉鎖してゴミの持ち込みをコントロールしたり、近隣住民の苦情があればなるべく迅速に対応しようとしているが、清潔とは言い難い中継所も多い[30]。

　ゴミが積まれたコンテナは、重機部門の作業員が運転するトラックに牽引されて最終処分場へと運搬される。道路の渋滞を避けるため、早朝か夕方に1日1回それぞれの中継所からゴミで満杯のコンテナがトラックで運ばれていくが、渋滞でこのサイクルが遅れることも珍しくない。スラバヤ市内の中継所からゴミを収集したトラックやパッカー車は、スラバヤ西部の郊外にあるブノウォ最終処分場（TPA Benowo）[31]に運搬する。現在はスラバヤ市で収集されたゴミはすべてブノウォ最終処分場で埋立処分されて

---

[29] 調査時には中国からの援助で、一部の中継所ではコンテナの代替として、パッカー車およびパッカー車が自動で持ち上げる専用のカート型のゴミ箱が導入され始めていた。収集人はリヤカーからコンテナではなく小型のゴミ箱にゴミを詰め込むようになったが、リヤカーで中継所まで運ぶのは同じであるため、作業量としてはほとんど変わりがなかった。ただし多数のゴミ箱に分散して積み込まれるので、コンテナに無造作に積み込むよりはゴミが散乱せず、比較的衛生的な環境をもたらす効果はあった。また、パッカー車であるため運搬中に悪臭や汚水が漏れることがなくなる利点もあった。このパッカー車への移行は継続しており、2024年現在では多くの中継所がこのカート型のゴミ箱になっている。

[30] この点はカート型のゴミ箱になってかなり改善されている。

[31] インドネシア語では「最終投棄場」という意味の「Tempat Pembuangan Akhir」と呼ばれ、通常は頭文字を取って「TPA（インドネシア語読みで「テーペーアー」）」と呼ばれる。

いる。このブノウォ最終処分場は 2013 年から民営化されており、調査時点では清掃公園局の管理から離れていた（詳しくは第 3 章）。

　清掃公園局は家庭から出る廃棄物以外にも、スラバヤ市内の各地に存在する公設市場から出る一般廃棄物の収集処理も担っている。インドネシアでは、スーパーマーケットやコンビニなどの大規模な小売業の店舗も数多く存在するが、大多数の人々は今でも伝統的な市場で日常的な買物をしており、スラバヤでは市政府が管轄する市場地方公社（PD Pasar）が管理を担当している。そのため、この市場から出る野菜くずなどの廃棄物の収集処理も行政の責任であり、清掃公園局が一手に引き受けている。市場の存在感に合わせて廃棄物の量も多いため、第 3 章で論じる堆肥化による削減策の主なターゲットともなっている。

　なお清掃公園局はその他に道路や水路の清掃も担っており、これらの清掃員として多くの人員が雇用されている。これらの清掃員は「黄色部隊」と呼ばれて 1980 年代からスラバヤ市の特色として市政府では誇りにされており、彼らをねぎらう特別なイベントも毎年開催されるほどである。そのため、近隣の自治体と比較すると道路はよく清掃されており、清掃員が竹箒で路上を掃いている光景もよく目にする。また、公園や街路樹の管理も清掃公園局の業務であり、インドネシアの中でも積極的に木々や草花の植栽を進めているため、ジャカルタなどの他の大都市に比べても緑が多い印象を与える。これらの清掃業務や植物の管理で収集されたゴミも家庭や市場からの廃棄物と同様にトラックで最終処分場へと運び込まれる。

　ここまで廃棄物の流れを記述してきたように、各家庭から排出されたゴミが最終処分場に運ばれる大枠のプロセス自体は世界各地の廃棄物処理と変わることはないが、インドネシアの処理システムの特徴として、住民組織と行政との間での収集が分離しているという点を指摘することができる。この分離は廃棄物処理に投入される予算の拠出元という点からも明確である。RT は家庭のゴミを中継所に運ぶ収集人を自らの予算で雇っており、これは各世帯から徴収する RT の会費（iuran）から捻出されている。一方で行政側は市の予算とは別に住民から処理費（retribusi）を徴収している。これは水道地方公社（PD Air Minum）が水道料金と一緒に徴収を担当して

いるため、住民のほとんどは水道の請求書の中に廃棄物処理費用が入っていることを意識していない[32]。実際にはこの徴収した処理費だけで廃棄物処理を賄えているわけではなく、ほとんどの費用は市政府の予算全体からも資金が投じられているとはいえ、制度上住民は別々に2回廃棄物費用を支払う仕組みになっているのである。

3-3 インフォーマルな廃棄物市場――プムルン

　インドネシアでは廃棄物処理システムにおいて行政と住民の間が収集人というインフォーマルセクターによって担われていることを述べてきたが、さらに並行して廃棄物から有価物を回収して生計を立てる生業のネットワークが存在している。この廃品回収を行う人々は「プムルン（pemulung）」と呼ばれ、中継所や最終処分場などの場所を通じて行政による廃棄物処理の中に入り込んでいる。しかし、廃棄物市場と行政の廃棄物処理の間は住民との間と同様に、フォーマルな管理の関係にはなく、プムルンたちは行政から独立して生業を営んでいる。スラバヤの清掃公園局も廃棄物の再生利用に関してはプムルンのネットワークに完全に依存しており、近年盛んに行われている新たなリサイクルの取り組みの前提条件ともなっている。

　かつての日本では「屑屋」「ぼろ屋」などと呼ばれていたこうした生業は、発展途上国とされる国々を中心に今でも広く存在しており、学術的には「ウェイストピッカー」「スカベンジャー」などの言葉があてられている。日本でも「廃品回収業者」という言葉が現在最も一般的に用いられているであろうが、この言葉が持つ組織化された企業というニュアンスに対して、インドネシアなどで見られる廃棄物から有価物を回収加工する生業は、中小企業的な組織から個人の経済的活動など様々な形態を含む。その

32）請求書には水道料金とは別建てで廃棄物処理費用が記載されているが、請求書の印字が読みにくいこともあり、これを理解しているスラバヤ市の住民はほとんどいないと思われる。このことは住民参加の廃棄物処理に取り組んでいたスラバヤ市内のある大学教員から聞いたが、この教員を紹介してくれインタビューにも同席した環境NGOの活動家（第4章のハンナ氏）はこの事実を初めて知って驚いていた。ゴミ問題に長年関わる関係者ですら知られていないため、ゴミにほとんど関心を持たない一般の人々であればなおさらであろう。

ため、以降は有価物の回収による生業を意味する言葉として最も包括的に使われる「プムルン」というインドネシア語を用いる。

「プムルン（pemulung）」という言葉は「プルン（pulung）」という動詞に「〜する人」という意味の接頭辞 pe を付けて作られている。「プルン」とは「捨てられた物品（廃棄物）を原材料などに利用するために集めること」であり、辞書では「プムルン」は「プルンする人、品物を路上から拾い集めて、商品に再加工する企業に売ることで生計を立てる人」と記されている[33]。この説明のように「プムルン」という言葉を聞いて都市に住むインドネシア人の多くは、路上で大きな袋やカゴを背負い、ゴミを掻き出す金属製の棒を使いながら有価物を集める人間をプロトタイプとして思い浮かべる。しかし、こうしたいわば廃棄物関連の生業の中で最も収入の低い層だけでなく、これらの回収人から有価物を買い集めて工場へと渡す仲買人も含めて「プムルン」と呼ばれる[34]。

そのため包括的な概念としての「プムルン」はさらに生業形態によって細分化され、大別して（狭義の）プムルン・プグプル・ロンベンの3つに分かれている。それぞれ（狭義の）プムルンが回収人、プグプルが仲買業者、ロンベンが個別の中古品の買取販売業者を意味している。それぞれ順番に説明していこう。

廃棄物回収業一般を意味する広義のプムルンに対して、狭義のプムルンは先ほど述べたプロトタイプのイメージのように個人の裁量で有価物を収集し、そのゴミを仲買人に売ることによって収入を得ている人々のことを指す。こうした狭義のプムルンはそれぞれゴミが得られる場所ごとで働いており、ゴミ収集システムの中間地点である中継所や最終処分場などの多くのゴミが得られる場所をいわば「職場」としている。しばしばインドネ

---

33) インドネシア語大辞典オンライン版（KBBI Daring）の「pulung」の項目より。
34) スハルト期にリサイクル業者の組織化のためインドネシア・プムルン協会（Ikatan Pemulung Indonesia）が設立されたが、ここでのプムルンは総称的な意味でのプムルンである。なお、筆者が出会ったプグプルによれば、現在もこの協会はまだ残っているが、スラバヤ市においてはあくまで名目上にとどまり、組織としての実態はないとのことであった。

シアでもイメージされる路上を歩きまわって有価物を拾い集めるプムルンは実数でいえばかなりの少数派であり、筆者の調査中もごくたまに姿を見かけるに過ぎなかった。歩いて有価物を集めるのはあまりにも収入が少なく、プムルンの世界でもほとんど組織化されていない周縁的な存在であった。拾い集める行為が生業として成り立つのは基本的には最終処分場などの一定量の廃棄物が集積する地点に限られるのである。

狭義のプムルンのうち、中継所で有価物を収集する人間は、ゴミを崩すという意味で「崩す（bongkar）」に行為する者の意味になる接頭辞 pe を付けた単語の「プンボンカル（pembongkar）」とも呼ばれる。中継所で作業をするプンボンカルは近くにバラックを建てて貯蔵兼住居にしていることがあり、中継所と隣接したあばら屋がしばしば見られる。基本的にこうした住居の建設などは後述の仲買人のボスが手配している。プンボンカルは中継所に集まるゴミから有価物を選別していくという作業であり、女性が行っていることも多い。プンボンカルがゴミを散乱させて中継所を汚すという批判はあるが、調査時点では清掃公園局はプンボンカルの存在を黙認しており、積極的に排除はしていない[35]。

狭義のプムルンに対して、ゴミを買い取る仲買人は「プグプル（pengepul）」と呼ばれている。これは貯蔵を意味する「pul（英語の pool から）」に人を示す接頭辞 pe を付けた単語であり、直訳すれば「プールする人」となる。有価物を再生する工場は基本的には個人からの少量のゴミを受け入れておらず、プムルンから買い取った有価物をトラックで運搬して売却する仕事をプグプルが担っている。大抵の場合、プグプルは特定のプムルンとパトロン-クライアント関係を結んでおり、保管場所兼住居にプムルンを住まわせて収集や分別などをさせながら、生活の面倒を見ている[36]。

また、プグプルの中には有限会社（CV）の法人格を取って企業となっ

35）ある職員の言葉を借りれば、「勝手にすればよい（terserah）」とのことであった。
36）こうしたパトロン-クライアント関係についてはジャカルタの最終処分場のプムルンについて詳細に調査した佐々木の研究に詳しい［佐々木 2015］。また、クパンのこうしたプムルン（アナ・ボトル）については森田の研究も参照のこと［森田 2008］。

たものもおり、こうしたプグプルは工場やショッピングモール、ホテルといった事業者から出るゴミの処理を引き受ける傍ら有価物の売却で利益を得ている。筆者が会ったプグプルのひとりはクプティ最終処分場跡の近くに広い敷地を持ち、何台ものトラックを保有して、何人かの部下に分別収集させながらショッピングモールやホテルなどのゴミ処理を請け負うだけでなく、ホテルから出る生ゴミを餌にして育てた食用のアヒルや魚を市場に卸すなど多角的にビジネスを展開していた。プグプルと一言で言っても、数人のプムルンから買い集めるような小さなものから、大規模なビジネスを展開するものまで多様であるが、日本や欧米のように複数の社員を抱えるような企業となったものはおらず、家族単位での生業を越えることはない。大規模なビジネスをしているプグプルも部下は正規雇用ではなく緩いパトロン-クライアント関係であり、法人格も事業者からのゴミを扱うために必要であるために取得しているものであり[37]、親族や民族のネットワークを通じてこうした法人格はしばしばやり取りされている。

　パトロン-クライアント関係として区別されるプグプルとプムルンに対し、ロンベンは別のカテゴリとして、工場で再加工されるプラスチックや金属ではなく、靴や電球などそのまま再利用できる中古品を買い取って市場でそのまま販売するという生業である。ロンベンは収集人やプムルンからだけでなく一般の人々からも買取をしており、住宅地をバイクやリヤカーで回りながら「ベーン、ロンベーン」と声を上げて買取に回る姿がしばしば見られる[38]。中継所で収集分別をしているプムルンの所にも定期的に

---

[37] モールやホテルなどの民間の事業者は自身の責任で最終処分場にゴミを持ち込み、処理費用を支払わなければならない。この支払いにはそれぞれの事業者ごとに清掃公園局から発行される処理票が必要であり、仲介する民間業者は正式に登記された会社でなければならないためである。このため、住民の廃棄物の収集人と民間事業者の廃棄物の収集はそれぞれ別のインフォーマルなネットワークであり、後者はプムルンの一種として成立している。なお処理票に基づいた事業者別の廃棄物排出量のデータが清掃公園局にはあるが、プムルンが複数の事業者の廃棄物から有価物を分別した後に一括して処分場に運搬し、日によって別の処理票を適宜使い分けているので、データとしては意味を持たない。

[38] インドネシア語大辞典（KBBI Daring）によれば「ロンベン」は人ではなく中古品を指すようだが、筆者が出会った男性は自分のことを「ロンベン」と紹介していた。

回っており、プムルンや収集人もそうした中古品はそのまま選り分けて小遣い稼ぎにしている。ロンベンは売れそうなものなら特に種類を限定せずに買い取り、同じロンベンが市場でそのまま販売までやることも多い。市内に何ヶ所かある公設市場の他にも、夜や週末にだけ開かれる路上市の中にもこうした中古品を扱うものがあり、「蚤の市（pasar loak）」と呼ばれている。筆者がロンベンの買取を見た時には、使い古しの靴や電球、携帯電話などが買い取られていた[39]。

収集人と違い、プムルンはインドネシアでは一般的にマドゥラ人のネットワークが強固に働いているとされている[40]。実際、筆者が出会った中継所で分別収集するプムルンの多くはマドゥラ人であり、特にプグプルといったより上位の仲買人となると少なくともスラバヤで筆者が出会った10人ほどは皆マドゥラ人であった。中でも工業団地から出る廃材は価値が高く実入りがよいために、基本的にマドゥラ人のネットワークが独占しているという話はしばしば語られていた。しかし、すべてが独占されているわけではなく、工業団地の廃材ではない一般的なプラスチックゴミなどの収集ではジャワ人プグプルもしばしば見られる。ジャカルタの最終処分場の周辺にはこうしたプムルンやプグプルの作業場が多数あるが、中にはジャワ人や環境NGOによる運営もある。

プグプルが買い取った有価物は再生工場に売却される[41]。プグプルや環境NGOの話を聞く限りでは、こうした再生工場は基本的には華人のオーナーとなっているそうだ。スラバヤでは、隣接県であるシドアルジョやグレシックにそうした再生工場が位置しており、プグプルによれば多くはス

---

39) なおロンベンの男性によれば、一番高く買い取るのは、ブランド品の香水の空き瓶であり、香水を詰め直してブランド品として路上市で売るのだという。
40) ジャカルタのバンタル・グバン最終処分場のプムルンを調査した佐々木俊介氏によれば、バンタル・グバンのプムルンは、ジャワ人（インドラマユ出身）のグループとマドゥラ人のグループに大きく分かれているそうである［佐々木 私信］。
41) スラバヤの廃プラスチック産業を調査した研究によれば、プラスチックの場合、再生工場とプムルンの間に、プラスチックゴミを洗浄して細かなチップに粉砕する「プンギリン（penggling、粉砕する人）」やチップからペレットを製造するペレット工場など、細かな分業体制が存在するという［Colombijn 2020］。

マトラ島のメダン出身の華人がこうした再生工場を営んでいるとのことであった。

＊　　　　　＊　　　　　＊

　ここまで本章では、次章以降で論じていくポストスハルト期におけるゴミ問題とその対応の前提となる、スラバヤ市での廃棄物処理のあり方について記述してきた。ここでのポイントは行政が一元的に管理する体制となっていない点であるとまとめられるだろう。インドネシアにおいて、行政による廃棄物処理は、収集人とプムルンという二重のインフォーマリティに取り囲まれており、住民と市場とはこのインフォーマリティを通じて間接的にしか関わりを持っていない。ここでの「インフォーマル」とは、法律や条例といった文書によって表現された明確な規則の対象となっていないことを意味している。地方政府はあくまで中継所から最終処分場までを担うのであって、住民が雇う収集人および自律的な生業として存在するプムルンに全面的に介入する権限を持たないのである[42]。

　この二重のインフォーマリティは植民地期からスハルト体制にかけて形成されたものであり、たとえゴミ問題によって変革が求められたとしても一挙にこれを変えることはできなかった。2000年代以降顕在化していくゴミ問題においても、この二重のインフォーマリティの存在は前提として組み込まれている。そのため、市場化と住民参加という新たな廃棄物処理の試みにおいては、この既存のシステムを置き換えるのではなく、既存の廃棄物処理の仕組みを維持したまま、そこにさらに追加するような形で様々な取り組みが考案されていったのである。

---

[42]　近年のインドネシアでは2008年の廃棄物管理法の制定など、中央レベルでの廃棄物処理が政策課題としても注目されつつあり、今後はよりフォーマルな管理が進んでいく可能性はある。しかし、現時点では住民やプムルンの役割を明確に定義しようという動きはほとんどない。2008年の廃棄物管理法も、「住民は地方政府の廃棄物処理を担うことができる」（28条1項）との規定がある程度であり、基本的には地方政府の責任を定めたものである。

第 2 章

民主化とゴミ問題の登場

1 ゴミ問題の発生──インフラの機能不全

　前章で述べた廃棄物処理の仕組みを基盤としながら、現在のスラバヤでは様々な変化の取り組みが行われている。この変化を考える上で、2000年代初頭に起きた埋立処分場の反対運動およびそれによって引き起こされた「ゴミの洪水」事件は決定的な位置を占めている。現在の取り組みは、このゴミ問題によってもたらされた既存の廃棄物処理システムの危機に端を発している。廃棄物の収集が滞るなどのある程度の問題は、いわゆる発展途上国とされる地域であればどこでも見られるが、スラバヤ市では埋立処分場の封鎖という劇的な結果を迎えたことにより、廃棄物の収集運搬が一時的に完全に崩壊し、街中にゴミが溢れる「ゴミの洪水」と呼ばれる事態に陥った。埋立処分場の移転によって最大の危機は去ったが、収集運搬の混乱は続き、ゴミ問題はスラバヤ市の緊急の課題として対策が求められたのである。

1-1　クプティ最終処分場の反対運動──「ゴミの洪水」事件
　クプティ最終処分場（TPA Keputih）はスラバヤ東部の郊外にかつて存在していた市営の埋立処分場である。1978年に開設されたこの処分場は、広さが33 haと当時あった他の数 ha規模の埋立処分場よりも大きく、スラバヤ市が収集する一般廃棄物のほとんどを受け入れており、1990年代に他の処分場が閉鎖されると市内で唯一の埋立処分場となった。しかし、2001年には閉鎖され、2016年調査時点では公園として半分以上の敷地が整備されていた。

クプティ最終処分場が閉鎖するきっかけとなったのが、スハルト体制崩壊後に発生した住民による抗議活動である。もともと開設当初はこの周辺は塩田が広がる人口希薄な地域であったが、開設後は徐々に農村部から移住してきた人々の増加によって都市化が進んでいったという[1]。そして、新たに移り住んできた住民の間で徐々に埋立処分場への不満が溜まっていき、それが1998年のスハルト体制崩壊後に爆発することとなった。住民たちは昼夜を問わないトラックの往来や、特に処分場から来る煙に苦しめられていた。オープンダンピングと呼ばれるゴミを投棄して土をかけずにそのままにしておくという、アジア・アフリカ各地で一般的な埋立処分のやり方では、プラスチックや有機物から発生するメタンによってしばしば火災が発生する。こうした火災で発生する煤煙によって引き起こされる喘息などの呼吸器系疾患に住民は悩まされていたという[2]。

　こうした健康被害を受けて、住民たちは学生や環境活動家といった外部の支援を受けながら、埋立処分場の閉鎖を求めて抗議活動を開始したのである。こうした抗議活動はポストスハルト期になって初めて可能になったものである。スハルト体制下では治安を乱すおそれのある動きは厳しく取り締まられており、軍による暴力的な弾圧によって死者が出ることも珍しくなかった。それが、1998年のスハルト体制崩壊前後には一気に様々な社会運動が可能となり、労働運動や抗議活動が各地で展開されていった。こうした社会風潮もあって、住民たちの不満をすくいあげるために学生や環境活動家らが住民を支援する形で、2000年の初めから大規模な運動となっていった。住民は市政府への陳情だけでなく、埋立処分場へ繋がる道に陣取り、トラックの往来を止めるなどの実力行使に出るなど、激しい抗議活動を展開していった。

　クプティ周辺の住民とスラバヤ市政府との対立が頂点に達したのが2001年の10月である。抗議活動は2000年10月にスラバヤ市長と住民と

---

1) 閉鎖後のクプティ最終処分場の調査を行った環境工学の研究者へのインタビューより（2018年9月21日）。
2) 住民運動を支援した活動家（第4章のヨディ氏）へのインタビューより（2018年3月30日）。

図 2-1 「ゴミの洪水」

の間に覚書が結ばれたことで一旦収束していた。覚書の内容は、ゴミの運搬を夜に限定することや住民向けの医療施設の建設、街灯の設置など多岐にわたっていた。しかし、これらの合意事項がまったく進んでいなかったため、覚書が結ばれたちょうど 1 年後の 2001 年 10 月に住民たちはクプティ最終処分場の閉鎖を求めて、道路を完全に封鎖してゴミ収集のトラックをまったく往来できなくしてしまったのである[3]。

その結果、スラバヤの廃棄物処理システムは完全に機能不全に陥ることになった。収集業務がストップしてしまい、街のあちこちで住民のゴミが山積する事態となったのである（図 2-1)[4]。この事件は「ゴミの洪水（banjir sampah）」と呼ばれ、スラバヤ市で様々なゴミ対策の取り組みがなされるようになった原点として現在でも記憶されている。市内全域でゴミが溢れ、臭いや害虫の問題は日常生活で無視できないレベルとなってしまった。市内の病院では消化器系の感染症で受診する患者が大幅に増加するなど、実際の健康被害も生じていた［Ashadi 2012: 4］。ここにスラバヤのゴミ問題は最高潮に達し、すべての市民が直面する最大の問題となってしまったの

---

3) TPA Sukolilo Ditutup Malam Ini. 2001/10/13 *Surabaya Post*.
 Truk Sampah Tak Berani Masuk. 2001/10/14 *Surabaya Post*.
4) Menyoal 'Gunung Sampah' Surabaya. 2001/10/21 *Surabaya Post*.

である。

　この廃棄物収集の完全な停止は約2週間も続くこととなった。ちょうど住民による封鎖が始まった頃から、当時のスラバヤ市長であったスナルト（Soenarto Soemoprawiro）の所在が分からなくなり、混乱に拍車がかかったからである。後にオーストラリアで肝臓がんの手術を受けていたことが判明するが、当初はどこにいるかも分からず、市政府はこの事態に有効な手立てをすぐには打つことができなかったのである［Ashadi 2012: 13］。最終的には副市長バンバン（Bambang Dwi Hartono）が当時建設中であったスラバヤ西部のブノウォ地区（Kelurahan Benowo）にある埋立処分場を副市長権限で強制的に開設して、市内のゴミを受け入れることで完全な機能不全という危機を収束させた。しかし、急に市の東部から西部へと正反対の場所に埋立処分場を移転させた影響は大きく、廃棄物の収集運搬は滞り、「ゴミの洪水」は長引くこととなったのである。

I-2　ポストスハルト期の政治闘争とゴミ問題

　「ゴミの洪水」事件によって市内の収集サービスがうまく働かず、ゴミ問題はスラバヤ市政における重大な問題として浮上したが、その政治的影響力も大きかった。事件発生時の不在も含めて、ゴミ問題は当時のスナルト市長の失態だとして市議会で強く批判されたのである。その結果、2002年の1月には市議会によって直接の理由は健康問題とした上で解任決議が出され、スナルト市長は辞任へと追いやられてしまった[5]。当時のインドネシアでは、地方議会の投票によって首長が任命され、また首長は年次責任報告書を議会に提出し、議会が承認しなければ首長を解任することも可能であるほど議会の権限は強力であった［本名2005］。スナルト市長の辞任の結果、副市長のバンバンが市長に就任した。スラバヤのゴミ問題は大きな政治的問題のひとつに発展したのである。

　実は、このスラバヤのゴミ問題がここまで拡大した経緯とインドネシアの体制転換は密接に関連している。この時期はスハルト体制の支配エリー

5）　スナルトは辞任から1年後の2003年2月に死去した。

トから新たな政治エリートへの権力の移譲が各地で徐々に行われており、地方自治の大幅な拡張もあって各地でローカルな政治エリートの対立など混乱が生じていた。スラバヤでも体制転換に伴う政治対立が続き、このゴミ問題が大きくフォーカスされることとなったのである。

　スラバヤではスハルト体制崩壊後に台頭してきた闘争民主党（PDIP）と、スハルト体制期の1994年から市長を務めていた元軍人のスナルトとの間での対立が激化していた。1999年に体制転換後初めての総選挙が行われ、スラバヤ市議会では国政同様に闘争民主党が支持を集め、45議席中22議席を獲得して第1党に躍り出た。2000年の市長選出の際には、スナルト市長と東ジャワ州の闘争民主党の有力者の間の駆け引きにより、元数学教師で闘争民主党の活動家であったバンバンが副市長となることで協力体制が作られた。しかし、この野合もすぐに破綻し、スナルト市長側がバンバン副市長を市政から締め出して独断で政策を決定するなど、同年にはすでに対立が露呈していた。また、州ではなく市議会の闘争民主党会派にはスナルトとバンバンの連合に最初から反対する議員も多いなど闘争民主党も一枚岩ではなく、市政は政治対立で激しく混乱していた［Ashadi 2012: 7-13］。その中でクプティ最終処分場の問題が拡大していったのである。

　クプティ最終処分場の反対運動もこうした政治対立を背景に動員された面もあるという。住民を組織化し運動に関わっていた活動家[6]は、筆者のインタビューに対して、当時の住民の苦境や自らが活動家になった経緯については饒舌に語ったが、現在の仕事について尋ねると、とある政党のアドバイザーをやっていると言うのみであまり語りたがらなかった。筆者が親しくしていた別のある環境活動家（第4章のアンワル氏）によれば、それは闘争民主党のことであり、クプティ最終処分場の反対運動には闘争民主党がかなり支援をしていたのだという。また、クプティ最終処分場の近くでは高級住宅地の開発が計画され、そのデベロッパーも処分場の閉鎖を望んでいたため、住民運動を金銭的に支援していたそうだ。このように住民

---

6) この活動家は第4章で述べるヨディ氏である。その後彼が始めた住民参加型の廃棄物処理の取り組みも含めて詳しく扱っている。

側と利害が一致した政治家や企業家の協力もあって、闘争民主党側の活動家が入ることで反対運動が大きく発展したのだという。彼の見立てでは2001年の「ゴミの洪水」事件も、スナルト市長がオーストラリアで手術を受けるタイミングを狙って、埋立処分場の封鎖を断行したのではないかとのことであった。

2002年にはバンバンが市長に就任したが、政治的安定にはさらにもう1年を要した。先ほども述べたように闘争民主党も一枚岩ではなく、市議会ではむしろスナルト市長と連合したバンバンに反対する政治家が多数派であった。市議会の反対によってバンバン市長の就任はスナルトの辞任から半年後にずれこみ、大統領の署名によって市長就任が確定した後も市議会は年次責任報告書の受け取りを拒否してさらなる解任決議を出したが、中央政府の介入によって決議は無効とされた。こうした市議会とバンバン市長の対立はしばらく続いたが、翌2003年に反バンバンの有力議員が失言問題[7]で闘争民主党から離党させられた事件をきっかけに反バンバン派は切り崩され、ようやくスラバヤ市政は安定するようになった。以上のようにスラバヤ市のゴミ問題はローカルな政治闘争の中に位置付けられることで大きな問題となったのである。

1-3　新市長の就任──改革としての環境政策

こうした政治的対立を経て成立したバンバン市政は、ゴミ対策に代表される環境政策に熱心に取り組むこととなった。いかなる政治対立が背景にあったとしても、ゴミ問題の改善は実際にスラバヤ市のすべての住民にとって抜き差しならない課題であった。また、2003年までのスラバヤ市政の混乱によって失われた信頼を回復する必要もあった。バンバン市長は有効な政策を実行する必要に迫られたのである。彼は実際に様々な政策を新たに実行し、筆者の調査時にはすでに市長職を離れて6年、その後の副市長職も辞めてから3年が経過していたが、多くの取り組みがバンバン市長

---

7)　「金持ちになりたいなら政治家になればいい」という趣旨の発言をしてメディアで強く批判されたという [Ashadi 2012: 24]。

時代に開始されたため、スラバヤのゴミ問題に取り組む研究者や環境活動家の間では現在もバンバン市長の政策は高く評価されている。後の章で論じる北九州市との連携や市政府運営の堆肥化施設、住民参加のための環境コンテストなどの取り組みもバンバン市長が始めたものであった。

　こうした取り組みがなされた背景として、ポストスハルト期のインドネシアにおける地方自治の大幅な拡大を指摘することができる。1999 年の地方行政法・中央地方財政均衡法の制定によって政策実施の権限・財源の多くが県市レベルの自治体に移譲され、これまで中央政府が首長を任命し、自治体はあくまで中央の政策を実行する立場にあったのが独自の政策を実施することが可能になった［松井 2003］。また、2004 年の地方行政法の改正によって新たに導入された首長の公選制も重要な変化である。1999 年の法律では議会による選出だったのが、議会対策のために金権政治が悪化したことが問題視され、住民による直接選挙へと変更された［自治体国際化協会 2009］。そのため、首長もそれまで以上に住民の支持を直接得ることを意識せざるを得なくなってきたのである［岡本 2015］。

　こうした状況下で環境政策は都市部の地方政府で盛んに取り組まれるようになった[8]。たとえば廃棄物政策の他にも公園の整備が進められた。スラバヤにおいてバンバン市長の最大の功績のひとつとされているのが、市の中心部にあるブンクル公園（Taman Bungkul）の整備である。管理が十分になされずに放置され人がほとんど近寄らなかったブンクル公園を、国内で有名であった若手建築家のリドワン・カミル（Ridwan Kamil[9]）を起用して現代的なデザインにリフォームし、家族や友人が集まることのできるレクリエーション施設へと変貌を遂げたのである。こうした公園の整備はスハルト期の 1980 年代から 90 年代に建築が進んだショッピングモールと対比され、庶民が無料で楽しむことのできる施設として支持を集める政策で

---

8) ポストスハルト期に環境政策が都市で重視されるようになった点は［Kusno 2013］を参照。また、ジャカルタ特別州における環境政策と選挙の関係は［新井 2022］に詳しい。
9) リドワン・カミルは後にバンドン市長および西ジャワ州知事となり、現在では全国的にも知名度の高い有力政治家となっている。

あった。バンバン市長は他にも、市有地に無秩序に開発されていたガソリンスタンドを閉鎖し、それらをすべて公園として新設するなど市内の緑化に取り組んだ。筆者が彼に直接インタビューした際も、市長時代の取り組みとしてこうした公園整備について熱心に語っていた10)。

　以上のような地方自治の拡大という新たな文脈の中で、スラバヤ市は廃棄物対策や市内の緑化といった環境政策に取り組み、2010年代にはインドネシア国内の行政関係者の間では環境面で優れた都市という評判が再び高まっていった。かつて受賞していたアディプラ賞も2011年から再び毎年受賞者に名を連ねるようになり、各地の地方政府の関係者がスラバヤ市を視察に訪れるようにもなった。バンバン市長自身にとっても環境政策が一番の功績であり、その点は積極的にアピールされてきた。このような環境政策の一環として、スラバヤ市では廃棄物対策が大々的に取り組まれていったのである。

　環境政策への取り組みは地方自治の拡充とバンバン市長のイニシアチブによる面が大きかったとはいえ、行政以外にも様々なアクターが参与することによって展開されていった。バンバン市長が就任してからも、市長と議会の対立もあって、当初は有効な政策をすぐに提供することができず、また、経済危機後の財政難の中で、市政府の予算にも限りがあった。さらにポストスハルトの体制転換の中で、埋立処分場の反対運動の応援をしていたように、環境NGOなど政府以外のアクターも社会問題に関わることが積極的に歓迎される社会的風潮があった。ゴミ問題は市政府の課題でもあったが、具体的な実施主体は行政関係に限られず、様々なアクターが参入する領域となっていった。

　そのため、次章以降で詳しく論じていく廃棄物処理の変革の取り組みにも、市政府以外によるプロジェクトが多く含まれている。埋立処分場の反対運動にも役割を果たした環境NGOや、スラバヤ市内の大学関係者とい

---

10) 地方首長のポストは現在では政治家の有力なキャリアとなっている。2014年に大統領に就任したジョコ・ウィドドもソロ市長およびジャカルタ州知事という地方首長としての辣腕がメディアに取り上げられた結果、国民的人気が高まり大統領選に勝利したのであった。バンバン市長はこうした地方首長の先駆けとも言える。

ったスラバヤ市内の知識層だけでなく、日本の北九州市や日系企業、またスラバヤ市内に工場を有する外資系企業など、様々なアクターが資金援助や実際の活動を通して、スラバヤ市政府とも協力しながらゴミ問題に取り組んでいった。これらの行政以外による変革の試みも含めて、スラバヤ市の環境政策が大規模に進められていったのである。

2　ゴミ問題の構造——複数の問題の絡まり合い

　2000年代初頭にゴミ問題が顕在化していった経緯を踏まえて、本節では以上の経緯で登場したゴミ問題がいかなる問題であったのかを分析していく。スラバヤ市のゴミ問題は、埋立処分場の問題をきっかけとして、排出量の削減の必要性という問題を中心にしながらも、他の様々な問題や知識が組み合わさって構成されている。まず中核となる排出量削減の問題があり、この問題に関わる補助的なものとして、焼却処理への一般的な忌避という問題および有機ゴミの多さという廃棄物の組成の知識がある。さらにこうしたスラバヤ市特有のゴミ問題の外縁にある、一般の人々の道徳的な問題としてのゴミ問題の存在を最後に指摘する。こちらはインドネシアで広く認識されている問題であり、緊急性は低いが絶えず持続する傾向にある。これらが複合的に絡まり合ってゴミ問題は構成されており、次章で本格的に論じていく変化の取り組みの前提ともなっているのである。

2-1　埋立処分場の不安定化と排出量の削減——中心的問題

　スラバヤ市のゴミ問題は、クプティ最終処分場の反対運動による埋立処分場の不安定化が直接のきっかけであり、そのため埋立処分場へと運ばれる廃棄物の排出量を削減することが問題の中心に位置している。これは埋立処分場が移転してからも同様であり、新たな埋立処分場も使用可能な年数が不明瞭であり、すぐに満杯になるとの試算も存在していたため、廃棄物処理の不安定な状態は持続していた。そこで、市内で生み出される廃棄物の量という側面がまずもって問題となったのである。

　前節で述べたように、スラバヤ市でのゴミの問題化はクプティ最終処分

場の反対運動による既存の廃棄物処理システムの機能不全がきっかけであった。科学技術社会学におけるインフラ研究では、インフラとされる技術システムは普段は問題化されておらず不可視の状態であるが、機能しなくなるなどの崩壊によって可視化されると論じられている［Star & Ruhleder 1996; Star 1999］。スラバヤの廃棄物処理インフラもクプティ最終処分場の閉鎖によってドラスティックに可視化されたのである。

　クプティ最終処分場閉鎖による完全な機能停止は 2 週間のみであり、その後はブノウォ最終処分場が開設して、なんとかゴミの受け入れ先はできたが、それで問題が解決したわけではなかった。市内で投棄されるゴミをスムーズにブノウォ最終処分場へと運ぶオペレーションが確立されておらず、またブノウォ最終処分場にも使用可能年数の問題があった。ブノウォ最終処分場の容量では開設して 10 年以内に満杯になってしまうという予測も存在したのである。これは 1990 年代に日本の JICA がスラバヤの廃棄物処理のマスタープランを作成した際になされた試算であり、この報告書はスラバヤの廃棄物処理についてトラックなどの機材から埋立処分場の設計まで網羅的に精査した数少ない調査資料であり、英語版はスラバヤでも頻繁に参照されている［JICA 1993］。この試算によれば、当時建設予定であったブノウォ最終処分場の面積では、スラバヤ市内で排出される一般廃棄物を受け入れるのに 9 年ほどしかもたないと予測されていた（第 3 章で詳述）。別の土地に新たな最終処分場を建てる計画は当時（現在も）存在しなかったため、ブノウォ最終処分場の逼迫はすなわち再び「ゴミの洪水」に繋がる可能性があったのである。

　こうした緊迫した状況の中で、スラバヤのゴミ問題は「スラバヤ市で排出される一般廃棄物をいかに最終処分場へと運ぶことなく処理するか」という問いとして構成されていたと考えることができる。埋立処分場へと運搬するオペレーションがうまく働いていないため、行政や住民は目の前に積み上がるゴミの山を、収集運搬以外の手段でなんとかすることを強いられたのである。また、ブノウォ最終処分場の運営後もその埋立容量に不安があったため、最終処分場へと運ばれるゴミの量を削減する必要が意識されていた。基本的に廃棄物処理システムというテクノロジーは、埋立処分

場へと廃棄物を集約することでゴミをコントロールしている。スラバヤでは、このゴミ問題を一手に引き受けている埋立処分場に問題が発生したからこそ、ゴミ問題は通常の存在感を超えて大きく問題化され、様々なゴミ対策の取り組みが求められたのである。

2-2 焼却処理への否定的な態度

　埋立処分場が逼迫しているとすれば、解決策の選択肢としては焼却という技術も想定することができるだろう。実際、日本では1970年代以降、多額の国庫補助金が自治体に交付されて各地に焼却処理施設を建設してきた。しかし、スラバヤでは焼却炉は様々な理由から忌避される技術となっており、この方向性による解決という方向性は（少なくとも当初は）模索されなかった。この焼却処理への広く見られる否定的な態度の原因として大きく2点あることが指摘できる。ひとつはかつて1990年代にスラバヤ市で導入された焼却処理施設が最終的には失敗したこと、もうひとつが環境被害の観点から焼却処理という技術への否定的な評価が国際的な環境運動の世界で共有されており、インドネシアにもこうした理解が広められていることである。

　まずひとつめの原因として、スラバヤではすでに1990年代に焼却施設がクプティ最終処分場に導入されていたが、最終的に失敗し、行政関係者にはいわばトラウマとして記憶されていたことが挙げられる。インドネシアでは調査時の2018年には、まだ日本やヨーロッパで見られるような大規模な焼却炉は存在しておらず、唯一の例外的な導入事例が1990年代のスラバヤの焼却施設であった。これは市政府がスラバヤのある民間企業と契約し、その民間企業がフランスの廃棄物焼却プラントメーカーと合弁して中古の焼却炉を輸入して建設されたものである。技術的には日量200 tの廃棄物を処理可能と謳われ、1991年に運転が開始され、インドネシアで史上初めての大規模な廃棄物の焼却施設となった。

　しかし、この焼却炉は当初から問題視する声が強かった。この焼却炉の施設の導入は環境省や当時のスラバヤ市政府がトップダウンで唐突に決定したものであり、政治的な背景が強く推測されるものであった。当時の

JICAによるスラバヤの廃棄物マスタープラン策定のための調査報告書の日本語版では、この焼却炉の存在が批判的に言及され、そうした政治的な決定があったこともうかがえる［国際協力事業団 1991: 63］。もちろん当時のスハルト体制では大規模な公共事業がまったくの政治的つながりなしに実行されることは考えにくいため、そのこと自体は特異ではない。しかし、このトップダウンで導入された焼却炉は技術的に不合理であるという批判が強かった。JICAの調査報告書では、焼却炉の存在がスラバヤの今後のマスタープランを考える上での障害として記述されている。報告書によれば、焼却炉の運営はスラバヤ市政府の財政では予算がかかりすぎると予測されており[11]、また、排ガスの処理設備が設置されておらず、環境面での悪影響も懸念されていた[12]。日本の技術者の視点ではこの焼却施設は経済面でも環境面でも不合理な存在であった。

　現地メディアにおいても、特に費用の無駄遣いに焦点を当てて批判がなされていた。1992年のアディプラ賞受賞に関連した記事の中で、この焼却施設が濡れたゴミを燃やせずしばしば運転が停止していることに軽く触れられている[13]。1994年にはより批判的な記事が掲載され、わずか6%のゴミを焼却しているだけにもかかわらず、市の清掃予算の40%を費やしていると具体的な数値を挙げて批判がなされている[14]。予算を無駄遣いする一方で埋立処分場の環境改善がなされていないというクプティ周辺住民の不満の声も取り上げられており[15]、焼却炉は当時から問題視されてい

11) スラバヤでの調査以前にジャカルタですでに、焼却施設を日本の援助で建設可能かどうかが調査されており［国際協力事業団 1987: 99-100］、燃料費などの運営維持費がインドネシアの自治体財政に見合わないほど高くなるため適切でないという結論に達したという［国際協力事業団 1991: 63］。実際に1993年の最終報告書では焼却炉の運転データが引用され、実際の処理量は年間平均で日量150tであり、燃料費も相当の金額に上ると試算されている［JICA 1993: 1-76-1-79］。
12) こうした懸念はスラバヤ市政府にも伝えられており、調査団は焼却炉の導入を再考するよう求めていたにもかかわらず強行されたと、団員のひとりが自身の国際協力を回想した文章の中で失敗談として振り返っている［桜井 2018: 84］。
13) Sejumlah Kiat Surabaya Memenangkan Adipura, 'Memanusiakan' Pasukan Kuning. 1992/6/12 *Surabaya Post*.
14) Keliru Siasati Proyek Mercusuar. 1994/6/7 *Surabaya Post*.
15) Kencana Tertimbun Sampah TPA Keputih. 1994/6/7 *Surabaya Post*.

た[16]。これらの記事では焼却炉を表す英語である「incinerator」がそのままイタリックで書かれ、その技術の特異さが強調されるように記事が執筆されている[17]。現在もインドネシアでは焼却炉は「インシネラトル（insinerator）」と外来語がそのまま使われているように、日本と異なり焼却処分は見慣れない技術であり、処理手法として自然なものとして受容されてはいなかったのである。

そしてインドネシアが1997年の通貨危機と政治の混乱に見舞われると、市政府は財政難に陥り、翌年1998年に故障が発生するとスラバヤの焼却炉はそのまま稼働を停止してしまう。市政府は焼却施設を建設して運営していた民間企業への支払いも取りやめたため、企業と市政府の間の訴訟沙汰にまで発展し、上告が棄却され市への賠償命令が最終的に確定した2016年まで両者の争いは続いた[18]。運営を停止した焼却炉はそのまま放棄され、調査時点では廃墟となったまま打ち捨てられていた（図2-2・図2-3）。この巨大な廃墟の存在は焼却炉が負の遺産であることを市政府や環境関係者に意識させるものであった。

また、クプティ以外に市政府は小規模な焼却炉を16か所市内に設置しており、2001年の「ゴミの洪水」事件の時には有効に活用しようとしていたが、燃料不足のため満足に働かなかったとされる。当時を知るジャーナリストによると、当時燃料費が高騰していたため焼却炉用の燃料が市政府の職員によって横流しされていたのが原因であったという。焼却炉という技術に関しては、スラバヤではうまくいかなかった経験が積み重ねられていたのである。

---

16) JICAの報告書にある排ガスの懸念は当時の新聞記事を読む限りではそれほど問題視されていなかったようである。そもそも埋立地から発生する火災の煙が問題になっていたため、とりわけ焼却炉からのガスが気にされる状況ではなかったと思われる。むしろごみ処理の非効率性や予算が最も大きな問題とされていた。
17) Soal "Incinerator" Usai, Tanpa Revisi Perjanjian. 1994/6/14 *Surabaya Post*.
18) 2006年に賠償を命じた地裁判決は確認できなかったが、2016年に出された最高裁での上告棄却の判決はインターネットで公開されており、事実関係も確認することができる（Mahkamah Agung Nomor 320 K/Pdt/2016 Walikota Surabaya VS PT Unicomindo Perdana）。

図2-2 稼働中の焼却施設（1994年）

図2-3 廃墟となった焼却施設（2016年）

　そのため、1990年代に存在した焼却処理は調査時においても明確な失敗として市政府やNGO、ジャーナリストなどに認識されていた。ただし閉鎖から20年近くが経過し、細かな経緯はしばしば忘れ去られているため、人によって失敗の理由の解釈に幅がある。予算がかかりすぎるという当時の批判と同じ問題点を語る者もいれば、インドネシアのゴミは水分量が多すぎて熱量が低いためそもそも焼却処分に不適切であるという点が強調されることもあった。どのような理由を強調するにせよ、1990年代のかつての焼却処分は失敗であったという点が事実として関係者の間で記憶

されており、焼却処理は積極的な解決策として歓迎されない状況にあったのである。

　焼却処理への忌避を生んでいるもうひとつの要因が、国際的な環境運動の潮流である。欧米、特にアメリカで環境正義を訴える社会運動が盛り上がる中で、しばしば新たな焼却炉の設置計画が、排ガスなどの被害を黒人など社会の周縁的な人々に与えるとして強い批判の対象となってきた[Pellow 2002]。特に1990年代にダイオキシンが有害物質として注目され、ゴミの焼却がその主要な発生源であると考えられたこともあって、反焼却を訴える環境運動は広く国際的に広がっていった。日本では焼却処理が標準化されていたこともあり、ダイオキシン問題は排ガスの処理設備の設置や、より高温での処理を行う新型の焼却炉の建設によって対応されたため反焼却の動きは弱いが、多くの欧米諸国ではそもそも焼却をあまり行っていない国も多かったため、焼却処理そのものへの批判という形で環境運動が進展していった。

　こうした焼却処理への批判は欧米にとどまらず、世界中に広がっており[Pellow 2007]、インドネシアにおいても環境NGOのネットワークを通じて知られている。国際的な反焼却運動として、GAIA（Global Alliance for Incinerator Alternatives）という反焼却を世銀など国際機関にアピールするなどの活動を展開するネットワークが2000年から存在し、世界各地の環境団体が名を連ねて連携している。この運動に呼応してインドネシアでも全国的に有名な環境NGOであるWALHI（Wahana Lingkungan Hidup Indonesia）など10の環境組織がAZWI（Aliansi Zero Waste Indonesia）というネットワークを2016年に設立し、国外の活動家や研究者と連携するなどの活動を展開している。

　筆者の調査中にもこのネットワークを通じて、スラバヤにアメリカの著名な活動家が招聘されたことがあった。ポール・コネット（Paul Connett）というアメリカで活動する環境活動家[19]が東南アジア各国を訪問するキャ

19）ニューヨーク州のセントローレンス大学の化学の教員を務めながら、水道へのフッ化物添加への反対運動に長年関わっていた人物であり、反焼却運動の延長でゼロ

ンペーンの中でバリやジャカルタと並んでスラバヤも訪問先となり、地元の環境活動家たちがホストとなって2日間の滞在がアレンジされた。滞在中はスラバヤ工科大学での講演や当時のリスマ・スラバヤ市長との会談がなされ、そこで彼は焼却処理の環境面での問題やその代替としての徹底的なリサイクルが可能であることを繰り返し訴えた。講演では焼却処理によって発生するダイオキシンなどの有害物質の存在を強調し、日本やドイツといった国が開発援助で世界に焼却を広めようとしているが騙されてはならないと強い口調で警告していた。市長との会談ではスラバヤの廃棄物処理は不十分でもっとリサイクルをするべきだと訴えたため、外国の専門家からスラバヤの進んだ環境政策を称賛される機会だという期待に反して批判されることになったリスマ市長は激怒しながら彼の主張に反論していたが、反焼却の主張自体は一応受け止める姿勢を見せていた。

　海外の活動家だけでなく、焼却の問題視は地元の環境NGOも共有している。たとえば、この招聘にも関わった活動家から、ワークショップで日本のゴミ対策のことを話してほしいと筆者に依頼があったが、日本では焼却が主流だということを以前彼に話していたこともあり、焼却については触れないようにとわざわざ釘を刺されたほどであった。彼は筆者との会話では、日本が焼却処理を行っていることからもうかがえるようにダイオキシンなどの問題が必ずしも焼却を否定する理由にはならないことは理解していると語りながらも、予算の問題を挙げてインドネシアではまだ焼却という手法はお金がかかり非効率なのだと主張していた。このようにスラバヤにおいても国際的な環境運動を通じて、さらにこれまでのスラバヤの経験と合わさることで焼却批判の知識が流通しているのである。

　1990年代の焼却施設の失敗や国際的な環境運動の他には、遠因としてスラバヤに住む一般的な人々の間でも、ゴミを燃やすのは好ましくない行為だとみなされていることが指摘できるだろう。家庭ゴミの野焼きはスラバヤのような都市部でもまだまだ珍しくなく、その煙が周辺住民からの間で苦情を生むこともよくあり、日常生活でよくあるトラブルのひとつとな

　ウェイストの推進活動に力を入れ、関連書籍も出版している［Connett 2013］。

っている。クプティ最終処分場の反対運動でも埋立地でゴミが燃えた煙による健康被害が反対の理由であったように、ゴミを燃やした煙を吸うと様々な病気を引き起こすという理解は広く共有されており、こうした理解も焼却炉を問題視する背景知識となっている。

　以上のように、日本では一般的な焼却処分という解決策がスラバヤでは忌避されるテクノロジーとなっている。これまでの経験や国際的な環境問題の知識が流通していることもあって、埋立処分場に運搬する量の削減という形でゴミ問題が発生しても、焼却処理は第一の選択肢とはならなかった。そのため、第3章以降で論じていくような、分別とリサイクルの推進によって廃棄物の量を減らすことが目指されていったのである。

2-3　廃棄物の組成についての知識

　焼却処理への否定的な態度および分別とリサイクルの推進は、インドネシアの一般廃棄物の組成において「有機ゴミ（sampah organik）」がかなりの割合を占めているという知識にも依拠している。関係者に広く共有されている理解として、インドネシアのゴミは欧米や日本といった「先進国（negara maju）」に比べて有機ゴミが多いとされている。ここでの有機ゴミとはプラスチックや紙類を除いた生ゴミなどを意味しており、インドネシアでは有機ゴミが「60％」であると多くの人が口にしていた。確かにこの60％という数値は日本と比較して高いと言える[20]。有機ゴミが多いという認識があるからこそ、この有機ゴミをどうするのかという問題が俎上に載せられやすく、廃棄物対策において焼却処分の不適切さが主張されたり、有機ゴミの堆肥化の重要性が訴えられたりする際には、この知識が前提として言及されるのである。

　この「有機ゴミが60％」という知識は、ある特定の研究が参照先となって流通しているというよりも、様々な機会を通じて行われる組成調査の実践を通じて獲得され、それが会話やメディアなどのコミュニケーション

---

20)　日本の自治体が行うゴミの組成調査では、有機ゴミに相当する厨芥類が30％前後になることが一般的である。

を経由して流通するというサイクルの中で維持されている。有機ゴミが多いという知識は疑念の余地のない事実として確立しており、特定の研究結果が論拠として持ち出されることは基本的にはなく、この「有機ゴミが多い」「60%」という命題だけがそのまま口にされ伝えられている。

　この知識の基礎となっているのがゴミの組成調査という実践である。何かしらのプロジェクトや大学生の研究活動などでゴミの組成調査の実践は頻繁に行われており、ゴミ問題に関わったことのある研究者や活動家や行政関係者であれば少なくとも一度はこうした実践を経験したことがある。炎天下でゴミをじかに手で触って分別し、重さを量るという体験を通じて、60%という細かな数値はともかくとして有機ゴミが多いという知識が再確認されていくのである。

　筆者も、日本の北九州市がスラバヤ工科大学環境工学科と協力して行った、公設市場やホテルでの廃棄物の組成調査に参加したことがあった。こうした組成調査は、それぞれの調査ポイントのゴミ捨て場からサンプルを集め、その場で分別をして重量を量って記録する、という流れで調査がなされる。筆者が参加した調査の場合、公設市場では中継所と同じようにコンテナにゴミが積み上げられていたので、コンテナの全体のゴミの内容になるように、ばらけた何か所かから竹カゴ3杯ほどのゴミ（50 kg前後）をかき出して、これをサンプルとしていた。このサンプルをビニールシートの上に広げてスラバヤ工科大学の学生たちが種類ごとに分別し、それぞれの重さをはかりで記録していくという形で調査が行われた。

　この組成調査の結果を細かく見てみると、個々のサンプルのデータにおける有機ゴミの割合は、実はかなりばらつきがあることがわかる。表2-1が示しているように、たとえば「A市場」での調査は2回目でココナツの殻が大量に含まれていたため、「有機物」の割合が約14%と極端に少なくなっている一方で、「Eホテル」では90%以上が「有機物」となっている。廃棄物の組成割合はどのタイミングでどのようにサンプリングするかによって変わってしまうため、有機物の割合も極端に変動することになる。しかし、この場合でもそれまで流通している事実がデータに合わせて変更されるというよりは、むしろ「60%」という数値が常にデータを解釈する参

表 2-1　組成調査の結果（％）（プロジェクト報告書より市場名などを匿名化して筆者作成）

分類カテゴリ		A市場 1回目	A市場 2回目	B市場 1回目	B市場 2回目	C市場 1回目	C市場 2回目	D市場 1回目	D市場 2回目	Eホテル
紙類	ダンボール紙	1.6	0.7	0.0	0.0	2.0	0.2	0.5	0.3	0.0
	オフィス紙	0.0	0.0	0.0	0.0	0.0	0.0	0.0	0.0	0.0
	その他	3.3	1.4	1.8	1.2	2.9	1.3	1.7	1.8	2.9
プラスチック類	PP（硬質プラスチック）	0.3	0.5	1.0	0.3	0.2	0.2	0.2	0.1	0.1
	PE（軟質プラスチック）	8.1	3.0	9.6	3.5	3.2	3.8	2.5	4.3	0.3
	PS（発泡スチロール）	0.0	0.0	0.0	0.0	0.2	0.2	0.3	0.3	0.0
	ペットボトル	0.3	0.2	0.3	0.2	0.3	0.4	0.2	0.3	0.0
缶類	鉄	0.0	0.0	0.3	0.0	0.0	0.0	0.0	0.0	0.1
	アルミニウム	0.0	0.0	0.0	0.0	0.0	0.2	0.0	0.0	0.0
	その他	0.0	0.0	0.0	0.0	0.0	0.0	0.0	0.0	0.0
ガラス類		0.0	0.0	0.0	0.2	0.5	0.0	0.0	0.0	0.0
有機物		44.7	14.3	79.3	86.9	89.9	90.3	49.3	74.5	96.5
木・枝		15.2	3.5	4.4	2.8	0.8	0.9	44.8	15.0	
医療系廃棄物		0.0	0.0	0.0	0.0	0.0	0.0	0.0	0.0	0.0
その他	布類	0.0	0.0	1.0	0.3	0.2	0.0	0.0	0.0	0.0
	ココナツの殻	22.5	69.4	2.1	1.7	0.0	0.0	0.0	0.7	0.0
	電子系破棄物	0.0	0.0	0.3	0.0	0.0	0.0	0.0	0.0	0.0
	汚物等	4.1	7.1	0.0	2.8	0.2	0.4	0.5	2.7	0.0
	セラミック	0.0	0.0	0.0	0.0	0.0	1.5	0.0	0.0	0.0
	ゴム類	0.0	0.0	0.0	0.0	0.0	0.7	0.0	0.0	0.0
サンプル合計重量（kg）		36.9	43.4	38.6	57.3	66.1	54.9	59.2	67.5	69.2

照点となることで事実のまま維持されることになる。そのため「A市場ではココナツの殻が多かったために有機物が少なかった」であったり、「Eホテルでは独自にペットボトルなどを回収してリサイクルするプログラムを実践していたため、それらを差し引いた分、有機物の割合が多かった」であったりといった解釈が、スラバヤ工科大学の研究室や北九州のプロジェクト関係者の間で構築されていくのである。

　事実、組成調査を通じて有機物がゴミの半分以上を占めて割合的には多いことは自らの手で選り分けていく中で体感的にも分かり、測定結果も有機ゴミが半分以上となることが多いため、「有機ゴミが60％」というのは反論する必要がない知識[21]として維持され、むしろ個別のデータの外れ値を解釈するための基準として用いられている。こうして「インドネシアの

ゴミには有機ゴミが多い」という知識はゴミ問題を考える上での前提となっている。この点も焼却の非効率性を訴える根拠となり、また分別とリサイクル、特に有機ゴミの堆肥化という手段が有効であるとみなす根拠にもなっているのである。

2-4　既存の廃棄物処理の温存——1990年代の分別収集の失敗

　以上のような知識を背景として、分別とリサイクルの導入が有効であるという考えが市政府や環境NGOなどの関係者に共有されていったが、同時に、既存の廃棄物処理の制度を大きく変更することのない形での導入が目指されていた。通常、分別やリサイクルといった新たな廃棄物の減量政策に取り組む際には、既存の収集のシステムの変更がなされる。たとえば日本であれば、「燃えるごみ」や「資源ごみ」といった曜日ごとの分別収集が導入されるなど制度面でも大きな変更がなされてきた。これは「統合的廃棄物処理」という枠組みにおいて「統合」が意味するもののひとつでもある。しかし、スラバヤでの廃棄物の収集は前章で論じたように二重のインフォーマリティによって行政の直接的な管理下にない領域が存在する。そのため、住民のゴミの捨て方や民間業者の仕事への指示などの介入ができず、既存の廃棄物処理の制度を変えることは難しい状況にあった。

　この廃棄物処理制度の維持という側面は、1990年代の焼却施設と同時期に導入が試みられた分別収集の仕組みが、最終的には失敗したことからもうかがい知ることができる。2001年にゴミ問題が危機的な状況となる以前に、スラバヤ市では分別収集を導入する試みがなされていた。これは日本の「燃えるごみ」「燃えないごみ」に類似した分類として、廃棄物を「有機ゴミ（sampah organik）」と「非有機ゴミ（sampah anorganik）」に分け、生ゴミなどの腐敗する有機ゴミは堆肥化するかあるいは埋立処分場へと運搬し、金属やプラスチックなどの非有機ゴミはリサイクルするという政策

---

21)　その意味で『ラボラトリー・ライフ』の言明レベルで言えば、最上位の強固な事実として論争が起きていない知識だと言えるだろう［ラトゥール&ウールガー 2021］。

である。有機と非有機の区別は世界各地で広く見られる分別の区分であり、スラバヤ市でも同様の試みが1990年代になされていた。

　この分類を周知させるためにスラバヤで作られたのが「青ゴミ」「黄ゴミ」という名称である。有機ゴミ／非有機ゴミにおける「有機（organic）」という言葉は意味が取りづらいため、これを「濡れゴミ／乾きゴミ（wet waste/dry waste）」と言い換えることは世界でも一般的である。インドネシアでも「濡れゴミ（sampah basah）」「乾きゴミ（sampah kering）」の言葉が使われているが、スラバヤではこれをさらに色に言い換えた。「濡れた（basah）」「乾いた（kering）」というそれぞれのインドネシア語のBとKという頭文字から、「青色（biru）」と「黄色（kuning）」を導き出して、「青ゴミ（sampah biru）」と「黄ゴミ（sampah kuning）」という分類が創り出されたのである。さらに、色に対応させてゴミ箱を青色と黄色にすることで、視覚的にも明確に区別できるようにした。

　この分類に基づいて、スラバヤ市政府は1992年から青色と黄色のゴミ箱を設置したが、この政策はうまくいかなかった。現実には分別して捨てられることはなく、どちらのゴミ箱でも同じように有機ゴミと非有機ゴミが混ぜられてしまったのである。これは住民が怠惰であったからというよりも、廃棄物の収集の制度面に問題があった。すでに述べたように住民からゴミを収集するのは市政府の管理下にない収集人であるため、彼らに分別収集を命じることはできなかった。また、収集人はリヤカーを使って収集するため、どちらのゴミ箱のゴミも収集運搬の段階で混ぜられてしまっており、その点でもふたつのゴミ箱を置くことの意味は住民にとって不明瞭であった。

　さらに有価物である「黄ゴミ」を回収する流れを、行政は積極的に設定しなかった。廃棄物市場はインフォーマルなプムルンによって担われており、彼らに対しても行政は権限を持たなかったのである。設置した黄ゴミのゴミ箱に入った有価物はプムルンが自由に持っていくことで処理されると想定されていたようだが[22]、分別したゴミを収集運搬する明確な仕組み

22）JICAのスラバヤ廃棄物マスタープランプロジェクトの関係者の回想に基づく

図 2-4　かつての分別政策の名残（青色と黄色に塗り分けられている）

がないことも、人々が分別しない理由となっていたのである。

　その結果、青ゴミと黄ゴミの仕組みはうまくいかず、現在でも通常の廃棄物処理の枠内では分別したゴミを運搬収集する形にはなっていない[23]。青色と黄色という色がかつての分類体系の名残として、スラバヤではゴミ捨て場をペンキで塗る際の色としてよく用いられている。しかし、この色が持っていた意味からは遊離しており、ひとつのゴミ箱（コンクリートで作ったゴミ捨て場）が青色と黄色でペイントされるなど、単にゴミ箱の色として残っているのみである（図 2-4）。

　1990 年代の分別の仕組みがうまくいかなかったことは、かつての青ゴミ・黄ゴミないし濡れゴミ・乾きゴミがそもそも何のための区別であったのかが、環境問題に関わる人々の間でさえ一致していないことにも表れている。クプティ最終処分場の焼却炉の設置とほぼ同時にこの分別の仕組み

　　［桜井 2018: 84］。当時の行政文書に当たることができていないため、この青ゴミ黄ゴミの収集運搬がどう想定されていたのか正確な詳細は不明である。
23)　2012 年に中央政府の政令で 5 種類のゴミの分別（危険物、生ゴミ、再利用ゴミ、再生利用ゴミ、その他）が制定され、これに基づいたゴミ箱が清掃公園局などには設置されていたが、通常の収集運搬にこの分類は用いられていない。Peraturan Pemerintah Nomor 81 Tahun 2012 tentang Pengelolaan Sampah Rumah Tangga Dan Sampah Sejenis Sampah Rumah Tangga.（政令 2012 年 81 号　家庭ゴミおよび家庭ゴミに類似したゴミの処理について）。

が始まったため、筆者の調査時にはかつての青ゴミ・黄ゴミの区別は焼却炉の効率化のためだったと関係者から説明されることが多かった。ある環境NGOの活動家は、青ゴミの有機ゴミは水分量が多いため埋立に回し、黄ゴミの非有機ゴミを燃やすことで効率的に焼却しようとしたがうまくいかなかったと語った。また別の環境NGOの活動家によれば「濡れゴミ」「乾きゴミ」とは有機・非有機の区別ではなく、文字通りゴミが濡れているか乾いているかにあった。水分を多く含んだ濡れゴミは燃やす前にゴミを広げて乾かす時間を取り、水分をあまり含まない黄ゴミはそのまま燃やすという区別だったとの説明であった。

しかし、1995年の新聞記事では、青ゴミは食べ物や野菜果物類であって最終処分場に運ばれ、黄ゴミは紙や金属やプラスチックであってリサイクルされると説明されており、現在の有機ゴミ・非有機ゴミと同様の区別であったようだ[24]。ただし、この記事では不思議なことに焼却炉のことには一言も触れておらず、ゴミの分別と焼却処分の関係は不明である。焼却炉の建設の後に青ゴミ・黄ゴミの分類が導入されたため、何かしらの関係が想定されていた可能性は高いが、そのことを確証する資料は得られていない。分別政策の導入時にどういう想定があったにせよ、実際には分別の仕組みは機能せず、現在ではもはや青ゴミ・黄ゴミがどんな区別であったのかさえも判然としないほどであった。

このように住民（収集人）とプムルンに直接介入できない既存の制度によって、最初の分別収集の試みは失敗してしまった。そのため、分別とリサイクルという方向性自体は認められていても、既存の廃棄物処理の制度の大幅な変更は試みられることがなかった。分別とリサイクルの導入および廃棄物処理の制度面の拡張としての市場化と住民参加は、既存の廃棄物処理を温存し、そこに新たな取り組みが付け加えられる形で実践されていったのである。

---

24) Program Reduksi Sampah, Apa Kabar? 1995/6/8 *Surabaya Post*.

2-5　人々の道徳的課題としてのゴミ

　スラバヤにおけるゴミ問題は、「ゴミの洪水」事件という特異な出来事をきっかけとした問題が中核にあるが、さらにその周りをインドネシアでより一般的なゴミ問題の理解が取り巻く形で構成されている。それは、インドネシアの沿岸部の都市における最大の問題である洪水の原因としてのゴミという理解であり、さらに関連して、無秩序な投棄および都市の不衛生を人々の道徳的な問題としてみなすあり方である。これはスハルト体制期に廃棄物処理システムを整備していく頃からすでに存在していた問題化の形式である。これまで述べてきたブノウォ最終処分場の耐用年数やゴミの組成については、ゴミ対策のプロジェクトに関わるような人々の間でのみ知られているが、道徳的な問題としてのゴミ問題は日常会話のレパートリーのひとつとして多くの人々の口に上るほど一般化している。

　ジャカルタやスラバヤなど、インドネシアの大都市はデルタ地帯に立地していることが多く、洪水には植民地期から常に悩まされてきた。オランダ植民地政府は19世紀にかけて水路や水門の建設などの治水事業を通じてスラバヤを含む各都市の居住可能な地域を拡大し［Dick 2003: 54］、その結果現在のような人口が密集する大都市が成立したわけだが、これは同時に、ひとたび大量の降雨や水路の障害が起きると洪水の被害がより深刻なものになってしまうことを意味した。この水路を詰まらせて洪水を引き起こしてしまう原因として、人々がゴミを「好き勝手に捨てる（buang sembarangan）」ことが広く認識されている。この洪水の原因としてのゴミの問題視は、スハルト政権期の都市の開発政策において、長年の政治的混乱で破綻した治水システムの整備が最重要視されていたこともあって、ゴミのポイ捨てを批判する理由として最も定着している。また近年では川を埋め尽くすプラスチックゴミのイメージがメディアにしばしば取り上げられ[25]、インドネシアでは川とゴミの連関は密接となっている。

　さらにこうした洪水や河川の汚染を引き起こすゴミのポイ捨ての源として、一般的な人々の意識や教育の低さという道徳的な問題が結びつけられ

---

25)　西ジャワのチタルム川（Sungai Citarum）が有名である。

ている。川やあるいは道路に散らばるゴミは、日常的な会話においても「意識（kesadaran）」や「教育（pendidikan, edukasi）」の問題という、インドネシア人の国民性の課題のひとつとして言及される。たとえばある時ジャカルタでタクシーに乗った際に、筆者がゴミ問題について調査していることを知った運転手とゴミについての雑談になったことがあった。彼によれば、インドネシア人は「SDM が足りない」から、ゴミをちゃんと捨てられないとのことであった。「SDM」とは「人的資源（Sumber Daya Manusia）」の略語であり、「自然資源（Sumber Daya Alam）」と対比されて、インドネシアは自然資源が豊かなのに人間の教育が足りないという批判的文脈でしばしば使われる言葉である。インドネシア人は「ディシプリン」が足りないといったように、インドネシアの問題を嘆いたり皮肉ったりするのは日常会話ではよくある流れであり[26]、ゴミのポイ捨てはインドネシア人というものの道徳的ないし倫理的な問題のひとつとして共有されている。

　こうした人々の道徳的な問題としてゴミが捉えられることはインドネシア以外でも一般的に見られる［Hawkins 2006］。日本でもポイ捨ての問題やゴミ屋敷の問題が、それを行う個々人の道徳やあるいはセルフ・ネグレクトのように社会心理学的な問題とされ、また、日本の廃棄物の収集業務において、正しく捨てられているかどうかがその地域の経済や治安と関連して理解されてもいる［藤井 2018］。アメリカでも収集業者がゴミとそれを出す人々の間に道徳的な関係を見出していることが研究者によって指摘されている[27]［Perry 1998］。序論でも紹介したように物質文化研究の文脈でも、ゴミは廃棄行為によって生み出されるモノとして行為者のアイデンテ

---

26) 日本は「ディシプリン（disiplin）」があるから街がきれいだし、汚職もないしスキャンダルがあれば権力者は「ハラキリ（harakiri）」をするから素晴らしいというのは筆者に対する定番の話題であった。もちろんリップサービスであるのは確かだが、日本人についてのステレオタイプとしては、（日本軍由来の）暴力性などと並行して共有されているイメージであることも事実である。
27) 廃棄物処理に関わる仕事はゴミと同一視されやすいため、そうした職業の人々にとって自己とゴミを分離することが常に課題となっており［Nagle 2013; Reno 2016］、そのため、こうした当事者による廃棄物と住民の「社会学」は廃棄物の収集業者の語りの中心となっている［e. g. 滝沢 2018］。

ィティと結びつけて論じられている。ゴミという問題は、廃棄する人々の道徳にも帰属することができるのである。

　この人々の問題としてのゴミ問題は、廃棄物が個々の住民から排出されているという事実に疑念を挟む余地がまったくないという意味で、非常に強固に確立されている。そのため、ゴミとは人々の意識の問題あるいは人々の「文化」や「道徳」の問題であるという定式化は説得力を持って流通しやすい。たとえば、環境政策を推進したバンバン市長へのインタビューで彼がまず語ったのが、ジャワの民謡[28]に言及して川に何でも捨ててしまうジャワの「文化」を変えることがいかに難しいかということであった。また、こうした個々人の道徳的問題のレベルにおいては、ゴミは宗教的価値観（スラバヤでは特にイスラーム）とも結びついている。少なくともスラバヤにおいては、市全体のゴミ対策の中でイスラームなどの宗教的な理念や言葉が取り沙汰されることはほとんどない[29]―一方で、ポイ捨ての禁止や居住環境の美化などを地域住民が目指す際には、「清潔は信仰の半分[30] (Kebersihan sebagian dari iman)」というイスラームの理念が時折持ち出され、

---

28)　「ダヨエ・テコ (Dayohe Teko)」という民謡であり、「客が来た、ゴザを敷こう、ゴザに穴が開いている、餅で塞ごう、餅が腐った、犬にくれてやろう、犬が死んだ、川に捨てよう、川が洪水になった」という、ジャワの「あんたがたどこさ」のような内容である。

29)　ある環境NGOが主催した、川への紙オムツ投棄問題を議論するシンポジウムに参加した際、環境問題のイベントとしては珍しくイスラーム団体のMUI（インドネシア・ウラマー評議会）東ジャワ支部所属のウラマーが登壇していたことがあった。彼は自分たちMUI東ジャワ支部がすでに川のポイ捨てや紙オムツ投棄の禁止するファトワー（法学判断）を出していることを強調していたが、同席していた東ジャワ州の環境局の職員が今初めてファトワーの存在を知ったと驚いていた。このように、環境政策においては基本的にはイスラーム団体の判断が参照されることはほとんどなく、筆者もゴミ問題のファトワーがこのイベント以外で話題にされるのに遭遇することは一度もなかった。

30)　もともとは礼拝前のウドゥー（清め）を推奨するムハンマドの言葉として、代表的なハディース集である『サヒーフ・ムスリム』に収録されている有名なハディースである［アル・ハッジャージ 2001: 187］。ただし、インドネシア語ではこのハディースでの「清潔（アラビア語ではニザーファ niẓāfa）」は、環境美化や公衆衛生の文脈以外では「聖なる清浄」を意味する「kesucian」や動詞の「bersuci」と訳されるのが一般的である。このハディースと環境美化のつながりはインドネシアに限らずイスラーム世界で広く見られる［Furniss 2022］。

カンプンの路地の掲示にもこのフレーズが書かれているのを目にすることも珍しくない。

　しかし、こうした人々の問題としてのゴミ問題は強固である反面、近代的な廃棄物処理システムの中では通常は大きな問題となることはない。一般廃棄物の処理は埋立処分に代表されるようにそれぞれのモノのアイデンティティが不明瞭な大量廃棄物を不明瞭なまま処理することを目的としているため、廃棄行為をする住民が致命的な問題となることはほとんどない。そのため、人々の道徳的問題は常に消えることのない一方で、大きく問題化されることはなくゆるやかに遍在するという形を取っている。この点は第5章で論じるように、住民参加という取り組みが他の廃棄物処理とは直接関係することなく肥大化を続ける要因ともなっているのである。

＊　　　　　＊　　　　　＊

　以上のように、スラバヤ市のゴミ問題は複数の問題や知識が組み合わさることで構成されている。ここでの問題の構成を整理すると次のようになる。まず中心的な問題として①埋立処分場の不安定化によって廃棄物の排出量削減が求められた。そしてこの量の問題については②焼却処理への忌避の問題および③有機ゴミの多さという知識のふたつによって分別とリサイクルという対策が関係者に共有されていったが、この分別とリサイクルという取り組みは、④かつての分別収集の失敗により既存の廃棄物処理システムを温存する形となった。さらにこうした量の問題というスラバヤ市特有の問題の外縁に、インドネシアで広く見られる、⑤一般の人々がゴミを正しく扱わないことで洪水が起きるなど、人々の教育の程度が足りていないという道徳的問題が存在している。排出量削減をめぐる①から④までの問題によって既存の廃棄物処理システムが維持されたままでの分別とリサイクルの導入が目指され、その結果、次の第3章で論じるような分別施設や堆肥化施設の建設という市場化の試みや、また第5章で論じるような収集とは別の形での住民参加型の廃棄物処理の試みが生まれていったのである。そして⑤の問題が存在することは、第5章で分析していくように住民参加の試みが他の廃棄物処理と分離して肥大化していく背景ともなった

のである。

第 3 章

市場化の隠れた機能

　スラバヤ市の廃棄物処理で試みられた変化のうちのひとつが、市場化という方向性である。本章では、日本の北九州市との環境協力を背景とした日系企業の開発プロジェクトおよびインドネシア企業によるスラバヤ市の埋立処分場の民営化を事例として扱う。リサイクルによるビジネス展開を狙った日系企業の開発プロジェクトが、通常の意味での市場化を目指しながらも困難に直面した一方で、埋立処分場の民営化が、経済的効率性ではなく政治的関係によって実現されながらも、結果的にはゴミ問題に一定の解決をもたらしていた。このふたつの事例を並置することで、廃棄物処理における市場化には複数の機能があり、そのうち市場化では通常想定されていない隠れた機能がスラバヤで表れていたことが指摘できるのである。

I　日系企業の開発プロジェクトの事例

　2016 年に筆者がスラバヤ市に滞在を始めてから最初に調査したのが、日本の北九州市にある A 社が行っていた、リサイクル施設運営の開発援助のプロジェクトであった。2001 年にゴミ問題が起きてから、スラバヤ市と北九州市の間で環境開発協力が大々的に進められてきた。北九州市は環境政策を通じた積極的な国際交流を進めており、スラバヤ市のゴミ問題にも様々なプロジェクトを通じて支援を行ってきた。その一環として行われていたのが、A 社による分別施設と堆肥化施設の建設・運営のプロジェクトである。このプロジェクトの特徴は、単なる支援というよりも、このプロジェクトを足掛かりにして、スラバヤ市でのリサイクル事業を展開し、企業の海外進出を目指した点にある。このプロジェクトでは、スラバヤ市

政府からの資金なしにリサイクルによってのみ利益を得ることが模索されており、純粋な市場化を試みていたと考えることができる。

1-1　スラバヤ市における北九州市の開発協力

　2001年にスラバヤのゴミ問題が表面化すると、様々なアクターが新たにゴミ対策に関わるようになった。そのひとつが北九州市である。北九州市はかつての公害対策で培われた人材やノウハウをもとに自治体間の国際協力を長年進めてきており、ゴミ問題をきっかけとしてスラバヤ市との協力が始まった。さらに北九州市は近年この開発協力を産業振興にも役立てようと、環境産業の輸出という側面を強めており、調査当時のスラバヤ市では北九州市の環境企業であるA社によるリサイクル施設の運営のプロジェクトが行われていた。北九州市およびA社にとってこのプロジェクトは単なる開発援助ではなく、スラバヤ市での廃棄物のリサイクルビジネスの可能性を狙ったものでもあった。

　北九州市とスラバヤ市の環境協力の関係そのものは1992年にさかのぼる。1901年の八幡製鉄所の開設以来、北九州地域は日本の主要な工業地帯のひとつとして発展してきた。そのため1960年代には公害が深刻な問題となり、婦人会を中心として行政や企業に改善を求める市民運動も活発となった[1]。これを受けて、北九州市に公害対策課が設置され、また各企業でも改善の取り組みが進められていった。1980年代からは公害対策の人材を活かして国際協力が進められ、中国大連などの国外で講習会や環境政策の立案支援などを行うようになった[2]。1990年には国連環境計画（UNEP）が主催する賞であるグローバル500を自治体として初めて受賞するに至り、日本の自治体としてはとりわけ環境面での国際協力が盛んな都市として国際的にも知名度を高めていった［野村2011］。

---

1)　「北九州ヒストリー──北九州における環境政策の歴史」n. d. アジア低炭素化センター（https://asiangreencamp.net/general/　2024年6月24日閲覧）
2)　これらの活動は、1980年に設立された北九州国際技術協力協会（KITA）が基盤となった。KITAは企業OBによって海外研修生への研修を実施する機関として設立された。

そして、1992年にリオデジャネイロで開催された国連環境開発会議（UNCED）に、北九州市と同様に招聘されたのがスラバヤ市であり、この時から両者の交流が始まった。1997年に北九州市が設立したアジア環境協力都市会議ネットワークにスラバヤ市も加わり、1999年からは研修員受け入れや専門家派遣などの本格的な開発協力が始まった。2000年には国連アジア太平洋経済社会委員会（UNESCAP）のプログラムとして地方レベルでの環境改善を目指す「北九州イニシアチブ」が採択され、「北九州イニシアチブネットワーク」という名でスラバヤ市も含めたアジア各国の都市との環境協力のネットワークも構築してきた。

　あらかじめこのような素地が存在していたため、2001年にスラバヤのゴミ問題が発生した際、北九州市は早くも翌年の2002年から支援の取り組みを始めた。2004年から2007年の間に実施された生ゴミ堆肥化のプロジェクトは、第5章で取り上げる「タカクラバスケット」という具体的な成果に繋がったため、スラバヤの事例は北九州市の環境協力の事例として最も成功したものとなった。スラバヤ市にとっても日本の開発援助の資金の窓口となる北九州市との関係は願ってもないものであり、北九州市とスラバヤ市の環境協力はその後も続けられ、2013年には北九州市とスラバヤ市との間で環境姉妹都市協定が結ばれるなど、関係はさらに強化されてきた。

　2010年代になると、北九州市はこうした国際協力を環境産業の輸出へと転換しようと模索してきた。北九州市の経済は日本有数の工業地帯というかつての地位から、鉄鋼業の衰退とともに長期の低迷傾向にあり、鉄鋼業の代替となる新たな産業として期待されたのが環境産業であった。1997年にはリサイクル産業が集積する工業団地を誘致するなど、環境産業の育成に力を入れるようになり、環境国際協力もまた、議員や市長から市民の税金を使うことの意義を求められるようになった。2010年には環境局の環境国際戦略課を基盤にアジア低炭素化センター（アジ低、2023年にアジアカーボンニュートラルセンターに名称変更）が設立され、アジア各国の開発プロジェクトを通じた北九州市内の企業進出のサポートを明確に目的とするようになった。これは2010年代に日本政府がODAなどの開発援助の目

的として「国益」を明示的に位置付けるようにしたことと軌を一にしている。

こうした流れの中で、筆者の調査時にスラバヤで進められていたのが、北九州市の企業であるA社によるリサイクル施設のプロジェクトであった。A社は北九州市内にある廃棄物処理企業である。もともとは古紙問屋から始まり、主にスーパーなどからの産業廃棄物をリサイクルする事業を営みつつ、近年は廃棄物関連の報告書作成のための情報管理サービスの販売や各企業への産廃処理のコンサルタントで業績を拡大してきた。2008年に北九州市による中国大連でのエコタウン（環境工業団地）建設の支援プロジェクトを視察したことをきっかけに、A社は海外事業の展開を模索し始め、ロシアやモンゴルなど各国への視察などを重ねていった。北九州市とも相談しながらこうした視察を進めていたため、上記のような経緯で関係を構築していたスラバヤ市との協力が提案され、最終的に2012年からスラバヤでの開発プロジェクトが進められることとなった[3]。

ちょうど2012年には中小企業の海外展開支援を目的としたODAの枠が新設されており、これに採択され、プロジェクトが本格化していった。ここでA社が提案したのが、ベルトコンベヤを用いた分別施設および分別した有機物をコンポストにする堆肥化施設によるリサイクルであった[4]。まず分別施設の建設が始まり、2013年2月には運営を始めた。2014年にはJICAの事業として新たに採択され、同年9月には堆肥化施設も建設を始め、翌年からは本格的に稼働を開始した。筆者がスラバヤでの調査を始め、これらの施設の参与観察を行っていた時点で、分別施設は約3年、堆肥化施設は約1年の期間運営がなされており、運営のオペレーションはほぼ確立されていた。これらの施設はJICAの事業であるため、プロジェク

---

3) 当初はジャカルタの最終処分場の運営会社と話が進んだのが、インドネシアに注力するようになった理由だという。ベルトコンベヤによるリサイクルの計画も、もともとはジャカルタ州政府への提案だったが、その後交渉が進まず、結果としてスラバヤへと場所を移すこととなった。

4) A社は北九州市においてペットボトルや空き缶などを収集分別する事業をしており、欧米や日本などでは一般的なベルトコンベヤに廃棄物を流して分別する施設を持っていたため、それをスラバヤにも適用しようという計画であった。

図 3-1　分別施設

ト期間が終了すれば市政府へと移譲することとなっており、実際に筆者の調査時には分別施設の方はすでに市政府が管理を行っていた。しかし、A社にとっては、施設の建設が最終目的なのではなく、これらのプロジェクトは事業展開のための一歩としてインドネシアでのビジネスの可能性を模索するものであった。

1-2　分別施設のプロジェクト

このプロジェクトで最初に建設されたのが、ゴミ中継所の敷地を使ったベルトコンベヤ式の分別施設である（図 3-1）。ゴミを分別する施設自体は完全に独自のものというわけではなく、ゴミ中継所を拡張させて分別リサイクルの機能を持たせようという動きはインドネシアで以前から存在しており、「TPST」ないし「TPS3R」と呼ばれている[5]。しかし、ベルトコンベヤを用いた大規模な施設という点でも、そしてA社という企業によってビジネスとして成立する可能性を検討するために建てられた施設という

---

5)　「TPST」は「統合ゴミ中継所（Tempat Pembuangan Sementara Terpadu）」の略であり、「統合的廃棄物処理」の影響を受けて命名されている。「TPS3R」の方は「リデュース・リユース・リサイクル」の 3R を行う中継所という意味である。これらの違いは曖昧ではあるが、TPST は堆肥化なども行う大規模な施設で、TPS3R は分別だけでもよい小規模な施設を指すと説明されることが多かった。

点でも、この分別施設はこうしたリサイクルの取り組みの中で特筆すべき存在と言える。

　この中継所は、東西に走る道路から小さな川を挟んだ土地に存在しており、南側には中間層向けの住宅街（プルマハン）が広がるのに対して、北側はカンプンが連なる庶民層の居住地域となっている。中継所に隣接して数十世帯が居住する比較的大きな不法居住地があり、マドゥラ人を中心に集落を形成しており、多くの住民が収集人やプムルンなどで生計を立てている。この中継所周辺にはもともと多くのプムルンが住んでおり、有価物を回収することで生計を立てていた。こうしたプムルンなど作業員の確保が期待でき、また敷地が広かったためにこの中継所が場所として選ばれたのである。2013年の2月に運営を開始し、当初はA社の駐在員と市の清掃公園局の職員との協働で現在までのオペレーションの仕組みを整備した。運営から1年半ほど経過した2014年9月には市政府に運営が移管され、調査時点では市政府の資金と人員で運営がなされていた。

　この中継所は2つの地区（kelurahan）からのゴミを受け入れており、2015年の1年間でおおよそ1日あたり10tのゴミが搬入されていた[6]。人員としては、調査時点でこの分別施設は計25人のスタッフで運営されていた。そのうち21人が現場で分別作業に従事する作業員であり、この中継所でプムルン（プンボンカル）として働いていた人などを中心に雇用されている[7]。これらの作業員とは別に重量の記録などの事務作業を行う女性2人が雇用されている。これらの人員を統括する責任者は、清掃公園局の職員が唯一の正規の公務員として担当している。

　分別施設の構造は図3-2の通りである。ここで引用した図は2013年の

---

6) なおゴミの重さは雨季と乾季で変動し、雨季には雨を含んで重くなる。雨季の11月で約12t、乾季の7月では平均7tくらいのゴミが搬入されていた。ただし、調査時の2016年は搬入量が増えており、同じ7月でも平均14tのゴミが搬入されていた。

7) 作業員の構成としては、プムルンであった主婦層のマドゥラ人女性が多数派を占め、その他、ジャワ人の男性や、マドゥラ人の若者などが仕事に従事している。こうした作業員に指示を飛ばす現場監督がおり、もともと収集人でこの中継所の管理人もやっていたジャワ人の男性（37歳）が務めている。

第 3 章　市場化の隠れた機能　091

図 3-2　分別施設の見取り図（プロジェクト報告書より筆者作成）

建設当初の見取り図であるが、2016 年の調査時でも、設備の構造は建設当初とほぼ同じままであった。

　作業の流れは次の通りである。まずそれぞれの RT からゴミを集めてきた収集人が(1)計量器（地面に埋め込むようにして作られており、リヤカーごと計量が可能）にリヤカーを載せて、隣接するオフィスの中にいる事務の女性スタッフがゴミの重量を記録する。それから収集人は(2)投入口へと向かい、リヤカーを後ろ向きに降ろして、ゴミをかき出してコンベヤに載せる（図 3-3）。

　ここから分別施設の作業員の仕事となる。(3)コンベヤの両側に作業員が配置されており、コンベヤで運ばれてきたゴミからそれぞれが担当する種類の有価物を仕分けして、網カゴに投げ込んでいく（図 3-4）。有価物の量の大半を占めるビニール袋の回収に多くの人員が割かれており、白色のビニール袋と色付きのビニール袋がそれぞれ 2 人ずつ配置されている。さらに、紙類を仕分けする担当が 1 人配置され、その他のペットボトルや金属などの有価物はまとめて 1 人が分別し、貯蔵場所でさらに種類ごとに細かく分別される。こうした有価物が抜き取られた後、(4)異物回収のポイントで数人の作業員によって、有価物ではないが堆肥化できるゴミでもない残渣ゴミ[8]が回収される。この残渣ゴミは 1 日 1 回やってくる清掃公園局の

図3-3　投入口

図3-4　有価物の仕分け

パッカー車によって通常のゴミとして最終処分場へと運ばれる。残渣ゴミが抜き取られた残りが堆肥化のための有機ゴミとなり、(5)有機ゴミの破砕・収集の地点に設置された巨大な破砕機によって細かく破砕される（図3-5）。破砕されたゴミは破砕機の下に設置されているコンテナに貯められ、毎日朝6時に分別施設から南に数km離れたコンポストセンターへと運ば

---

8) 図3-2では「異物回収」となっているが、インドネシア語では残渣ゴミ（sampah sisa, sampah residu）と呼ばれている。

図 3-5　有機ゴミの破砕

図 3-6　プグプルの買取

れていく。

　分別された有価物は売却されるまで施設内の置き場で貯蔵される。白色および色付きのビニール袋は量がかさばるため、(6)圧縮機を用いて立方体に圧縮されて積み上げられる。ビニール袋以外の有価物はコンベヤでまとめて回収され、(7)有価物の保管の場所でさらに種類別に分別される。紙類は段ボールと普通の書類の紙に分けられ、ペットボトルとその他のプラスチック、缶や金属類、サンダルなどのゴム類などは原材料ごとに分別される。こうした原材料別の分類とは別に、個別に高く売れるものであればさ

らに細かく分類がなされている。たとえばヤクルトの空き容器はビニール袋やペットボトルと素材が異なるプラスチック（ポリスチレン）であり品質も良く、高額で買い取られるため別に集められている。他にも牛や鶏の骨類は鶏の餌として別に買い取られていた。

　仕分けされた有価物は仲買人（プグプル）が定期的に買い取り、再生工場などへと持っていく（図3-6）。プグプルに尋ねたところでは、スラバヤの南の工業地帯であるシドアルジョ県にメダン出身の華人たちが経営する再生工場が並んでおり、そこへ運んでいくのだという。こうしてプグプルが買い取った有価物の売り上げは、コンベヤの燃料代や修理代が引かれて残った分が作業員に給与とは別の手当として分配されているとのことであった。

I-3　堆肥化施設のプロジェクト

　分別施設に続いて建設されたのが、有機ゴミを堆肥化するコンポストセンターである。上述の分別施設で分別されたゴミのうち有機ゴミを、この施設で堆肥にして売却することで収益を得ることを目的として建設されたものである。2014年9月から試験運用が始まり、2015年6月から本格的な稼働が始まったため、2016年の調査時点で約1年の運営がなされていた[9]。

　コンポストセンターはスラバヤの東部郊外にある市政府運営の公園に建設されており、雨を防ぐために屋根が設置された半開放型の施設である（図3-7）。この公園はスラバヤ清掃公園局が運営しており、各地の公園や街路の緑地帯に植える草花の苗を育成する施設を備えるなど、広大な面積の公園である。面積の半分近くが未整備のまま放置されており、以前はゴミの収集車が不法投棄することもよくあったという。A社はこの未整備の敷地の一部を借り受け、JICAの資金を用いてコンポストセンターを建設

---

9)　筆者が調査をしていた2016年春の時点ではA社によって運営されていたが、2016年の末にはスラバヤ市に譲渡された。ここでの記述はA社によって運営されていた時のものである。

図 3-7　コンポストセンター

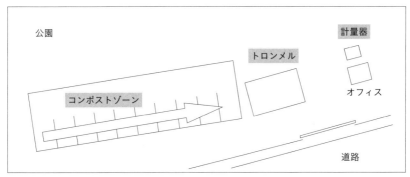

図 3-8　コンポストセンターの見取り図（プロジェクト報告書より筆者作成）

し、名前は「コンポストセンター（Kompos Center）」[10]と命名した。日本語では「堆肥工場」とも呼んでいる。

　コンポストセンターの構造は図 3-8 の通りである。コンポストセンターは大きく分けて 3 つのゾーンから構成されている。ひとつはコンポストゾーンであり、壁で仕切られた 10 か所のピットが設けられている。このピットで有機ゴミを発酵させて堆肥を生産する。その隣には出荷ゾーンとして、作られたコンポストをふるい分ける装置（トロンメル）が設置されて

---

10)　インドネシア語では堆肥は英語からそのまま「コンポス（kompos）」と呼ばれている。

図 3-9　堆肥の切り返し

いる。トラックが行き来する敷地を挟んで向かい側にはオフィスがあり、その隣には計量ゾーンとして計量器が設置されている。トラックごと重量を測定することができる装置であり、運ばれてきた有機ゴミや生産されたコンポストが計測される。

　コンポストを生産する流れは次の通りである。分別施設から運ばれた有機ゴミはまず図面で一番左側のピットに投入され、有機ゴミと同量の戻し堆肥（すでに作られた堆肥）と混ぜて、発酵に適した水分量に調整する。その後は定期的に切り返し（後述）を行って発酵を促進する必要があるため、ホイールローダーでコンポストを輸送し、隣のピットに移し変える。1週間に1回の頻度で切り返しを行うため、同じピットに1週間有機ゴミが投入された後、右隣のピットへと順番に移動していくというプロセスとなっている（図 3-9）。おおむね1か月ほどでコンポストの1次発酵が終了すると、コンポストの粒度をそろえるためにトロンメルにかけられる（図 3-10）。細かい粒度のコンポストは製造品として一番右のピットに貯蔵され、粒度の大きなコンポストは戻し堆肥として一番左のピットに戻されたのち、有機ゴミと再び混ぜられる。1次発酵が終了しても微生物の分解活動はまだ完全には終了しておらず温度も高いため、コンポストが「落ち着く」まで貯蔵される。この2次発酵には3か月から長くて半年かかるという。そうして完成したコンポストは必要に応じて出荷される。

図 3-10　ふるい分け（トロンメル）

　コンポストの製造プロセスにおいては、腐敗して悪臭が発生しないように水分調整と温度調整の細かな管理が必要とされる。コンポストの製造では水分は60％前後を維持するのが理想とされ[11]、戻し堆肥や水の追加で調整される。また、微生物による分解の熱で堆肥は80℃以上にもなるため、温度が上がりすぎた場合は、堆肥を混ぜて温度を下げつつ空気を供給する「切り返し」という作業が必要となる。コンポストセンターではピットへの移動で切り返しを行っており、毎日各ピットに入っている堆肥の温度を温度計でひとつひとつ計測して、いつ切り返しをするかが判断されていた。水分と温度の細かなチェックと管理によって、コンポストセンターでは堆肥の製造が可能な限り最適化されていたのである。

　コンポストセンターはA社の社員が監督として1人いる他は、作業員が3人雇用されている。スラバヤ市の清掃公園局の重機チームからホイールローダーの運転手として青年が雇われており、その他にトロンメルの操

11）　有機物の分解には微生物の違いによって好気性分解と嫌気性分解があり、嫌気性分解ではアンモニアや硫化水素が生じ悪臭の原因となってしまうため、好気性分解を維持することが必要である。水分量が多すぎると有機ゴミに含まれる酸素の量も減ってしまうため、嫌気性分解が好気性分解よりも過剰になってしまうが、水分が少なすぎても微生物が働かず好気性分解も起こらない。そのため、水分が少なすぎても多すぎても堆肥化はうまくいかず、60％程度の水分量を維持することが理想とされている。

作や計量などに従事する作業員として2人雇用されている。そのうちのひとりはもともと公園の管理人として市に雇われていた男性で、もうひとりはコンポストセンターの建設で働いていた男性がそのまま作業員として雇用されており、さらに管理人の息子がほぼ毎日手伝いとして作業していた。

分別施設から運ばれてくる有機ゴミの量は毎日約5tであるが、毎日運ばれてくるのではなく、おおむね1週間に4日の頻度で持ち込まれる。A社の分別施設からの他には公設市場からの野菜クズもしばしば受け入れている。また、完成したコンポストの量は最初のゴミの量と比較するとずっと少ない。コンポストは発酵の過程で有機物や水分が気化し、また粒度の粗いものは戻し堆肥として再び堆肥化のプロセスに戻して水分調節に用いられるため、ゴミの水分量などによって多少変動するが、おおよそ受け入れたゴミの重量の約30%弱が製品のコンポストになる。

コンポストの使い道としては、生産された堆肥は販売して収益を上げることが目指されており、調査当時、いくつかの販売先候補の間で模索がなされていた。プロジェクトの当初は、国営肥料企業であるペトロキミア（Petrokimia Gresik）に有機肥料の原材料として買い取ってもらうことで利益を上げることが計画されていた。ペトロキミアは政府の有機農業拡大の政策に基づいて有機肥料を生産しており[12]、その原材料として堆肥を買い取る仕組みが存在していた。また、同時にA社はインドネシアの日系企業への販売の可能性も探っていた。東ジャワ州には日系の木材加工・林業メーカーが進出しており、植林用の樹木の栽培の際の肥料としてコンポストが利用できないか、試験的に購入していた。その他に、清掃公園局や近隣住民が求めれば必要に応じて無償で提供していた。

---

12) インドネシア政府は2000年代から有機農業の拡大を推奨する政策を続けてきており、有機肥料にも補助金を投入して増産を進めてきた。1970年代以降の緑の革命によって農業生産量は一気に増加した反面、化学肥料への補助金の財政負担は重く、中央政府は負担軽減策の一環として有機農業を推進している［伊藤2018］。

2　純粋な市場化の課題――ゴミの混合性

　こうしたプロジェクトを通じて、A社はスラバヤ市において廃棄物からのリサイクルで収益を上げられる可能性を模索したが、そこでは様々な課題が明らかとなっていった。ここでの課題は、家庭からの一般廃棄物という存在から利益を上げることの難しさとまとめることができる。廃棄物処理における市場化という試みは、ビジネス化による経済的効率性と排出量の削減という両方の目的を同時に達成しようとするものだが、実際にはどちらも実現することが難しかったのである。

2-1　分別施設の課題――分別のコストと低い利益

　分別施設では担当する地区の廃棄物の重量をすべてリヤカー1台ごとに記録しており、分別した有価物の量および売却した金額も記録してエクセルファイルにまとめている。調査の際に得られたこれらのデータ（2015年と2016年）をもとに、この分別施設での運営の実態を検討していこう。

　ここでの課題は、有機ゴミと非有機ゴミに分別することでどちらからも利益が上げられる想定に対して、実際には人件費などを賄うほどには有価物から収益を上げられなかった点にある。すべての廃棄物を分別するコストに対して利益が釣り合わないのである。確かに排出量の削減という観点から見れば、分別施設はベルトコンベヤを用いることで、すべての廃棄物を分別して有価物を限界まで回収しているため、施設単体での削減率の効果は大きい。記録に基づけば、分別施設では多少の変動はあっても、廃棄物の総量のうち約10%が安定して有価物として回収されていた。これはたとえば埋立処分場で働くプムルンの回収率よりも高く[13]、この施設は通

---

13) この点はジャカルタのバンタル・グバン最終処分場におけるプムルンのリサイクル率について計算した佐々木俊介の研究との比較によるものである。佐々木によれば、プムルンの1日の収集量と最終処分場で働くプムルンの数、そして最終処分場に持ち込まれるジャカルタの廃棄物の量を計算すると、最終処分場で投棄されるゴミのうち平均リサイクル率が6.5%、理論上の最小と最大リサイクル率の幅が2.2%から11.5%の範囲であった［佐々木 2015: 157-159］。これと比較すると、分別施設では最終処分場のプムルンの理論上の最大リサイクル率に近い数値が恒常的に出て

常のプムルンよりも削減率の向上に貢献していることは間違いない。また、コンポストセンターへと運ぶ有機ゴミも50%から60%となり、埋立処分場へと運ぶゴミの量を半分以下に削減しているという点では大きな効果があるとみなすことができるだろう。

しかし、有価物の回収を限界まで効率化した結果として、この分別作業で得られる有価物の売却益ではビジネスとして成立させることは難しくなっている。1か月に平均300tのゴミを分別施設では受け入れており、選別して集められた有価物は約30tになるが、これらの売却益で24人のスタッフの人件費やベルトコンベヤの燃料費、施設の整備費などを賄うことはできない[14]。そのため、作業員の給与は市政府の予算から支払われており、有価物を売却して得た利益は給与とは別に作業員に配られたり、修繕費に回される程度である[15]。プムルンは大量のゴミから利益になる分までの有価物を収集するため生業として成立するが、分別施設のように限られたゴミの中から有価物を限界まで取り出そうとするとコストと利益が釣り合わなくなるのである。

分別施設がすべてのゴミを分別した際に得られる利益が少ないのは、つまるところ家庭からの一般廃棄物には、有価物にならない「残渣ゴミ」が多く含まれることに起因する。分別を推進する立場からは、すべてのゴミは分別すれば資源化可能であることが理想とされている。インドネシアでも有機ゴミ／非有機ゴミの区別において、有機ゴミはすべて堆肥化が可能であり、非有機ゴミはすべて有価物として売却できることが想定されている。しかし、実際には「有機ゴミ」にも「非有機ゴミ」にも当てはまらな

おり、最高値では理論上の最大リサイクル率も超えている。
14) 買取価格や有価物の内訳の変動もあるため、記録によると有価物の売却益は月500万ルピアから1800万ルピアまで幅があるが、平均的には1500万ルピア(日本円で約15万円)の利益を得ている。これを事務スタッフまで合わせて24人の人員で割ると60万ルピア程度にしかならず、ジャカルタの最終処分場のプムルンがひとりで月250万から500万ルピアを稼いでいることを考えると[佐々木2015: 166-171]、作業員の人数に対しての売り上げは少ないと言わざるを得ない。
15) 作業員への給与は1日5万ルピア(日本円で約500円)であり、有価物の売却益は月に平均して作業員ひとりにつき30万ルピア(約3000円)が分配されていた。

い「その他」のカテゴリである残渣ゴミは相当な割合に上るのである。

　分別施設で「残渣ゴミ（sampah residu）」とされるゴミには様々な種類がある。たとえば複数の素材が一緒になっているためにリサイクルが難しいゴミがある。具体的には、インドネシアで「油紙（kertas minyak）」と呼ばれる、料理の包装で頻繁に使われる防水加工をした紙がそれに相当する。その他にはインスタントの飲料や洗剤の1回分使い切りの包装（saset）もインドネシアでは日常的な商品であるが、これも内側はアルミなのに対して外側はプラスチックであるためリサイクルすることはできない。こうした複数素材の製品以外にも、有機ゴミではあるものの堆肥化に適さない物質も存在する。たとえば枝や木といった剪定クズやバナナの幹は破砕機に入れると破砕機の刃を傷めてしまうため、残渣ゴミとして回収される。実際のゴミにはこうした有機ゴミでも非有機ゴミでもないモノが多数含まれているのである。こうした残渣ゴミはすべてのゴミのうち30％から40％を占めている。家庭からの一般廃棄物の分別においては残渣ゴミを選り分けるコストがかかり、利益を生む有価物の量はコストに比して限られているのである[16]。

　そのため、プムルンにとっても、様々なゴミが混合した一般廃棄物はうまみが少なく、周縁的な存在でもある。中継所で家庭ゴミから有価物を集めるプムルン（プンボンカル）はプムルンの中でも最も立場が弱い層であり、大抵は仲買人のプグプルとパトロン－クライアント関係にあり、また、女性が多くを占める。そのため、分別施設を建設する際にも有価物を買い取るプグプルとの交渉[17]が済めば、これらのプムルンたちを雇用して運営

---

16) 分別施設の2015年および2016年の記録（重量ベース）に基づく。なおA社が最初に行った試験運転では異物が25％、有機ゴミが62％、有価物が13％となっており、最も効率的に選別した場合はこの数値にまでなると思われる。
17) このプロジェクトの当初、A社の社長が来訪して現場で建設の準備を進めていたところ、中継所のプンボンカルをまとめるプグプルがやってきて、A社の社長は「耳を切り落とすぞ」と脅されたそうである。しかし、A社の社長はこのプグプルと直接話し合い、分別施設ができれば有価物の量が増え、圧縮機が入って輸送コストも下がることを伝えて説得したという。そのため、分別施設から出た有価物はこのプグプルがすべて買い取っている。

することができた。これが工場からの金属やプラスチックの廃材といった資源として価値の高い産業廃棄物であれば事情は異なる。これらはすでに特定のプグプルが独占しており、その利権の保持には敏感になっている[18]。産業廃棄物に関しては外部からの介入に強く対抗しようとする反面、一般廃棄物のリサイクルの取り組みへの抵抗がそれほどでもないことから、そもそも一般廃棄物から利益を得ることの難しさがうかがえる。

　分別から得られる利益が少ないため、作業員への賃金も抑えざるを得ず、人手の確保が難しいため、この分別施設というやり方をさらに拡大していくには限界がある。分別施設ではかつて賃金の少なさから何度かストライキがあったという。開設当初は収集人などの男性も作業員として多く雇用されていたのだが、その多くが給与の少なさに不満を覚え[19]、何度かストライキを行った末に辞めていったのだという[20]。現在ではプムルンとして働いていた女性を中心に、若者や高齢者も含めて人員は確保されている[21]が、さらなる規模拡大をしようとすれば人手確保の問題がのしかかってくるだろう。後述するようにスラバヤ市は中央政府の援助でさらに新しい分別施設を建設したが、そこで問題になっていたのが人手が集まらないこと

---

18) ジャカルタで廃材のリサイクル業に進出しようとしたことのある、インドネシア人の企業家と話す機会があった際、彼によれば、工業団地ではそれぞれの工場の前にプムルンのネットワークが雇った人間が一日中待機しており、もし自分たちのところに行かない廃棄物があれば行先を突き止めて、脅迫や暴力的な行為も辞さないのだという。そのため、リサイクル業への進出は諦めたという。また、日本人の研究者でも、工業団地の廃棄物の視察をしたところ、何のつもりでやってきたのかと若者から刃物で脅されたという経験を筆者に話してくれた人もいる。
19) A社の社員によれば、当初は給与を月50万ルピアに有物の分配を合わせて計130万ルピアほど渡していたが、抗議を受けて給与を月80万ルピアまで引き上げたという。それでも月150万ルピアは当時の正規雇用の最低賃金を下回っており、世帯主として期待される男性の収入としては庶民層であっても不十分であった。
20) ストライキについては開設当初から現在まで働いていた作業員から話を聞いた。
21) プムルンの世帯では妻は夫が収集する有物を家屋や中継所で選別する仕事を担うことが多く、プグプルの作業所でも分別の仕事は女性に任されている。そのため、女性は分別作業自体で個人の収入を得ることはないため、分別施設での給与の低さは男性と比較すると問題になりにくかった。作業員の女性と話をしていても、給与がもらえることに満足しており、それ以前の中継所では炎天下で分別作業をしなければならなかったのが、屋根がついて働きやすくなったと肯定的な態度であった。

であった[22]。

　分別施設は単体としては廃棄物の半分以上を削減する効果があるが、その一方で得られる利益に限界がある。また、利益が少ないことは新たな分別施設の運営には予算が必要であることを意味し、この分別の方法を拡大していくことにも限界がある。A社の施設単体ではスラバヤ市の廃棄物全体の1％にも満たないため、排出量削減の観点からも効果は限定的であった。

2-2　堆肥化施設の課題──堆肥の品質

　分別施設のプロジェクトでは一般廃棄物の分別をビジネスとして成立させるには難しいことが明らかとなったが、A社のプロジェクトのもうひとつの柱である有機ゴミの堆肥化は、プムルンが行っていないリサイクルの技術であり、既存の廃棄物市場とは別の新たな利益となる可能性があった。有機農業の推進というインドネシア政府の国策のもと、国営肥料企業が有機肥料の原料として堆肥を買い取っていたからである。しかし、この堆肥化施設のプロジェクトにおいても、様々なゴミが混ざっているという一般廃棄物の性質がビジネスへの発展の障害となったのである。

　国営肥料企業に堆肥を売却する際に問題となっていたのが、製造した堆肥の粒の大きさであった。政府の有機肥料の基準に直径2 mmから5 mmの粒状であることが条件として入っており[23]、肥料会社による買取には堆肥がこのサイズであることが必要であったが、これを満たすことは困難であった。堆肥のふるい分けのために当初導入したトロンメルの網が大きく、製造された堆肥のサイズは10 mm前後であり、また、木の枝や繊維質のような物質が堆肥に混じっていた。そのためそのままでは買い取ることは

---

22)　ただし、作業員の給与の問題は、2023年に再訪した際には変化が見られていた。中央政府からの貧困者対策の予算を振り分けることで、通常の仕事と遜色ないほどまでに給与を引き上げることができていた。しかし、スラバヤ市民の貧困対策という名目上、スラバヤ市の住民カードを保有する者のみ雇用するようになったという。

23)　Permen Pertanian No. 70/Permentan/SR. 140/10/2011 tentang Pupuk Organik, Pupuk Hayati dan Pembenah Tanah.（農業省令2011年70号　有機肥料、微生物資材、土壌改良材について）

できないと肥料会社からは断られてしまった。トロンメルに目の細かなフィルターを追加し、さらに手作業で堆肥を細かくするなど改善を試みたが、今度はこの細かくする作業に人手と時間がかかりすぎるようになってしまった。製造した堆肥には有機ゴミの時点で混ざっていたプラスチックなどの非有機ゴミが存在し、これがフィルターに詰まって、取り除く作業にかなりの時間を費やさなければならなかった。そのため、堆肥の製造量に限界が生じてしまったのである。

こうして苦労して堆肥を製造しても、さらに買取価格の低さが課題となっていた。肥料そのものではなくあくまで原材料として買い取られるため、買取価格は1kgあたり250ルピア（約2.5円）であり、どれだけ効率的に堆肥を製造したとしても現状のコンポストセンターの規模では赤字になってしまう額であった。原材料としてではなく、有機肥料として販売できれば有機肥料の市場価格である1kgあたり500ルピアで売ることができるが、販路の開拓は限られており、日系企業から試験的に購入してもらうことはできたが、安定的な販路の確保は難しかった。そして仮に500ルピアで販売できたとしても、現状のコンポストセンターの規模では、燃料費や人件費などを引くと月に約1000万ルピア（約10万円）もの赤字になってしまう計算であった[24]。もしインドネシア政府の補助金が入った1kgあたり1130ルピアで売ることができれば利益が出る可能性があるが、これは政府から指定された製造企業のみのプログラムであるため、A社が加わることは難しかった。

また、仮に補助金が得られたとしても、廃棄物から製造する堆肥はそのままでは出荷できる品質にはならないため、成分調整のプロセスが必要であり、収益は確実ではなかった。堆肥の品質の基準として炭素と窒素の比率（C/N比）があるが、これは高すぎても低すぎても肥料としては使いづらく[25]、インドネシアの国家標準でC/N比は10から20と定められてい

---

24) プロジェクト報告書に記載された計算に基づく。
25) 日本では作物に施肥するための堆肥としてはC/N比が20から30が理想とされており、C/N比が高すぎると炭素が多すぎるため、微生物が炭素を分解する上で必要な窒素が土壌から奪われる「窒素飢餓」と呼ばれる状態になってしまい、一方で

る[26]。コンポストセンターにおいて有機ゴミから製造した堆肥は、組成調査を行うとC/N比が3から5となっており、基準より低いことがわかった。そのため、商品として販売可能な堆肥を製造するには有機ゴミだけでは不十分であり、成分を調整する必要があったのである。

以上のように堆肥という既存の廃棄物市場にはないリサイクルであっても、市場化は難しかった。これは有価物の分別と同様に一般廃棄物が様々なゴミが混じっているという性質に起因するところが大きい。通常の有機肥料は家畜糞や稲わらなどの限られた種類の素材を混ぜて製造されるため品質が安定しており、インドネシアでも市場に出回る有機肥料のほとんどは家畜糞とバガス（サトウキビの搾りかす）を原材料としている。一方の廃棄物では、粒の大きさの問題で触れたようにプラスチックなどの異物が混じっているため振るい分けの労力がかかり、またC/N比などの品質でもさらなる調整が必要となっている。そのため、通常の家畜糞の堆肥よりも市場での競争力には限界が存在するのである。

2-3 A社の模索

これらのプロジェクトのデータからも、廃棄物からの分別とリサイクル単体ではビジネスにならないことは明らかであり、そのためこれらの施設を運営しつつ、同時にA社は処理費用を得られる可能性を模索していた。筆者が調査していた2016年にA社および北九州市が目指していたのが、民間企業（市場やショッピングモール）からの事業系廃棄物を分別処理するためのリサイクル施設を建設する新たなプロジェクトを始めることであった。

低すぎると悪臭や発酵によって根に障害をもたらす可能性が高くなるとされる［藤原2003］。ただし、堆肥のみで植物を育てることはないため、もともとの土壌との関係でこれらの数値が理想の値から高かったり低かったりしても、必ずしもすぐさま堆肥として使えないわけではない。現実には農家などが自家消費として製造する堆肥において厳密にC/N比が測定されているわけではなく、あくまで目安となっている。

26) SNI 19-7030-2004 Spesifikasi Kompos dari Sampah Organik Domestik.（インドネシア国家規格　家庭有機廃棄物からの堆肥の仕様）

市場やモールの事業系廃棄物の処理へと方針を変えたのには、処理費用を獲得しやすくする狙いがあった。当初は廃棄物の処理費用を市政府から支払えないかと交渉をしていたが、市政府の態度は一貫して否定的であった。インドネシアでは民間企業への廃棄物処理の委託はあまり一般的ではなく、処理費用を地方政府が特に外国企業に払うというのは前例がなかった[27]。スラバヤでは埋立処分場が民営化され市政府が処理費用を支払っていたが、次節で詳しく論じるように、この契約は複雑な経緯を経て成立したものであり、A社が簡単に参入できるものではなかった。そのため、市政府ではなく、個別に廃棄物処理の責任を負っている民間事業者から処理費用を得られる可能性を模索したのであった[28]。

しかし、新たに日本の環境省の予算を得て調査事業を実施したところ、現在のところ民間事業者はほとんど廃棄物の処理費用を負担していないため、この計画もまた難しいことが判明した。民間の商業施設は確かに市政府に埋立処分の費用を支払い、最終処分場への運搬も自らの責任で行わなければならない。だが、清掃公園局で決められた民間の処理費用はかなり格安に抑えられており、事業者は現状ではほとんど廃棄物処理の費用を直接負担していなかった[29]。A社が民間の廃棄物から利益を得ようとすれば、まず市政府の民間処理費の規定を変えなければならず、そうした大きな変化はすぐに起こすことができるものではなかったため、スラバヤでプロジェクトをこれ以上進展させることは困難であった。

こうした難題に直面し、A社は事業の可能性をスラバヤ以外に見出そうとしていた。調査中、A社は堆肥の買取先の親会社であるププック・インドネシア（Pupuk Indonesia）から、東カリマンタン州のバリックパパン市[30]

---

27) 処理費用も「ティッピングフィー（tipping fee）」と英語がそのまま会話で使われていた。
28) A社は日本では産業廃棄物や事業系一般廃棄物の処理を担っていたため、日本と同様のスキームがインドネシアでも展開できないかと考えたことも理由のひとつである。
29) 条例上は排出者責任として事業者が処理費用を支払うことになっているが、その処理費用は市政府が埋立処分場の運営会社に支払っている処理費用の10分の1程度であり、実質的には市政府が費用を負担している状態であった。

の最終処分場で堆肥を製造する計画に協力しないかと声を掛けられていた。国営企業であり、有機肥料製造の補助金も得ていたププック・インドネシアとの協力はA社にとっても願ってもない話であり、一向に話が進まないスラバヤ市との交渉よりもププック・インドネシアとの協力の方が有望であった。そのため、スラバヤ市との交渉は一旦止め、バリクパパン市でのプロジェクトを進めることとなったのである。スラバヤ市で監督をしていたA社の駐在員も2016年8月にコンポストセンターを市政府に譲渡するのと同時期に日本に帰国し、4年におよぶスラバヤでの取り組みは終わりを迎えることとなった。A社のプロジェクトは分別とリサイクルを純粋なビジネスとして成立させることの難しさを浮き彫りにしたのであった。

2-4　市政府の施設運営──市場化以外の価値と削減の限界

　A社のプロジェクトを通じて、廃棄物処理における純粋な市場化の難しさが明らかとなったが、もし市場化による経済的効率性を目指さないのであれば、分別や堆肥化の施設には環境政策の実施という象徴性などの別の存在意義がある。これは市政府もまた堆肥化施設の運営や新たな分別施設の建設を行っていることからも指摘できる。

　A社のプロジェクトとは別にスラバヤ市政府もまた堆肥化施設の運営を長年続けている。スラバヤ市政府のコンポスト施設は「コンポストハウス（rumah kompos）」と呼ばれており、調査時点で26か所が運営されていた（図3-11）。コンポストハウスはA社のコンポストセンターと比較すると小規模なものが多く、公園や公設市場に隣接して建設されている。これは、環境NGOが先行していた堆肥化の取り組み（第4章で詳述）を参考に、2000年代に建設が進められたものである。コンポストハウスでは、家庭からの廃棄物ではなく、街路樹や公園の剪定クズや野菜市場のゴミなどの、悪臭が出にくく堆肥化が容易な有機ゴミ[31]の堆肥化を行っており、筆者が

---

30)　ププック・インドネシアの工業団地が東カリマンタン州にあり、その州都であるバリックパパン市と親しい関係を築いていた。
31)　一般的な廃棄物は肉などが含まれているためC/N比が低く（窒素が多く炭素が少ない）、窒素が分解されて悪臭（アンモニアや硫化水素）が発生しやすいため、A

108　2　純粋な市場化の課題

図3-11　市政府のコンポストハウス

図3-12　市政府が新設した分別施設

　調査したコンポストハウスでは1日平均1t弱の剪定クズを受け入れていた。ここで製造した堆肥は売却されず、清掃公園局の管理する街路樹や公

社のコンポストセンターのような水分や温度の細かな調整が必要である。一方で落ち葉などの剪定クズはC/N比が高く（窒素が少なく炭素が多い）、水分や温度を厳密に管理しなくても悪臭は起きにくい。事実、市政府のコンポストハウスでは水を滴るまで大量にかけるなど管理は厳密とは言い難かったが、特に大きな問題は起きていなかった。ただし、A社の社員によれば、野菜クズを堆肥化するコンポストハウスではしばしば悪臭が発生するらしく、そのたびに失敗した堆肥は埋立処分場へと持っていくとのことであった。

園に用いられたり、住民に無償で提供されたりしていた。

　また、分別施設もA社から譲渡された施設の運営を続けているだけでなく、それを参考にして、中央政府の環境林業省の予算を用いて新たなリサイクル施設をもうひとつ独自に建設している（図3-12）。A社の分別施設とほぼ同じ規模の施設であり、また、ベルトコンベヤで分別した有機ゴミの堆肥化は同じ敷地内で行っており、分別施設とコンポストセンターのふたつの施設を融合させたものであった。筆者が調査中の2016年5月に開設され、2024年現在も運営が続いている。

　これらの施設はビジネスとしては利益を得られていないが、環境都市としてのスラバヤ市をアピールするための象徴的な価値があることが指摘できる。スラバヤ市が「環境政策に先進的な都市」としてその地位を維持するのに、これらの施設は大きな役割を果たしているのである。都市を対象とした環境賞であるアディプラをスラバヤ市は何度も受賞しているが、これらの施設はアディプラで高評価を得られている大きな要因ともなっている。また、地方行政の環境分野のセミナーはしばしばスラバヤ市で開かれ、インドネシア各地の地方政府の役人がその取り組みを視察に訪れている。国内だけでなく、国外からも研究者や行政関係者などが頻繁にこれらの施設を訪問している[32]。これらのリサイクル施設は、スラバヤ市の環境政策を示すものとして日常的に外部からの視察対象となっていたのである。

　こうした外部からの評価を得るために、市政府が分別施設や堆肥化施設の運営において重視していたのが、経済的利益や廃棄物の量の削減そのものというよりも、これらの施設で処理する廃棄物の重量やリサイクル率の数値を正確に記録することであった。分別施設では市政府に運営が移管された後も、リヤカー1台ごとの廃棄物の正確な重量を、それぞれのリヤカーのもともとの重量を個別に計量してまで算出し、記録することに労力を割いていた。また、コンポストハウスでも投入される剪定クズや野菜クズ

---

[32] 筆者が調査していた2016年7月には国連人間居住計画（UN-HABITAT）の国際会合がスラバヤで開催され、スラバヤ市政府の用意したスタディツアーにおいて分別施設、コンポストセンター、コンポストハウスは目玉のひとつであった。

の量は逐一記録され報告書が作成される。データを細かく記録することでリサイクルしたゴミの量やリサイクル率を数値として可視化することに力が入れられていたのである。これらの記録は環境政策がなされている証拠として外部に提示され、スラバヤ市が高評価を得る要因となっている。インドネシアでは現在のところリサイクル率の高さや低さが問題になるよりも、そうした数値が存在すること自体が、環境政策の存在を示すものとして評価の要因となるのである。

　また、これらの施設は住民への利益還元としても捉えられている。コンポストハウスを監督する清掃公園局のある職員は、コンポストハウスを民主主義と結びつけて自身の仕事の意義を力説していた。彼によれば、コンポストはビジネスとしては成立しておらず税金を投入しなければならないが、コンポストハウスによって作業員の雇用が生み出され、製造した堆肥が住民に還元されるという利点がある。そのため、コンポストは民主主義的な政策なのだというのが持論であった。

　とはいえ、象徴的な価値を別にして実質的な廃棄物処理という意味ではこうしたリサイクルの施設運営という政策には限界がある。量的な観点から見れば、ゴミ問題の中核である排出量削減にはわずかな貢献しかできていない。A社の分別施設と市政府の新たな施設を合わせても処理量は１日20 t 程度であり、１日1500 t あまりが最終処分場に運ばれる中でその１％程度に過ぎず、また、コンポストハウスも１ヶ所につき１t 弱であり、しかも家庭からの廃棄物は管理が難しく堆肥化していない。そのため、分別とリサイクルによる市場化の取り組みは経済的利益という点でも排出量の削減という点でも一定の限界が存在するのである。

　ここまでA社のプロジェクトの市場化を目指す動きについて論じてきた。ここで明らかとなったのが、これらの取り組みを純粋にビジネスとして成立させることが難しく、また、処理量という点でも限界があることであった。リサイクルから得られる利益が少ない理由は、何より家庭からの一般廃棄物が様々な物質が混ざり合ったものであることに起因している。序論でも述べたように近代の廃棄物処理によって生まれたゴミ（大量廃棄物）は処理の効率性のために様々な物質をひとつにまとめた存在である。

そのため、分別施設であればすべてのゴミを分別するコストに有価物を売却する利益が追い付かず、堆肥化施設であればプラスチックなどの異物が混じっていることで堆肥の品質が下がり、その対応にコストがかかってしまうのである。

　先行研究と同様に、分別やリサイクルによる市場化をビジネスとして成立させることはスラバヤでも困難であった。しかし、スラバヤでは市場化はリサイクルの取り組みだけではなかった。もうひとつの事例である埋立処分場の民営化においては、通常想定される市場化とは別の様態によって市場化が成立し、しかもゴミ問題の（暫定的な）解決の基盤となっていたのである。

3　埋立処分場の民営化の事例

　A社が最終的にはスラバヤでの事業を諦めざるを得なかった一方で、スラバヤの廃棄物処理において事業を続けている民間企業が存在する。それが、ブノウォ最終処分場を運営するインドネシアのとある民間企業（ここではX社と呼ぶ）である。この埋立処分場の民営化は、X社の持つ「ガス化」技術によって効率的な運営が期待できるからとされていたが、調査の中で徐々にこの民営化の経緯の不透明性が明らかとなっていった。経済的効率性という理念上の民営化で想定されているものとは異なり、民営化という言葉からある意味でわかりやすく想像がつくような、政治的つながりを背景とした市場化が起きていたのである。

3-1　ブノウォ最終処分場の民営化──入札経緯と「ガス化」技術

　ブノウォ最終処分場（TPA Benowo）はスラバヤ市の西端に位置する郊外地域であるブノウォ地区（Kelurahan Benowo）に位置する廃棄物最終処分場である（図3-13）。この地域は、昔からの村落や近年開発が進んでいる富裕層向け住宅地を除くと都市化は進んでおらず、汽水域のため水田耕作はできないため、伝統的には塩田があり、現在では魚の養殖が広く行われている。埋立処分場も、かつては塩田や養殖池だった土地を市政府が買収し

て建設したものであり、周囲には塩田や養殖池が広がっている。2001年のゴミ問題の際に建設途中で急遽開設されて以来、ブノウォ最終処分場はそのまま運営が続けられてきた。面積は34.7 haであり、2017年の調査時点での正確な数値のデータは得られていなかったが、市政府の職員によれば1日平均1500 t程度のゴミが搬入されているとのことであった。

ブノウォ最終処分場はスラバヤ市で現在稼働している唯一の埋立処分場であり、日夜大量のゴミがトラックやパッカー車で運ばれ、ショベルカーによって積み上げられている。近くを通る高速道路からは、養殖池が広がる平坦な地形の中で小さな茶色い丘がこんもりと盛り上がっているように見える。専門的な分類で言えば、頻繁な覆土によって悪臭や害虫の発生を抑え、下部を遮水シートで覆って排水の浸出を防ぐ日本のような衛生埋立ではなく、そのままゴミを投棄するオープンダンピングと呼ばれるタイプに相当する。とはいえ、年に一度ほどの覆土を行ったり、排水処理施設を設置したりしており、一定の管理はなされている[33]。

ブノウォ最終処分場は、以前は市政府が運営していたが、2012年10月からはインドネシアのとある民間企業（以下X社）へと運営が移管された。2032年までの20年契約で中間処理施設を建設し、市政府からの処理費で利益を上げた後に再び市政府へと管理を引き渡すことになっている。この埋立処分場の民営化は、A社が最終的に撤退したのと対照的に、現在も変わらず運営が続けられている。しかし、これはX社の運営がA社と違ってその経営手腕によってビジネスとして成立させているからではない。X社による民営化がうまくいっているのは、A社が求めていたが得られなかった処理費用が市政府から支払われているからであり、X社が市政府から独立して黒字を達成しているわけではない。この処理費用の支払いは入札プロセスを経由して市政府との契約を結んだために可能となったが、この民営化の契約の経緯は著しく不透明であった。

---

[33] 2008年の廃棄物処理法でオープンダンピングの禁止が謳われたこともあり、X社はブノウォ最終処分場は「管理埋立（controlled-landfill）」だとしている。しかしこの言葉に法的な裏付けはなく、インドネシア国内の定義に従えばオープンダンピングに分類される。

図 3-13　ブノウォ最終処分場

　X社とブノウォ処分場の民営化について筆者が知ったのは、前節で述べたA社の新たなプロジェクトについて、北九州市やA社がスラバヤ市と交渉していく中のことであった。当時のリスマ市長との会談で、北九州市側が求めていた処理費用の支払いはすげなく拒絶されてしまったのだが、同じ場で市長はその代わりにと、すでに処理費用の契約を結んで埋立処分場を運営していたX社と協力してはどうかと提案したのであった。それを受けて、A社と北九州市はX社との協力の可能性や市政府との契約のプロセスを知ろうと関係者に聞き取りをしていった。しかし、徐々に明らかになったのはX社による埋立処分場運営の契約の不透明さであった。

　X社との契約は、専門家委員会によって入札条件書が作られ、それに基づいて複数社の入札を経てなされたものである。入札条件書では、民間企業が中間処理施設を建設することが事業の目的であり、さらに技術的要件として通常の焼却技術ではなく「ガス化（gasifikasi）」が望ましいと規定されていたため、その「ガス化」を提案したX社が契約を勝ち取ったとされる。しかし、そうした条件が記載されているという入札条件書は、市政府内部で門外不出の文書となっていて詳細が不明な上、X社以外の入札した企業はすべてインドネシア国外の企業であり、筆者が調べた限り実在が確認できない企業さえあった。

　また、北九州市側はX社を訪問して協力の可能性や入札契約の具体的な手続きを知ろうとしたのだが、協力には前向きな回答を得られても、入札のプロセスについてはどれほど質問しても、X社の担当からは曖昧には

ぐらかされるばかりであった。また、A社の駐在員が、入札条件書を作成した環境工学の研究者を訪れて入札の経緯を尋ねても、自分は途中からの引継ぎでしかも昔のことだから詳しくは忘れてしまったと言われる始末であった。

さらに、この「ガス化」という技術も曖昧であった。確かに、廃棄物処理の分野ではガス化溶融炉という技術が存在する。これは、廃棄物を単に焼却するのではなく高温に熱して可燃ガスを発生させ、このガスを燃料として加熱後の残渣を溶融して建築資材にも使えるスラグにすることで、埋立処分するゴミの量を圧縮することができる技術である。しかし、X社の「ガス化」はその技術的な内実がまったく不明であった。A社との会談において、X社の担当は、ブノウォ最終処分場に運ばれるゴミは「ガス化」施設ですべて処理する予定であり、施設が完成後は埋立処分は完全になくなると語った。しかし、この「ガス化」について、ガス化溶融炉と思しき図面や写真をパワーポイントで提示しつつも、技術の詳細が語られることはなかった。北九州市やインドネシアの研究者とX社との会談に何度か同席したが、技術的な質問になるとX社の担当は「自分は専門ではなく、間違ったことを言うかもしれないので、技術的な質問には答えられない」の一点張りであった。

このように、A社が関係者に話を聞いていく中で、X社の入札の不透明さがはっきりしてくると、埋立処分場の民営化における政治的な背景が疑われるようになっていった。こうしたX社やかつての専門家委員会の委員との会談に同行しつつも、当初はあまり事情を飲み込んでいなかった筆者に対して、A社の社員は入札委員会の先生方は色々と「マイナン (mainan)」を貰っていたのだろうと自らの考えを教えてくれた。インドネシア語でマイナンとは「遊び」「おもちゃ」の意味だが、同時に賄賂といった不正な利益も指している。専門家との面会が不明瞭な返答に満ちていたのもこうした「遊び」を貰っていたためだろうとA社の社員は考えたのである。こうしてX社の民営化が、透明な入札プロセスによるものではないことがうかがえた以上、A社も処理費用を市政府から得られる可能性は諦めざるを得ず、最終的にはスラバヤ市から撤退したのであった。

3-2　政治による民営化の成立

　A社がスラバヤから手を引いてからしばらく経った2017年の年初頃、筆者はX社の契約の背景について思わぬところから知ることとなった。その頃出入りしていた環境NGOのメンバーたちとの雑談で、ある時話題がスラバヤの埋立処分場のことになり、X社と政治家のつながりを当然の前提にしてインドネシアの腐敗を憤ることで会話が盛り上がったのである。筆者が慌てて聞き直すと、X社がスラバヤのある有力政治家の親族の会社であることを事もなげに教えてくれた。後日、A社の運営していたコンポストセンターのスタッフからも同様の話を聞くことできた。その政治家の後押しによってX社が埋立処分場運営の入札を勝ち取ったことはスラバヤ市の関係者には周知の事実らしかった。

　その政治家は、調査当時の国政与党でありスラバヤ市議会の最大政党である闘争民主党（PDIP）所属の市議会議員であり、スラバヤにおける闘争民主党関係の有力者として知られている。彼の父親は、建設会社を営む傍ら、スカルノ元大統領の娘メガワティが1980年代に政治活動を始めた初期からの彼女の有力支持者であり、スハルト政権崩壊後結成された闘争民主党の重鎮として活躍していた。2011年に父親が亡くなり、その後継者として彼は強い影響力を持っている。この政治家の強力なバックアップによってX社は落札を勝ち取ったのだという。2001年の政治的対立以降、闘争民主党はスラバヤにおいて有力政党の地位を維持しており、その政治家や国内第2のメディアグループでスラバヤに本社のあるジャワポス社、そして地元の有力な企業家たちは緊密に結びついており、選挙に出馬する市長候補もこうしたネットワークの中の合議で決められているという[34]。こうしたスラバヤ市における闘争民主党の影響力、そしてこの有力政治家との関係によってX社の民営化は成立し、市政府から処理費用を受け取ることができているのである。

　このことは入札委員会による事前審査の公示と市議会での承認についての2009年の報道からもうかがうことができる。埋立処分場運営の入札が

---

34)　あるスラバヤ市の闘争民主党幹部へのインタビューより（2018年2月4日）。

市議会で闘争民主党他の賛成多数で可決されたことを伝えるニュース記事では、反対した議員へのインタビューなどを通じて入札の不透明さが述べられている。議決後にインタビューに応じた議員によれば、突然始められた今回の入札はある特定の議員がブローカーとして「遊んでいた」のだという。その議員によれば、「遊んでいた」議員が誰かということは言えないが、そのことは「見ればおのずと推測できる」と言う。こうしたインタビューの言葉が引用された後、その有力政治家の名前がほのめかされる形で記事が締め括られていた[35]。

　こうした公共事業における特定の政治家による支援は、インドネシアでは珍しいものではない。X社と有力政治家の関係は「汚職（korupsi）」として関係者の間では理解されている。インドネシアにおいて「汚職」というものは深刻な問題だと広く認められている一方で、どこにでもありふれているものであり、政治家や役人であれば当然ついてまわるものだともみなされている[36]。実際、こうした政治家による支援なしに複雑な官僚主義的手続きを乗り越えて公共事業に参画することは難しい。行政と民間企業の契約に必要な入札のプロセスも、専門家委員会の組織、複数社の入札、議会の承認など膨大で煩雑な手続きを要するものであり、それを突破するには政治的つながりが不可欠であったことも事実であろう。そのため、埋立処分場の民営化における政治的背景は多くの関係者が認識しているが、中央政府の汚職撲滅委員会（KPK）の捜査などが及ばない限りは大きな問題とはなっていない。

　このように、X社による埋立処分場の民営化は、A社のプロジェクトとは異なり、市政府からの処理費用によって利益を得ているという意味では、市場での取引によってビジネスを成立させるものではない。また、この民営化によって経済的効率性が達成できているかも疑わしい。市政府とX

---

35) Rebutan Sampah Benowo Triliunan Rupiah Pikat Politisi. 2009/12/1 Surya. co. id.（https://surabaya.tribunnews.com/2009/12/01/rebutan-sampah-benowo-triliunan-rupiah-pikat-politisi 2022年11月26日閲覧）

36) なお日本でも清掃工場（焼却炉）の建設が急増した昭和40年代には、建設プロジェクトをめぐる汚職事件の摘発が相次いでいた［溝入 1988: 431-437］。

社との契約では埋立処分場に持ち込む廃棄物 1 t あたりの処理費用は年々上昇することになっており[37]、また、市政府の予算の上でも清掃公園局の支出は民営化してから数年で 2 倍以上に増加している[38]。そのため、X 社による埋立処分場の運営に、通常の民営化であれば想定される経済的効率性があるとは評価できない。

　確かに経済的効率性や透明な契約という意味ではここで起きている民営化は市場化とは呼べないかもしれないが、しかし、興味深いことにスラバヤ市で発生したゴミ問題への対策という意味においてはこの民営化は一定の効果をもたらしている。政治家の支援によって市政府との契約を結び、ひとまずビジネスとして X 社の事業が成立することによって、第 2 章で論じたスラバヤ市のゴミ問題の中核である、埋立処分場の不安定性および排出量削減の問題が、暫定的にでも安定しているのである。これは民間企業が効率的に運営することで問題を解消するという、市場化で通常想定されている理路によるものではなく、それとは別の市場化の機能によって、ゴミ問題の（一時的な）解決が達成されているのである。

4　不透明な市場化の効果——分離による問題の安定化

　政治家の支援で行われた X 社の運営移管は確かに純粋な市場化とは言えないが、民間企業の運営という変化が第 2 章で論じたゴミ問題の中核を実は解決してしまっており、ここには市場化の隠れた機能の存在を指摘することができる。それが、行政中心の廃棄物処理から民間企業として独立

---

37)　初年度の金額が廃棄物 1 t あたり 11 万 9000 ルピア（約 1190 円）であり、そこから毎年上昇していき、10 年目には 21 万 8777 ルピア（約 2190 円）、最終年度の 20 年目には 26 万 6668 ルピア（約 2670 円）にまで増額される契約となっている［Kurniawan & Setyobudi 2013: 43］。

38)　公表されている市政府の予算（APBD）を参照すると、民営化前の 2010 年では清掃公園局の支出は約 2800 億ルピア（約 28 億円）であったのが、民営化直後の 2013 年には約 4200 億ルピア（約 42 億円）に跳ね上がり、3 年後の 2016 年には約 6300 億ルピア（約 63 億円）にまでなり、その後も増加が続いている（各年の APBD の付録 2 にあたる部局別の会計データに基づく）。

するという分離の機能である。この分離によってかつてのゴミ問題の中心であった埋立処分場の安定化が達成されているのである。この分離の機能は、民営化がもたらした複数の効果のまとまりとして理解することができる。これから論じていくそれらの効果によって、ゴミ問題の中心であった埋立処分場の問題が消失し、実質的にはゴミ問題はスラバヤ市においてかつてのような逼迫したものではなくなってきたのである。

4-1 ブノウォ最終処分場の問題と不可視化

前章でも論じたように、スラバヤ市におけるゴミ問題の中核には排出量の削減が位置しているが、この最も大きな原因がブノウォ最終処分場の不安定性であった。この不安定性は、つまるところ、処分場があとどのくらいまで使えるのかが不明瞭な点にあった。これはブノウォ最終処分場の残余容量が計算できないことに起因する。日本や欧米の埋立処分場であれば、面積に高さを掛けた容量と廃棄物の搬入量から、残余容量および残余年数の計算ができ、この計算は廃棄物処理計画の根本となる情報のひとつである。しかし、インドネシアで一般的な埋立処分場は、ショベルカーを駆使してゴミを可能な限り上へと積み上げて山を形成するという手法であり、そこでは積み上げられる限り積み上げることができ、いつまで使用可能なのかの計算が難しい。JICA の報告書ではわずか数年で満杯になるとの試算がなされており、これは現実的な数字ではないが[39]、あまりに積み上げ過ぎれば山が崩れて大きな問題となってしまう。実際に 2006 年には西ジャワ州で最終処分場の山が崩れ、近くのプムルンの集落を直撃して 150 人以上が亡くなるという惨事も起きていた［Lavigne et al 2014］[40]。次の処分場

---

39) ここでの試算は、推定されたスラバヤ市の全体の廃棄物排出量が 1990 年代から何倍にも増え続け、そしてそのすべてが収集されてブノウォ最終処分場が受け入れ、しかも埋め立ての高さが最大 10〜15 m という想定のもとで算出されている［JICA 1993: 2-45］。しかし、実際の排出量は漸増ペースで JICA の予想した量には程遠く、水分を多く含む有機物が大半を占めるため投棄後に水分の蒸発でかなりのかさが減り、また 15m という高さもインドネシアの埋立処分場では非現実的に低い。そのため、実際には試算よりもはるかに長期間使用できるのは間違いない。

40) なお、2008 年の廃棄物基本法の成立はこの事件をきっかけにしており、事件が起

の計画もない中で、ブノウォ最終処分場が逼迫しうるという問題がスラバヤのゴミ問題の中心をなしていたのである。

さらに、廃棄物の排出量という観点からは、スラバヤ市のゴミは年々増加を続けており、埋立処分場の逼迫がより問題視されてもおかしくなかった。確かに2010年頃までは市政府による様々なゴミ対策が功を奏したとして埋立処分場へのゴミの搬入量が減少したとされているが、その後は再び搬入量は増加へと転じてしまい、2015年には1500 t近くに戻っている[41]。また現地の環境活動家からは、調査当時の2017年時点では1800 tくらいまで増加しているのではないかという推定も聞かれた。

また、ゴミをどれくらい受け入れられるかという残余容量の問題以外にも、ブノウォ最終処分場にはいくつか問題があった。ひとつには排水処理の問題が指摘されていた。スラバヤ市のある水質管理の研究者によれば、完全な整備が進む前に開設したため、処分場から出る排水が十分に処理されずに流されている可能性が高いという。そして、この排水の問題に対し、ブノウォ最終処分場の周辺で魚の養殖を営む農民から抗議活動が起こされていた。ブノウォ最終処分場からの排水によって養殖していた魚が死んでしまうなどの経済的な被害を受けており、2012年にはブノウォ最終処分場の閉鎖を求めて抗議活動を行っており、処分場で働くプムルンとの暴力沙汰にまで発展していた[42]。

これらの問題を抱えていたにもかかわらず、筆者が調査をしていた2016年から2018年にかけて、ブノウォ最終処分場の問題は調査の中で表

　　　きた2月22日は「廃棄物啓発の日（Hari Peduli Sampah Nasional）」と定められ、中央政府の環境林業省や各地方政府の環境局を中心に毎年記念イベントが開催される。
41)　『スラバヤ中期地域開発計画 2016-2021』記載の統計データを参照 [Pemerintah Kota Surabaya 2016: II-91]。
42)　Demo Warga Tolak TPA Sampah Benowo Diwarnai Aksi Pemukulan. 2012/12/16 Media Koran Nusantara.（http://mediakorannusantara.com/demo-warga-tolak-tpa-sampah-benowo-diwarnai-aksi-pemukulan 2022年11月26日閲覧）
　　　Duh, Preman-Warga Berebut TPA di Surabaya. 2012/12/17 liputan6.（https://www.liputan6.com/news/read/469265/video-duh-preman-warga-berebut-tpa-di-surabaya 2022年11月26日閲覧）

面化することはなかった。本章の前半で論じたリサイクル施設や第5章で扱う住民参加の取り組みなどは大々的に推進され、メディアでも取り上げられていたが、ブノウォ最終処分場はごくたまに汚職の話が語られる以外は関係者の間で会話の話題になることはほとんどなかった。ブノウォ最終処分場は当たり前の存在として不可視化されていたのである[43]。

4-2 行政と企業の分離

　ここからはX社の民営化によって、いかにブノウォ最終処分場の問題が不可視化されているのかをみていこう。この（暫定的な）不可視化は、民営化が結果としてスラバヤ市におけるゴミ問題の解消に貢献したために達成されており、その要因として行政と企業の分離、「ガス化」技術の導入、契約書の存在の3つがあると分析できる。

　まず民営化の効果として、ブノウォ最終処分場の問題が市政府の管轄する問題から、X社という民間企業の業務上の問題へと分離することで、X社の外部からブノウォ最終処分場が不可視化されるようになったことが挙げられる。X社は民間企業であることを理由として、ブノウォ最終処分場の詳しいデータを外部に非公表にしている。そのため、ブノウォ最終処分場へどれくらいゴミが運ばれているのかなどの詳細なデータを手に入れることはできなくなった。スラバヤ市政府もブノウォ最終処分場の詳細なデータはX社が持っているとして、関与しない態度を示すようになった。

　また、データだけではなく、ブノウォ最終処分場そのものを訪問することも困難となった。筆者はA社や北九州市との会談のため何度かブノウォ最終処分場を訪れることができていたが、ジャーナリストや環境NGOなど、批判を受ける恐れのある存在に対してX社は門戸を閉ざして情報公開を拒む姿勢を貫いていた。ある環境活動家によれば、X社に取材や訪問の依頼を送ってもそもそも返信さえ来ないのだという。また、A社とX

---

[43]　科学技術社会学のインフラ論では、テクノロジーが人々の実践を支える当たり前の状態、つまり「不可視（invisible）」であることがインフラの定義とされている[Star & Ruhleder 1996; Star 1999]。その意味ではこのブノウォ最終処分場は本書の中でも最もインフラになっている事例であると考えることができる。

社の会談でも、基本的にはブノウォ最終処分場の入口にあるオフィス棟での面会に限られるなど訪問者の移動を管理しようとしており、実際の投棄地点などはA社側が半ば強引に車を走らせるまでは、許可を得ていないとしてX社の担当は見せることを拒んでいた。このように、X社は相当の秘密主義を貫いており、ブノウォ最終処分場が民間企業のもとにあることで、市政府であれば外部の人間が要求することができた透明性が遮られるのである。

こうしたX社の閉鎖的な姿勢は、ブノウォ最終処分場の物理的な形状によって可能になっている。ブノウォ最終処分場はスラバヤの中心地から遠く離れたところに位置しており、近隣住民の数もかつてのクプティ最終処分場よりもはるかに少ない。隣接するサッカースタジアムで試合がある時を除いて、ブノウォ最終処分場前の道路はゴミを満載したトラック以外にはバイクや車はほとんど通らない。また、周囲を養殖池に囲まれたブノウォ最終処分場は道路一本のみで外部と接続されており、そこに設置された門と警備員を経由せずにアクセスすることはほぼ不可能である。さらに、積み上げたゴミの山を壁にするようにして内側で投棄を行っているため、外から様子を見ることはできない。

この点は首都ジャカルタのバンタル・グバン最終処分場（TPA Bantar Gebang）と比べると明白に異なる。バンタル・グバン最終処分場の周囲には工場や村落が隣接し、処分場へと向かう道路も複数存在しているため、NGOや取材するジャーナリストが自由に入ることが可能であり、実際に頻繁に訪れている[44]。ゴミの投棄地点に近づくには管理しているジャカルタ州政府の許可がいるとはいえ、トラックがゴミを降ろし、それをショベルカーで積み上げている様子は遠くからでも確認することができる。それに対して、ブノウォ最終処分場が地理的に隔絶した場所にあることは、X社の閉鎖的な姿勢を可能にしているのである。

44）筆者もバンタル・グバン最終処分場を訪れた際には、現地で廃棄物の再生工場を営む企業家のバイクに乗って現地を見て回ることができた。

4-3 「ガス化」という曖昧な技術の効果

　X社による民営化はブノウォ最終処分場を外部の目から閉ざすことを可能にしたが、X社は単に隠蔽したまま放置しているわけではなく、この秘密主義を利用して技術的な改善も進めていた。それが、「ガス化」という曖昧な技術の導入である[45]。「ガス化」はX社の契約を正当化する理由にもなっていると同時に、X社の秘密主義によって技術的詳細が曖昧なままに導入が進められることで、スラバヤ市のゴミ問題の中心である排出量の問題に大きく貢献しているのである。

　前節でも述べたようにX社からは「ガス化」の詳細が語られないため、当初筆者は単なる名目であって、実際には何もなされないのではないかと考えていた。だが、調査中の2017年中頃になって突然ブノウォ最終処分場で大規模な建設工事が始まった。久々にスラバヤを訪れたA社の社員とブノウォ最終処分場を訪問すると、ただの空き地だった場所に多数の作業員や重機が入って何かの工事にいそしんでいたのである。X社によると「ガス化」施設の建設が本格的に始まったとのことだった。2018年に筆者が帰国した後も順調に工事は進み、2020年末にはゴミから電気を生み出す「廃棄物発電所（PLTSa）[46]」を市政府は宣伝するようになった。写真を見る限りでは日本の焼却施設同様の巨大な建造物がそびえたち[47]（図3-14）、2021年3月からこの「廃棄物発電所」の運用が開始されているという[48]。

　そのため実際に何かしらの処理施設を建設したことは事実のようであっ

---

45) なお、「ガス化」の導入以外には、X社の運営によって埋立処分場の悪臭が抑えられたり、処分場で働くプムルンが管理されるようになったりしたという肯定的評価も市政府の役人からは聞くことができた。

46) 「PLTSa」は「Pembangkit Listrik Tenaga Sampah」の略であり、太陽光発電がすでに「PLTS（最後のSはSurya）」となっているため、小文字のaが付けられている。

47) PLTSa Pertama di Indonesia Siap Beroperasi di Surabaya, Mampu Hasilkan Listrik 12 Megawatt. 2020/12/8 Pemerintah Kota Surabaya.（https://www.surabaya.go.id/id/berita/56606/pltsa-pertama-di-indonesia-siap 2022年11月26日閲覧）

48) PLTSa Benowo Sumbang 122, 04 GWh Energi Bersih di Jatim. 2023/5/14 Dinas Kominfo Provinsi Jawa Timur.（https://kominfo.jatimprov.go.id/berita/pltsa-benowo-sumbang-122-04-gwh-energi-bersih-di-jatim 2024年6月25日閲覧）

図 3-14　市政府ウェブサイトの「廃棄物発電所」のニュース

た。これはおそらく中央政府の支援によって建設資金の目途が立ったことが大きい。2014 年に発足した闘争民主党のジョコ・ウィドド政権は大規模なインフラ投資を掲げ、その一環に環境技術として「廃棄物発電所」を各地に建設することを公表していた。2018 年に告示された大統領令では、実際に中央の予算から建設費を割り当てることが明文化された[49]。通常の焼却炉よりもはるかに建設費が高額になることを考えると、ガス化溶融炉が本当に建設されているかは疑わしいが[50]、今のところ市政府はブノウォの「廃棄物発電所」が「ガス化」であるという説明を維持している。X 社の「ガス化」は単なる嘘ではなく、具体的な施設として出現したのである。

こうした経緯を踏まえると、X 社の「ガス化」技術および「廃棄物発電所」は、その内実が曖昧であることで、実質的に焼却処理を導入することを可能にしていると考えることができる。X 社における「ガス化」という名称の重要な機能は、これが「焼却」と差異化されていることである。第

---

49) Perpres No. 35 Tahun 2018 tentang Percepatan Pembangunan Instalasi Pengolah Sampah Menjadi Energi Listrik Berbasis Teknologi Ramah Lingkungan.（大統領令 2018 年 35 号 環境配慮型技術による廃棄物の電力化処理施設の建設促進について）
50) スラバヤでの焼却施設建設プロジェクトの可能性を検討した日立造船の調査によると、建設運営の費用に売電利益を引いた処理費用として、通常の焼却炉でも廃棄物 1 トン当たり少なくとも 30 ドル程度かかるとの試算であった［日立造船 2015: 77-79］。スラバヤ市が X 社に支払う処理費用はそこまで達しない額であり、中央政府から建設補助金が与えられるとしても、通常の焼却炉よりもはるかに高コストなガス化溶融炉の導入は難しいと考えられるが、実際のところは不明である。

2章で論じたように、スラバヤでは1990年代の焼却施設の導入の失敗および国際的な環境運動の影響を受けて、焼却炉は忌避されるテクノロジーとなっている。そのため、「焼却」ではなく「ガス化」と主張することでこの焼却への否定を乗り越えることができるのだ。もちろん専門的にはガス化溶融炉も通常の焼却炉と同じく焼却処理の一種なのだが、インドネシア語では「焼却炉」を意味する「インシネラトル（insinerator）」と「ガス化」を意味する「ガシフィカシ（gasifikasi）」はそれぞれ外来語のためすぐには意味が判別できず、両者の連続性が意識しにくくなっている。さらにこの施設を発電の機能に注目して「廃棄物発電所（しかもインドネシア語ではPLTSaという略語）」と呼ぶことで差異化はさらに強調されている。その結果、ブノウォ最終処分場で導入されるのは「ガス化」であって「焼却」ではないと主張することが可能になっているのである[51]。

また、ここで「ガス化」という言葉が採用されたのには、ガス化溶融炉の存在以外にも理由が指摘できる。それは、廃棄物工学において、埋立処分場で発生するメタンガスを採集して再利用する技術が確立されていることである。ブノウォ最終処分場では、埋立地の上部を遮水シートで覆い、パイプを埋め込むことで、埋立地での有機物の分解によって発生するメタンガスを採集して、これを発電機の燃料とすることで発電を行う取り組みが民営化の直後からなされている。この技術は欧米では比較的よく見られる技術であり、パイプを設置したりするだけで技術的にもそこまで難しくないことから世界中で広く実践されている。メタンガスの採取という実行可能な「ガス化」技術が存在し、これにいち早く取り組んで発電施設を外部に提示することで、「ガス化」技術の説得力を高めることができるのである。

このように技術の詳細が曖昧なまま「ガス化」技術の「廃棄物発電所」の建設を進めることで、実質的には焼却処理が導入されつつある。もちろ

---

[51] 北九州市とスラバヤ市長の会談で、北九州市側がコストの安い通常の焼却はどうかと尋ねたところ、契約で「ガス化」と明言されているため、焼却炉に変更はできないと返答されることがあった。環境活動家などの間でも「ガス化」は「焼却」とは異なると理解されていることも珍しくなかった。

ん詳細が明らかにされないため、「ガス化」技術は潜在的には疑念を持たれる可能性があるのだが、調査当時は建設中であったこともあり、市政府や環境 NGO などの関係者は X 社の技術には批判の目を向けていなかった。「ガス化」なのか「焼却」なのかはともかくとして、少なくとも何かしらの処理施設が建設されており、廃棄物の大幅な削減という X 社の主張も実現される可能性があるため、X 社の運営の実績を待つという形で批判は控えられていたのである[52]。「ガス化」という曖昧な技術による将来の解決が約束されることでブノウォ最終処分場の問題は先延ばしにされ、現時点での排出量の問題は安定化していたのである。

4-4　契約書の存在──未来の確立と処理費用という参照点

　最後に、X 社の民営化がもたらしたものとして、契約書の存在が挙げられる。X 社と市政府の間の契約書という存在は、これから詳述していくように、未来という時間性を生み出し、また処理費用という形で貨幣の数値の計算を可能とする参照点となっている。それによって周辺住民の抗議活動を沈静化させ、市政府にとってのゴミ問題を排出量の問題から予算節約の問題へと変換させ、スラバヤ市のゴミ問題を安定化させる効果を生んでいるのである。順を追ってこれらを説明していこう。

　まず、契約書という形でブノウォ最終処分場の存在が明文化されることによって、それまで不確定であった埋立処分場の運営期間を保証する効果を生み出している。埋立処分場が X 社という民間企業の担う領域として行政の廃棄物処理から分離されることで、埋立処分場と行政の間が契約という形で文書化されることとなったが、そこに 20 年という契約期間が記載されたことで、ブノウォ最終処分場が少なくとも 2032 年まで存在することが確実となったのである。それまでブノウォ最終処分場は数年で逼迫

---

[52] 　未来への過度な期待は開発中のテクノロジーにおける一般的な要素でもある。「期待の社会学」と呼ばれる研究は、開発中のテクノロジーにおいて将来への期待が開発を成功させるために作りだされていることを分析してきた［Borup et al 2006; 山口・福島 2019］。ここでの「ガス化」もこうした期待の一種と考えると、その曖昧さにもある種の正当性を見出すこともできるだろう。

するといった試算があったように、いつまで運営するのかがそもそも不透明であった。これに対してX社との契約文書は、残余容量という工学的な基準では未来を計算できないのを補完するように、契約期間という別の基準から「20年」という予測可能で明確な数字を導入することで、将来の不透明性を和らげる効果をもたらしたのである。

　それによる重要な帰結として、20年間にわたってブノウォ最終処分場が存在することが公式に認定されたことで、ブノウォ最終処分場への反対運動が沈静化したことが指摘できる[53]。先述した、魚の養殖を営む農民らによる2012年のブノウォ最終処分場への抗議活動の原因は、行政からの説明が不透明なためであった。2001年にブノウォ最終処分場が開設した当初は、6年で処分場を閉鎖すると市政府から説明されていたのが、10年以上もそのままであった。さらに新たにX社との20年の契約が結ばれたため、直接の抗議行動へと繋がったのであった。しかし、抗議の引き金にもなったX社との契約は逆に沈静化の基盤ともなった。契約の存在によって2032年まで処分場が存続することを市政府は住民に説明し、それに基づいた補償金を市政府とX社の折半で支払うことになったのである。もし将来が不透明なままであれば、市政府は確かな説明をすることができず、対立はさらに激化したかもしれないが、契約の存在によって20年間ブノウォ最終処分場があることが確実となり、補償金の計算が可能になったのである[54]。

　そして、契約書のもうひとつの効果が、X社に業務を委託し、廃棄物の重量あたりの処理費用が計算できるようになったことで、スラバヤ市政府にとってのゴミ問題が予算節約の問題になったことである。それまで埋立

---

53) 抗議運動および和解の経緯についての情報は主に［Harianto 2015］に依拠している。

54) なお、ブノウォ最終処分場の近隣には大きな集落が存在せず、最寄りの集落も井戸水が塩分を含んでいるため、日常の水利用は水道公社からのポンプ車での供給に頼っており、今のところ人間への健康被害は確認されていないことも、抗議活動が沈静化した原因として指摘できる。抗議活動もあくまで養殖魚への被害のみが農民の要求であり、抗議する住民は養殖池を持つ農民に限られていたため、賠償金の支払いも限定的であった。

処分場におけるゴミという存在は、日々の搬入量や（計算できない）残余容量といったゴミの重量ないし体積という観点から問題が構成されていた。それが、契約書に埋立処分場へと運ばれる廃棄物 1 t あたりの費用が記載されることで、ゴミの重量を市政府と X 社の間で取引される処理費用という予算の問題へと変換できるようになったのだ。そのため、市政府にとっては増加を続ける X 社への支払い費用をいかに抑えるかという問題が重要となった。埋立処分場の残余年数というかつての中心的な問題は、X 社の運営の話となり、市政府の視野から外れていったのである。たとえば、A 社と北九州市が次のプロジェクトに向けてスラバヤ市側と会談を重ねる中で、スラバヤ市側が問題視していたのはあくまで予算の観点から見たゴミの量であった。スラバヤ市政府が X 社と結んだ契約では、最低支払額の保証として 1 日 1000 t をブノウォ最終処分場へと搬入することとなっており、市政府にとってはゴミ問題は 1000 t を超える分をいかに削減するかという問題として捉えられていたのである。

　さらに、本章の前半で述べた分別施設や堆肥化施設などのリサイクルの取り組みも、廃棄物の排出量のどれくらいが削減されているかという全体における割合の観点からではなく、X 社への支払い費用との比較による経済性によって正当化されるようになった。契約の存在は、スラバヤ市政府にとってのリサイクル施設の経済性を A 社とはまた異なる観点から計算することを可能にしている。A 社にとっては、これらの施設の利益は有価物やコンポストの売却によってしか得られないため、施設単体でのビジネスは難しかったのだが、市政府にとっては、これらの施設で削減された廃棄物の量の数値を X 社への処理費用の節約として計算できるのである。そのため、分別施設や堆肥化施設での人件費やランニングコストの赤字は A 社よりもはるかに少額となり、政策として許容可能になるのである。作業員や設備がそれほど必要ないコンポストハウスであれば、処理費用の支払いを勘案すればむしろ「黒字」になっている可能性が高い。実際にスラバヤ市政府によるメディアへの説明や市政府のウェブサイトでの広報では、コンポストハウスの存在意義は年間数十億ルピア（数千万円）の予算を「節約できる（hemat）」ことであると語られるのである[55]。

4-5　ゴミ問題の中心の消失

　このように、これらの要素が合わさった結果、X社による民営化は、ブノウォ最終処分場が一時的にせよ安定化されるという結果を生んでいる。ここでの民営化の効果をまとめると次のようになる。まずX社が民間企業であることによって、ブノウォ最終処分場の詳細な状況を外部の目から隠すことが可能となった。さらに内情を隠すことで、「ガス化」技術という曖昧な形を取って焼却処理を導入することができるようになった。また、市政府とX社との契約が結ばれ、契約書に20年間という委託期間が記載されることで、ブノウォ最終処分場の長期間の存在が保証された。また、この契約書に記載された規定に基づいて、市政府とX社の間で処理費用の支払いがなされることによって、ゴミ問題が排出量削減の問題というよりも予算節約の問題へと変容した。

　これらの効果は、市場化において行政と民間企業の分離による隠れた機能が存在することを示している。廃棄物処理の一部として残余年数の不確定性が問題となっていた埋立処分場が、民間企業の管轄となることで技術的な問題が不可視化され、廃棄物処理全体に即座に影響することが抑えられるようになった。また、たとえ曖昧であったとしても「ガス化」技術が何かしらの改善をもたらすだろうと、市政府や環境NGOなどの外部から予測できるようになったことも、埋立処分場の問題が喫緊の課題とはならなくなることに繋がった。さらに、行政の廃棄物処理の外部となることは、単に隠されるだけでなく、契約の存在によって行政内部のシステムだけでは得られなかった契約期間や処理費用といった確実性も生むことができている。これらの要素が合わさることで、通常は埋立処分場の容量と廃棄物の排出量に基づいた残余年数によってもたらされる埋立処分場の安定性を

---

55) Hemat RP. 2 M Pertahun Melalui Pengolahan Limbah Pasar. 2015/8/10 Pemerintah. Pemerintah Kota Surabaya. (https://surabaya.go.id/id/berita/8603/hemat-rp2-m-pertahun-melalui-p 2022年11月26日閲覧)
Bisa Ditiru, Hemat Anggaran, Surabaya Olah Sampah Jadi Kompos! 2020/10/2 Kompas TV. (https://www.kompas.tv/article/65859/bisa-ditiru-hemat-anggaran-surabaya-olah-sampah-jadi-kompos 2022年11月26日閲覧)

代替する、別の新たな安定性が確保されたのである。市場化がもたらす民間企業への分離は、経済的効率性以外の効果を廃棄物処理にもたらしていたのである。

そのため、調査時点の 2010 年代後半において、実は第 2 章で分析したスラバヤ市のゴミ問題の中心は実質的には解消されてしまっていた。2000 年代に始まった様々な取り組みが進められたのは、埋立処分場の不安定性ゆえにまた「ゴミの洪水」が起きるかもしれないという懸念があったためであった。しかし、民営化によって埋立処分場が暫定的であっても安定化されたことで、排出量の削減が喫緊の課題ではなくなり、たとえ処分場への廃棄物の搬入量が調査時のように増加を続けていたとしても、すぐさま「ゴミの洪水」の懸念へと繋がるわけではなくなったのである。本章の前半で述べたリサイクル施設の取り組みも、排出量削減の問題が中心から消失したことで、環境政策の象徴的価値や予算の節約という点から正当化できるようになり、全体の排出量からどれくらい削減できているかという観点からは問われなくなった。埋立処分場という、2000 年代初頭のゴミ問題の中心的な要素が安定することで、現在のスラバヤ市ではかつてのゴミ問題は一定の解決がなされていると言ってさえよいのである。

本章ではふたつの事例から、廃棄物処理における市場化の意義を検討してきた。A 社のプロジェクトの事例からは先行研究での指摘と同様に、廃棄物処理においてリサイクルという市場化の試みには、収益の獲得と排出量の削減の両立に困難が見られることが示された。この原因としては、近代以降の廃棄物処理システムは、あらゆる物質を混ぜ合わせた抽象的な「ゴミ」を構築しており、そこから個々の有価物を引き出すのにコストがかかることが指摘できる。もうひとつの X 社による埋立処分場の民営化の事例は、市場化をまがりなりにも実現させ、また実際にスラバヤ市のゴミ問題の解決にも貢献している。しかし、これは通常想定される経済的効率性や排出量の削減によるものではない。X 社による民営化がビジネスとして成立しているのは経済的効率性ではなく政治的な関係によるものであ

り、ゴミ問題の解決はそれとはまた別に、行政と企業との間に境界線が引かれ、行政の廃棄物処理から埋立処分場が分離するという市場化の隠れた機能によってもたらされているのである。

　2000年代初頭にクローズアップされることとなったスラバヤ市のゴミ問題は、本章で見てきたように実は埋立処分場の民営化によって暫定的に解決されてしまっている。その意味では、スラバヤ市におけるゴミ対策の取り組みは下火になってもおかしくない。しかし、実際にはゴミ問題への対策は衰えることなく、特にもうひとつの変化の方向性である住民参加は盛んに取り組まれている。この住民参加の肥大化という事態が本書の後半で取り組む大きな問いとなる。

第 4 章

住民参加型開発の登場

　スラバヤの廃棄物処理インフラに起きたもうひとつの変化が、大規模な住民参加型の処理の試みである。これは、ポストスハルト期のインドネシアで住民参加型開発が主流の開発潮流となってきたことを背景としているが、そこには「マシャラカット（masyarakat）」という「住民」かつ「社会」を示す概念が、スハルト体制期から現在に至るまで重要な理念として存在感を強めてきた歴史がある。こうした「住民」概念が成立していくのに大きな役割を果たしたのが環境 NGO というアクターである。インドネシアの環境 NGO は環境保護だけでなく、「住民」概念に基づいて「住民に寄り添う」ことを行動原理として、住民参加という理念を実現する様々な活動を行ってきており、スラバヤ市では住民参加型の廃棄物処理の取り組みを進める強力なアクターとなってきた。本章では、第 5 章で詳述する住民参加型の廃棄物処理の社会的背景として、インドネシアにおける独特の「住民」概念および環境 NGO の役割を論じていく。

1　「住民」概念の系譜——開発の対象から権利の主体へ

1-1　近年の住民参加型開発の流行

　近年のインドネシアでは「住民参加（partisipasi masyarakat）」を謳う開発プロジェクトが無数に生まれている。これは直接には国際的な開発業界の潮流として「参加型開発（participatory development）」が重視されるようになったことと軌を一にしている。参加型開発とは、それまでの国家の経済発展のみを目的とした開発援助のあり方を反省し、政府や企業ではなくそれぞれの地域の一般的な住民にとって必要なものを重視し、人々が単なる

受動的存在としてではなく、積極的にプロジェクトに関与することを目指す開発の方針である［チェンバース 2000; 関谷 2010］。インドネシアでも、1990 年代に住民参加型自然資源管理（community-based natural resource management）を掲げた森林保護のプロジェクトがカリマンタン島でなされていた［Tsing 2005］。住民参加型開発は 2000 年代以降になってインドネシアでさらに活発になってきた。たとえばバリの観光開発では、環境破壊や社会変動をもたらすマス・ツーリズムに対して、既存のバリの慣習村を基盤としたコミュニティ・ベースド・ツーリズムという新たな観光のあり方を模索する動きが、環境 NGO の主導によって試みられている［岩原 2020］。

　しかし、インドネシアにおける参加型開発の盛り上がりは、グローバルな開発業界の潮流によるものだけでなく、スハルト体制期の開発主義を背景にしていることを見逃してはならない。ここで注目したいのが、「住民参加型開発」という言葉にも使われ、日本語の「住民」および英語の「コミュニティ」に対応するインドネシア語である「マシャラカット」という概念である。この言葉は地域コミュニティの意味としても使われるが[1]、もともとの用法としては日本語の「社会」および英語の「ソサエティ」に対応するインドネシア語であり、現在も日本語の「社会」に相当する意味でも使われている。「社会」の概念が「コミュニティ」の対応語でもあるという独特の用法が生まれてきた経緯に、20 世紀のインドネシアで作られてきた「社会」のあり方を見て取ることができるのである。

I-2　翻訳語としての「住民」──抽象的「社会」から具体的「住民」へ

　現在のインドネシアにおいて、住民参加型開発の「住民」に相当する「マシャラカット（masyarakat）」という言葉は、西洋近代の「社会」概念の翻訳から徐々にインドネシア独自の意味を帯びてきた歴史を持っている。この言葉は語源的にはアラビア語の「ムシャーラカ（mušāraka）」から来て

---

[1] なお、「コミュニティ」に直接対応するインドネシア語として「コムニタス（komunitas）」があるが、これは地域共同体を指すのに使われることはなく、趣味の集まりや環境 NGO などの地縁的ではないアソシエーションに用いられる。

おり、アラビア語では「š-r-k（共有する）」を語根として、商人たちが事業に共同出資することを意味していた。興味深いことにこの語が西洋の社会概念の訳語として用いられるのはマレー語圏特有の用法であり、アラビア語圏では社会の意味で用いられることはない[2]。この語は、オランダ語で社会を意味する「マーツハペイ（maatschappij）」や「ソシアール（sociaal）」の訳語として、1930年代からオランダ領東インドおよびイギリス領マラヤで用いられるようになった[3]。

当初この語は西洋の社会概念の直訳として、抽象的な集合体の概念（イスラーム社会・農村社会・都市社会・インドネシア社会など）として用いられていた。特にスカルノなどマルクス主義の影響を受けたナショナリストたちは将来実現されるユートピアとしての社会主義を形容する際に、この「マシャラカット」という言葉を用いていた。たとえばスカルノの著作や演説では、「社会主義的ナショナリズム（sosio-nasionalisme）」の言い換えとして「マシャラカット・ナショナリズム（nasionalisme-masyarakat）」という語が用いられていたり、あるいは独立後の新たな人間像として相互に助け合う「社会的人間（manusia masyarakat）」が語られたりしていたのであり、村落のような具体的でローカルなコミュニティを指す言葉ではなかった［Soekarno 2016（1959）］。インドネシア独立後の1950年代には、「社会」だけでなく「共同体（コミュニティ）」の訳語としての「マシャラカット」の用法が徐々に生まれてきたが[4]、スカルノ大統領に代表される旧来のナシ

---

2) 現代アラビア語では「集まる（j-m-ʻ）」を語根とする「ムジュタマー（mujtamaʻ）」が社会の訳語として用いられており、インドネシア語ではこの語根が元になっている単語として「金曜日（hari jumat）」がアラビア語と同様に使われている。

3) それ以前の1920年代には訳語として「pergaulan-hidup, pergaulan-penghidupan（直訳すれば「生活上の付き合い」となり社交のニュアンスが強い）」などが用いられていた。「マシャラカット」は会社の意味での「マーツハペイ」ないし「ソサエティ」の訳語として用いられていたのが流用されたと思われる。なお、会社の意味でオランダ語の「マーツハペイ」をそのまま使った「マスカパイ（maskapai）」という言葉があるがほぼ死語となっており、わずかに「航空会社（maskapai penerbangan）」といった用法が残っているのみである。

4) たとえばオランダ慣習法学派に由来する、共同土地所有が残った「法共同体（rechtsgemeenschap）」という概念が、1945年憲法（第18条注釈）ではそのままオランダ語で書かれていたのが、1960年の農地法ではインドネシア語の「マシャラ

ョナリストが政治的な影響力を持ち、共産党が勢力を拡大する中では抽象的な「社会」の意味合いが主流であった。特に、スカルノが独裁的な権力を握った指導民主主義期（1959-1965）には、「革命」が国家のイデオロギーの根幹に据えられる中で、社会主義的なニュアンスで「社会」が使われることが多かった［加藤 2003］。

　この「マシャラカット」概念が、現在のようなローカルなコミュニティや住民の意味となっていったのは、1965年のスハルト体制の成立以降である。スハルト体制は反共産主義を掲げ、軍の暴力による秩序の維持と自らの統治の正統性の源としての経済開発へとイデオロギーを大きく転換した。それに伴い、「社会」の概念もマルクス主義から西側（特にアメリカの）社会概念、つまりあらかじめ存在しており、階級闘争ではなく機能的に統合されたシステムとしての社会へと意味が変容していった[5]。また、各種政党が村落レベルで互いに対立するスカルノ期の状況［Geertz 1960, 1965］から、国軍とゴルカルによる権威主義的統治を推し進め、人々を脱政治化することが目指された。そのため、スカルノ期には多用された「人民（rakyat）」や「大衆（massa）」といった政治性の強い言葉の代替として、より中立的な「社会」が多用されるようになっていったと考えられる。それに伴って「集落」「村」を意味する「カンプン（kampung）」や「デサ（desa）[6]」といった言葉や「住民」を意味する「ワルガ（warga）」の言い換

　　カット・フクム（masyarakat hukum）」へと翻訳されるようになった（UU 1960 No. 5 tentang Dasar Pokok-pokok Agraria）。また、カナダ出身の経済学者のベンジャミン・ヒギンズが中心となって構想された「五ヵ年計画（1956-1960）」では、アメリカの「コミュニティ・デベロップメント」の考え方をもとにした「農村コミュニティ開発（pembagunan masyarakat desa）」という言葉に「マシャラカット」が使われている（UU 1958 No. 85 tentang Rencana Pembangunan Lima Tahun 1956-1960）。

5） スカルノ期の1950年代からすでにアメリカの社会科学の影響は大学などの高等教育機関では強かったが、スハルト体制になると陸軍幕僚指揮学校（SESKOAD）での講義を通じて陸軍と関係を構築していた経済学者や社会科学者が政府の中核的なテクノクラートとなっていき、こうしたアメリカ的な社会の概念が浸透していった［Fakih 2020］。

6） デサ（desa）とはジャワ語で「村」を意味する単語である（ジャワ語の読みでは正確には「デソ」だがインドネシア研究では一般的に「デサ」が用いられる）。そのためジャワ語圏では農村部の「デサ」と都市部の「カンプン」は明確に区別される。

えとしても用いられるようになっていった。この言い換えは同時に、「社会」という抽象的な概念を用いることで、ローカルなコミュニティがどのような地域性や民族関係や宗教を持っているかを不問にし、開発プロジェクトのために介入可能な対象としての均質な人々の集団を新たに創造することを可能にした。たとえば、新たな政策を伝える住民向けの説明会やワークショップはインドネシアでは英語の「ソーシャリゼーション」由来の「ソシアリサシ（sosialisasi）」と呼ばれており、また、こうしたイベントを通じて政策を人々に広めることは、その政策を「社会化する（memasyarakatkan）」と呼ばれている。このような秩序と開発に基づいた社会概念がインドネシアで浸透していったのである。

　「マシャラカット」が頻繁に用いられるようになっていったことは、言葉の上だけにとどまらず、実際の人々の組織化のあり方もまた実際に変容していったことを意味している。スハルト政権は人々を政治から切り離す「浮遊する大衆（massa mengambang）」という方針を掲げ、政党ごとに青年会や婦人会などが組織化されていたそれまでの社会を一変させた。スカルノ期の政党による組織や動員を解体した上で、自らの開発主義に則った形での社会の組織化を進めていったのである。そうした社会の組織化には、ジャワの村落制度を全国に一元的に適用することや、農民組合などの様々な官製組織の設立が含まれるが、本書との関係で最も重要なのが RT・RW と呼ばれるミクロな住民組織の制度化である。これは世帯単位で人々をまとめた住民組織であり、RT（Rukun Tetangga）は数十世帯で構成され、複数の RT で RW（Rukun Warga）が構成されている[7]。もともとは第二次世界大戦期に日本軍がジャワに導入した隣組・字常会が起源の組織であり［小林 2000］、独立後も都市部では住民組織として存続していた。これをスハルト政権は全国一律の組織として導入し、1983 年にはインドネシア全土に RT・RW の設置が義務付けられた。また、婦人会や青年会もこの

　　　たとえば次章で述べるゴミ銀行の開発者の語りにもこの区別が用いられている。ただし、マレー語圏では農村も「カンプン」と呼ばれるため、インドネシア全土でこの区別があるわけではない。
7)　それぞれの名称を直訳すれば、RT は「隣人の調和」、RW は「住民の調和」となる。

RT・RW 単位で組織化され、その他にも母子保健や家族計画など開発プログラムのグループも RT・RW を単位として作られていった［島上 2001;スマルジャン&ブリージール 2000］。

こうした組織化を通じて、開発が埋め込まれた新たな「マシャラカット」がインドネシアで形成されていった。しばしばインドネシアについて「コミュニティ」や「住民」と国外で呼ばれているのは実際には RT・RW やこうした開発グループのことである。確かに法律上は行政組織ではなく住民の相互扶助や日常的な付き合いの基盤にもなっているため、これらを「コミュニティ」と呼ぶことは誤りではない。しかし、この「コミュニティ」は、スハルト体制の中で政府主導のもと再組織化された新たな社会であり、行政的な権力を持った存在でもある[8]。そこに「マシャラカット」という言葉が当てられていったのである。

こうしてスハルト体制において、すでに現実に存在しているものであり、政治対立のない調和した自律的な共同体であるとみなされながら、同時に秩序維持の基本単位であり、開発政策において介入の対象で動員することが可能な組織として、「マシャラカット（社会かつ共同体かつ住民）」という人々の集合体が確立されていったのである。

I-3　ポストスハルト期における「住民」の焦点化

スハルト期に開発の対象としての具体的な地域的共同体という意味が確立する一方で、同時にこの「マシャラカット」を権利の主体として読み替える動きが進んでいった。1980 年代後半には、ダム建設や森林伐採などの大規模な経済開発によって不利益を被った近隣住民による開発中止や補償を求める運動が徐々に各地で起き、こうした運動において住民が権利を主張する際にこの「マシャラカット」が自らを表す言葉として使われるようになったのである。特に、法律上は国有地であるために森林伐採などの

---

8) 現在でも都市部では RT・RW は最も基礎的な住民組織の単位となっており、行政の手続きを行うにはまず RT 長そして RW 長のサインを貰わなくてはならないなどその RT・RW の住民に強い影響力を持っている。

経済開発が行われてしまう土地への伝統的な利用権を主張するために、欧米の「先住民」概念から翻訳した「慣習社会（masyarakat adat）」という言葉が正統性の根拠に用いられるようになったこともこの流れに拍車をかけた。また、東欧の民主化運動以降、欧米で盛んに用いられるようになった「市民社会（masyarakat sipil）」概念にもこの「マシャラカット」が使われ、民主主義の基盤としての共同体の意味合いが強められていった。知識人や活動家などがスハルト体制の開発主義を批判する拠り所としてもこの「マシャラカット」は参照されるようになっていったのである。

このスハルト体制の開発主義への批判としての「マシャラカット」の用法はポストスハルト期になるとさらに盛んになり、この言葉がますます多用されるようになっていった。参加型開発の概念もスハルト体制の開発のあり方のオルタナティブとして受容されていった。「住民参加（partsipasi masyarakat）」の言葉も、スハルト期にはあらかじめ決められた政策プログラムにどのように人々が参加するかという動員の概念であったのが、開発業界における参加型開発の訳語として横滑りしていった。同時期にエンパワーメントの概念もインドネシアに輸入され、「住民エンパワーメント（pemberdayaan masyarakat）」が新たな理念として注目を集めるようになった。現在では住民参加型開発の訳語として最もよく使われているのが、「住民に基づいた開発（pembangunan berbasis masyarakat）」という言葉であり、公共事業省のプログラムにもこの名称が用いられている[9]。オルタナティブな開発主義が普及していくにつれて、権利の主体としても「マシャラカット」が再定義されていったのである。

ただし、現在でもスハルト体制期の「マシャラカット」概念が持っていた要素が同時に維持されている点は重要である。複数政党による自由選挙が実施されるようになり、政治家や政党の間で激しい競争が繰り広げられるようになっても、こうした政党政治と「社会」は少なくとも表面上は無

---

9) 公共事業省のプログラムでは、地方政府を回避して各村落に直接インフラの建設資金を流すプロジェクトのことを意味している。たとえばコミュニティレベルでの下水処理施設の開発プログラムは「住民に基づくトータルサニテーション（Sanitasi Total Berbasis Masyarakat, SANIMAS）」と名前が付けられている。

関係なものとしてあり続けている。また、役人や大学教員だけでなくオルタナティブな開発を求めてきた NGO の活動家にとっても、人々の権利を重視しつつも、ローカルなコミュニティである「社会」に活動家自身が含まれないという点で「マシャラカット」は客体化された存在であり、開発プロジェクトが進められるべき対象である点には変わりはない。そして、社会制度の面からも、行政村や RT・RW、諸々の開発グループといったスハルト期に整備された組織は現在も機能し続けており、とりわけ、「慣習社会」が模索されなかったジャワにおいては現在でも「社会」として表象されるのはこれらの住民組織である。

　ポストスハルト期に単なる統治の対象であるだけでなく、権利を主張する存在としても「マシャラカット」が使われるようになっていく中で、この言葉は抽象的な社会というよりも具体的な人々の集まりがイメージされるローカルなコミュニティの意味として頻繁に用いられるようになっている。たとえば、第 2 章で論じた焼却炉への忌避についても、スラバヤの清掃公園局のある課長と会話していた時に、彼は焼却施設については「マシャラカットが欲しがらない（masyarakat tidak mau）」という言葉で説明していた。ここではクプティ最終処分場の反対運動など、焼却炉に反対する具体的な住民がイメージされているのである。こうした具体的な人々のイメージから、（辞書的に正しい用法ではないが）マシャラカットが社会生活を営む個人を指す際に使われることもある。たとえば「普通のマシャラカット（masyarakat biasa）」はエリートや犯罪者ではない普通の人間を指す言葉として、「彼／彼女は普通のマシャラカットである」という表現がニュースなどで見受けられる。

　このように現在のインドネシアにおいて、「マシャラカット」という言葉は日本語における社会・住民・市民・共同体など複数の意味を持っている。開発プロジェクトの対象でありながら逆に開発に対して権利を主張する主体としても存在し、抽象的な社会から具体的な人々の集まり、そしてひとりひとりの社会的個人まで指し示す複雑な概念となっているのである。その結果、この概念を理念の中心として行政や援助機関、あるいは NGO や地域のリーダー層などが、それぞれの解釈に従って開発を実践する磁場

が成立している。そして、海外の援助機関のプログラムや、国営企業や外資企業による社会活動への資金援助も加わり、「マシャラカット」に基づくという意味での「住民参加型」を謳うプロジェクトが現在のインドネシアでは無数に実践されている。こうした潮流の中で、とりわけゴミ問題が深刻であったスラバヤでは、住民参加型の廃棄物処理の取り組みが大々的に行われることとなった。

2 キーファクターとしての環境 NGO

　この現代の「住民」の成立に重要な役割を果たしたのが NGO ないし活動家（aktivis）というアクターである[10]。特にインドネシアにおいては環境 NGO が独特の地位を獲得することとなった。権威主義的なスハルト体制において、社会批判の可能な数少ない領域として環境問題が 1970 年代以降登場し、環境 NGO は自然保護だけでなく、開発政策によって不利な立場に置かれる地域住民への支援も同時に行う批判的知識人のネットワークとして発展してきた。そのため、その行動原理として「住民に寄り添う」ことの強調が指摘できる。スハルト体制が崩壊してからは社会活動が自由になる中で、各地で住民を重視した社会活動が活発になっていった。そして、スラバヤ市においては、活動家たちはとりわけゴミ問題への対策に注力することとなった。

2-1 インドネシアにおける環境 NGO

　環境 NGO という存在がインドネシアに登場したことは、1970 年代以降に環境問題が世界的な課題となった流れの一環と位置付けられるが、当時のスハルト体制と学生運動との関係がインドネシア独特の環境運動の性格を生むこととなった。

---

[10] スハルト体制期から現在に至るまでの環境 NGO と村落社会との相互関係については［岩原 2020: 64-80］が詳細に検討しており、ここでの歴史的経緯の説明の多くは彼女の研究に依拠している。

1970年代後半にスハルト体制に批判的になっていった学生運動が抑圧されていく一方で、アウトドアという新たな若者文化が登場し、その中で環境運動という新たな社会運動が醸成されていった。1974年のマラリ事件や1977年総選挙におけるスハルト3選反対運動をきっかけにスハルト体制は学生運動の抑え込みにかかり、1978年には大学正常化政策を実施して大学での政治活動を禁止した。政治運動が抑圧される中で、ダクワ運動などの宗教活動と並んで学生の人気を集めていったのが登山やキャンプといったアウトドア活動であった。1960年代後半から各大学で自然愛好団体が結成され、スハルト体制の中で都市の新たな若者文化として「自然愛好家（pecinta alam）」が定着していった[11]。こうした自然愛好家の学生はインドネシア各地の山々へ遠征し、そこで強権的な経済開発の被害に悩む地元住民と出会い、地方の苦境を知ることで、自然愛好家たちの中から環境活動家が生まれてくることとなった。

また、中央政府の側でも1972年のストックホルム会議参加をきっかけに1978年には環境省が設置され、また1980年代前半にはジャカルタ沿岸での有機水銀汚染が問題になるなど環境問題への対応が意識されるようになった。こうした中で、環境問題は政治ではなく科学的な問題として、スハルト体制の中で政策批判が可能な数少ない領域としてNGOの活動が許されていたのである。環境省の大臣を設立時から長らく務めたエミル・サリム（Emil Salim）がNGO活動に容認的であり、環境省内に各地の環境団体の連絡機関であるWALHIというNGOフォーラムを設立したこともこうした流れを強めた[12]。大学生を中心とした自然愛好家の存在と中央政府側の非敵対的な態度が合わさり、1980年代以降に環境保護と周縁的な人々の権利保護が一体となった環境運動が、労働運動や民主化運動が抑圧される中で例外的に可能な社会運動として展開していったのである。そのため、インドネシアの環境運動では、欧米の環境運動のように自然保護と

---

11) インドネシアにおける自然愛好家の登場については［Tsing 2005］の第4章に詳しい。
12) Sejarah WALHI. n. d. WALHI.（https://www.walhi.or.id/sejarah 2022年9月21日閲覧）

地元住民の利益の対立が意識されるというよりも、政府や企業の一方的な開発の被害を受ける存在として「自然環境（lingkungan hidup）」と「住民（masyarakat）」を同一に扱う傾向が強いことはこれまでの研究でも指摘されてきた［e.g. Gordon 1998; Tsing 2005: 216-219; Nomura 2007］。

　インドネシアにおける NGO と「住民」との密接な結びつきは、「NGO」という言葉の翻訳にも表れている。インドネシアでは NGO は法律上の扱いなどで公式には「社会自助団体（Lembaga Swadaya Masyarakat）」および頭文字を取って「LSM」と呼ばれている。当初 NGO という言葉が導入され環境保護などの活動が始まった際には、「非政府組織」を直訳した「オルノップ（Ornop, Organisasi Non-Pemerintah の略）」という言葉に翻訳されていたが、当時のスハルト体制において「非政府」という言い方は反体制のニュアンスが強く政府には受け入れられなかった。そのため、より穏健な訳語として「社会自助団体」が選ばれたのである［Hadiwinata 2003: 6-7］[13]。スハルト体制のような政府による厳格な管理がなくなった現在でも、法人登録する場合には NGO は「社会自助団体」として登記がなされる。一般的にも「NGO」という言葉はそれほど使われず、メディアなどでは「LSM」の方が頻繁に使われる[14]。

　NGO の活動家たちもまた自身の活動を「住民に寄り添う（memdampingi masyarakat）」という言葉で説明する。この「寄り添う（memdampingi）」という動詞は NGO の活動を抽象的に説明する際によく使われる。ここで想

13）現在でも NGO への政府の否定的な態度はわずかに残っている。筆者が調査ビザのための研究計画書を作成する際に、カウンターパートとなる LIPI（インドネシア科学院）の研究者から助言として強く念押しされたのが、「NGO」という言葉は使ってはいけないということであった。

14）ただし、当の NGO 活動家たちは自らを LSM と呼ぶことはほとんどなく、「コミュニティ（komunitas）」や英語そのままの「NGO」あるいは「活動家（aktivis）」が使われている。これは、LSM がスハルト体制の時に仕方なく採用された訳語であるという経緯が活動家たちの間で広く共有されているからでもあるが、ポストスハルト体制となって LSM が急増し、開発プロジェクトの不備や政治家の汚職を盾に金銭を要求する日本の総会屋のような組織も非常に多かったため、現在では LSM という言葉にはネガティブなニュアンスが含まれるようになったことも原因として指摘できる。

定されているのは、何かしらの不利益を被っているにもかかわらず教育がないため苦境を脱する術を持たない地域コミュニティに、大学教育を受けた活動家たちが寄り添い、知識やネットワークを活用して訴訟やデモなど様々な支援活動を行うというイメージである。「住民」は寄り添う対象として活動家とは切り離されている一方で、活動の目的や内容はNGOではなく「住民」が主導権を握っていることが含意されている。環境保護政策といった大きく抽象的な制度への関わりというよりも、具体的な顔の見える人々としての「住民」への支援がNGOの活動の基本となっており、そうした「寄り添う」というあり方が「ソーシャル（sosial）」と形容されている。活動家たちが自らの活動を「社会活動（kegiatan sosial）」と呼び[15]、自身のことを「ビジネスの人間（orang bisnis）」と対比させて「ソーシャルの人間（orang sosial）」と呼ぶ時には、こうした「住民に寄り添う」という活動が想定されているのである。

そのため、寄り添う対象である住民によってNGOの活動内容が左右される。たとえば、バリでエコツーリズムを推進するNGOであるウィスヌ財団を調査した岩原によれば、ウィスヌ財団はもともと観光や環境保護を活動目的としていたわけではなかったという。当初この財団はバリの村落における「住民エンパワーメント」を目的としており、農業組合の設立など様々なプロジェクトを実施していたのだという。しかし、組合運動が長続きしない一方で、住民の協力が得られ、現在でも続いている成功した活動がエコツアーの実施であった。結果として、ウィスヌ財団は事後的に環境NGOとして認識されるようになったのである［岩原2020］。理念の上でも実際の活動という点でもNGOは住民との協働が必要であるため、住民の要望と一致し、興味関心を惹くことのできるプログラムだけが実効性を持つ。そのため、インドネシアにおいては、「住民に寄り添う」という理念をもとに、実際の開発プロジェクトを通じて、NGOと「住民」が相互

---

15)　「社会活動（kegiatan sosial）」はNGOや大学や企業による支援活動を指すのに使われており、地域住民が自分たちだけで行う奉仕作業や、あるいはジャワ社会で見られるスラメタンのような儀礼には使われない。こうした住民だけの社会活動は「住民活動（kegiatan warga）」と呼ばれるのが一般的である。

に具体的な内実を定義しあっているのである。

2-2 ゴミ問題と「住民」の発見──2000年代のスラバヤの環境NGO

　こうした「住民に寄り添う」というNGOの活動の論理をもとに、バリでは「寄り添う」結果がエコツーリズムになったのに対して、2000年代のスラバヤではゴミ問題への対策になったと考えることができる。ポストスハルト体制へとインドネシアが大きく転換し、民主化のためにあらゆる分野での「改革」を歓迎する雰囲気の中で、「住民に基づく」ことや「ソーシャル」な領域を模索する動きが生まれていった[16]。スラバヤではこの動きにゴミ問題が重なることで、住民参加型のゴミ処理の試みが大々的になされることになったのである。この点を2000年代に主に活動していた3人の環境活動家（3つの環境NGO）から具体的に見ていこう。

　ひとりはクプティ最終処分場の反対運動を主導していたヨディ氏（仮名）[17]である。彼は現在は環境運動からは引退しているが、2000年代のスラバヤでのゴミ対策の取り組みの中心人物であったと環境関係者からはみなされている。1960年生まれのヨディ氏はスラバヤの国立大学であるアイルランガ大学の経済学部を出たのち、国営肥料会社ププック・インドネシアに就職して東カリマンタン州で勤務していた。自然愛好家であった彼は、就職後も工業地帯の外の熱帯雨林でのキャンプに親しんでいたが、やがて森林伐採の反対運動を行うNGOと関わり、自然保護への関心を深めていったという。1993年には会社を退職して東ジャワに戻り、ブロモ山の自然および地元のテンゲル人[18]の権利を保護するNGOに加わり、環境

---

16) たとえばスラバヤでは大学の知識人やジャーナリスト、社会活動家が、スラバヤの様々な社会問題を話し合う「都市会議（Dewan Kota）」というグループを新たに結成し、市政府に様々な政策提言をしていたという。2010年代にこの組織は自然消滅したが、2000年代初頭には行政以外の人間が社会的な領域に関わることができるという期待や熱意が一気に盛り上がったのであった。
17) 登場する環境活動家はすべて仮名である。
18) ブロモ山（Gunung Bromo）は東ジャワ州に位置する火山で国内有数の観光地であり、このブロモ山周辺にはヒンドゥー教徒のジャワ人であるテンゲル人（Orang Tengger）が居住している。

活動家としてのキャリアを積んでいった。彼の経歴は「自然愛好家」から「環境活動家」へというスハルト期からの活動家の典型的なキャリアと言えるだろう。

　1990年代後半に体制改革を求める運動が盛り上がると、環境運動だけでなく、本人が言うところの「社会運動（pergerakan sosial）」に身を投じていたという[19]。1998年にスハルト体制が崩壊すると、彼は再び環境運動に軸足を戻し、特に都市の環境問題にフォーカスしようと自らのNGOを2000年に設立した。その直後から関わり始めたのがクプティ最終処分場の問題であった。もともとは処分場周辺の住民への支援活動をしていた学生団体から協力を求められたのがきっかけだそうだが、その後は中心人物として住民の組織化を主導したという。彼自身は住民の支援のみを活動の理由として語ったが、第2章で述べたように他のNGOの活動家からの説明によると当時副市長だった闘争民主党のバンバンを支援することも背景にあったようだ。

　反対運動が成功してクプティ最終処分場が閉鎖されると、その余波として発生したゴミ問題への対策の支援を市政府の清掃局の局長から頼まれるようになった。そこでヨディ氏が始めたのがコンポストハウス（第3章参照）である。2002年に清掃局の土地を借りたのが始まりであり、地域住民や野菜卸市場からのゴミを地元住民から雇用したスタッフが分別して堆肥化するものだった。この取り組みに対して環境林業省や公共事業省、そしてオーストラリアの援助機関（AusAID）からの資金を獲得できたこともあって、大規模な取り組みになっていった。これらの資金をもとにさらにコンポストハウスを増設し、コンポストハウスの手法を学ぶプログラムも実施していたのだという。2010年代になるとこうした「現場（lapangan）」からは手を引き、「政策（kebijakan）」の方へと移り、東ジャワ州政府の環境政策委員会のメンバーやある政党の支部活動の仕事をするようになったが、

---

[19]　本人は明言しなかったが、クプティ最終処分場の反対運動やその後の活動でも闘争民主党の支持者として活動していたことを踏まえれば、闘争民主党関連の運動をしていたことを意味していると思われる。

スラバヤの多くの環境活動家が彼のプログラムに参加して堆肥化の手法などを学んだのである。

　収集運搬が滞り、街中のあちこちにゴミが山積していた当時のスラバヤでは、ヨディ氏のコンポストハウスの取り組みは住民にとっても求められるものであり、同様の活動が他の人々によっても始められていった。

　ふたりめのエコ氏（1964年生まれ、仮名）はヨディ氏から学んで活動を始めた人物である。彼はアイルランガ大学の生物学科を卒業したのち、海外の援助機関が行う東ジャワ州での環境問題に関する様々なプロジェクトのスタッフを務めてきた。AusAIDのスタッフとして勤務していた時に、ヨディ氏のコンポストハウスがプログラムに採択されたのをきっかけとしてコンポストハウスに関わるようになった。そこで堆肥化などの手法を学んだ彼は自らのNGOを設立し、ゴミ問題に悩んでいたスラバヤ西部のゴミ中継所でAusAIDの資金を得てコンポストハウスの取り組みを始めた。スラバヤ市政府のコンポストハウスは直接にはこのエコ氏の活動に着想を得たものであるという。エコ氏のコンポストハウスに当時のバンバン市長の妻を招待し、妻を経由してバンバン市長にこの活動がうまく行っていることが伝わったため、市政府も独自にコンポストハウスを建設することになった。

　彼らとは別の流れで活動を始めたNGOもまたゴミ対策に取り組むことになった。それが「都市コミュニティエンパワーメントセンター（Pusat Pemberdayaan Komunitas Perkotaan、以下略称のプスダコタ）」というNGOのワヒュ氏（仮名）である。このNGOは私立スラバヤ大学の心理学講師であったワヒュ氏が、大学周辺の住民の生活改善を目的に2000年に設立した大学財団の傘下にあるNGOである。「改革」が盛り上がる雰囲気の中で、富裕層向けの私立大学であったスラバヤ大学でも社会活動を拡大する気運が高まり、その結果設立された組織である。もともとは慈善活動が主であったが、2002年頃からより積極的に住民参加型の開発プロジェクトを行う方向性へと転換した。

　当初はアジア通貨危機による経済状況の悪化に苦しむキャンパス周辺のカンプン住民と協力して、主に人々の経済問題を改善するためのプロジェ

クトを想定していたという。しかし、周辺住民との話し合いにおいて、人々が最も困っていたことがゴミ問題であったことから、この問題に取り組むことになった。そこでヨディ氏のコンポストハウスの取り組みを参考に、住民からゴミを集めて分別堆肥化する施設を運営するようになった。このNGOはその後北九州市と協力するプロジェクトを始め、その結果、次章で論じるタカクラバスケットという新たな技術が発明されるなど、ゴミ対策のプロジェクトは一定の成功を収めていった。そこで活動の中心をこうした住民参加型の廃棄物処理技術の普及活動に据え、科学技術社会学を援用しながら、自らの意義を「マシャラカット」のための技術である「テクノ・ソーシャル（tekno-sosial)[20]」を広めていくことと定めたのである。このように当初は想定していなかったが、プスダコタは結果として環境NGOとして活動していくことになったのである。

　2000年代に活動していたこれらのNGOの事例からわかるように、「マシャラカットに寄り添う」ことを目的とした社会活動が行うことのできる領域が急拡大した2000年代前半において、スラバヤに住む人々の間で大きな問題となっていたのがクプティ最終処分場に端を発したゴミ問題であった。社会活動を目指してインドネシア各地で新たに生まれたNGOは、スラバヤではゴミ問題に悩む「住民」を発見したのである。そのため、住民の要求に合わせて、住民主体でゴミ問題に取り組むプロジェクトが試みられることとなった。その結果、スラバヤはインドネシアの中でも特に「住民」の理念とゴミ問題が密接に結びつくようになり、次章で論じるような住民参加型の廃棄物処理の技術や技法が次々と生まれてくることとなったのである[21]。

---

20)　「テクノ・ソーシャル（tekno-sosial)」は住民参加型のテクノロジーを指す言葉であるが、興味深いことにこの概念の由来として科学技術社会学の古典である、技術の社会的構築論（SCOT）が参照されていた［Pinch & Bijker 1987］。ここでは「社会的構築」の「ソーシャル」の意味がインドネシアでの「マシャラカット」と解釈されて、技術はローカルな住民のために構築されるべきだという意味へと読み替えられているのである。

21)　なお、具体的な地域住民としての「マシャラカット」に寄り添うというNGOのあり方は、筆者が調査をした2010年代半ばには変化の途上にあった。住民参加型

3　スラバヤにおける環境 NGO

　ここでは、筆者が最も深く関わった NGO である NS（仮称）の事例を通して、NGO の日々の具体的な活動のあり方を見ていこう。NS の組織や活動についての民族誌的記述を通して、環境 NGO は組織的には小規模ながらも、広範な社会的ネットワークを築き上げており、住民参加型の廃棄物処理の知識や技術が広まる上で大きな影響力を持っていることが指摘できる。

　スラバヤでのフィールドワークは当初は A 社のプロジェクトに随行する形で行っていたが、調査から半年が過ぎるとプロジェクトは前章で論じた課題に直面し、A 社の駐在員も帰国したため、これ以上は大きな進展は見られないように思えた。その頃から親しくなっていったのが NS という環境 NGO だった。もともとこの NGO が A 社のプロジェクトでの調査の下請けをやっていた時から顔は知っていたのだが、数ヶ月ぶりにメンバーのひとり（後述のハンナ氏）と会った際に、筆者が活動内容に興味を持って聞いていたこともあって、その場で連絡先を交換し、それから頻繁に活動に誘われるようになった。NS のメンバーとも気が合ったこともあって、この NGO の活動に毎回参加するようになり、「ベースキャンプ」と呼ばれていたメンバーの住居兼事務所にも日常的に訪れて、食事をしたり泊まったりするようになっていった。ここでの記述はそうした日常的な参与観察をもとにしている。

を謳うプログラムが公共事業でも増えるなど住民参加の理念がより普及するにつれて、環境 NGO は特定の地域コミュニティに深く関わるというよりも、多くの RT や学校や企業に広く浅くアドバイスするような活動が増えていった。前章で論じたようにブノウォ最終処分場の問題が解消され、ゴミ問題が喫緊の課題でなくなると、2000 年代になされていたような住民組織と協力した分別や堆肥化の施設の運営はなされなくなっていった。ここで述べた 3 つの NGO の施設運営のプロジェクトも調査時にはすべて終了していた。現場での活動の代わりに増えたのが、これまでのプロジェクトの経験をもとにしたワークショップやセミナーを開催し、知識や技術を拡散させるという方向性であった。ただし、これは住民参加の取り組みが衰えたというよりも、次章で論じるように住民参加の取り組みがむしろ量的に拡大していったことの表れと言える。

3-1　NS の概要と設立の経緯

　NS はスラバヤ市を拠点に活動する環境 NGO である。この NGO は活動目的に「ゼロウェイスト」を掲げており、廃棄物、とりわけプラスチックの削減を中心的なイシューに設定している。ゼロウェイストを掲げたこの NGO は、これまでの NGO に典型的な特定の地域住民に寄り添うあり方からの差異化を狙っている点が特徴と言える。特定の「マシャラカット」ではなく、代表の言葉によれば「公共空間（ruang publik）」でキャンペーンを行い、すでに組織ができている集団（自転車愛好家のコミュニティや学校など）に入って、廃棄物の削減を広めていくことを活動方針にしている。いわばゴミ問題の専門家としてより自律的な活動を目指して設立された NGO と言える。

　この NGO が活動を開始したのは 2009 年だが、設立メンバーはもともと 2000 年代に UPC という別の NGO で一緒に活動していた仲間であった。UPC（Urban Poor Consortium）はジャカルタに本拠地を置き、都市の貧困層、特に立ち退きを迫られた住民の権利保護を目的にした NGO である。設立者のワルダ・ハフィズ（Wardah Hafidz）は、スハルト体制の 1990 年代から戦闘的なスタイルで貧困層の権利保護の運動を行ってきた著名な活動家である。2001 年にスラバヤの川沿いに点在していた不法居住のカンプンの立ち退き計画が立ち上がり、UPC が支援して大規模な立ち退き反対運動が展開された。この反対運動のメンバーから設立されたのが NS である。住民による環境汚染が立ち退きの理由のひとつとされたため、反対運動では環境保全の一環として住民によるリサイクルなどのゴミ対策が行われていたこともあり、こうした経験をもとにゴミ問題に注力する NGO を立ち上げたのである。

　UPC から独立したのにはいくつか理由がある。まず、河川沿いの立ち退き反対運動が一定の成果を上げたため、活動の必要性が縮小したことが挙げられる。反対運動はメディアや建築家なども巻き込んだ大規模なものとなり、功を奏して 2007 年に立ち退き計画は停止された。そのため、新たな活動としてゴミ問題に焦点を当てることにしたという。また、廃棄物問題は貧しいカンプンだけの問題ではなく、貧富に関係なく習慣の問題で

あるため UPC の趣旨とは異なることも理由であった。さらに、反対運動のピークが過ぎた 2008 年にちょうど廃棄物管理法が成立し、2009 年 2 月には初めて「廃棄物啓発の日」が制定されるなど、ゴミ問題が全国的に盛り上がりを見せた時期であったことも大きい。この頃に分別の啓発活動やエコバッグの製作に興味を示す企業がいくつかあったことも、新たな NGO を設立する決断の理由となった。

また、UPC での不満も独立の理由となった。NS のメンバーと親しくなっていくと、時折かつての反対運動をしていた時の楽しさと厳しさに話が及ぶことがあった。UPC では社会運動のノウハウをすべて学んだと感謝し、設立者のワルダがいかに精力的で素晴らしい女性だったかを語りつつも、その強烈なパーソナリティに振り回されていたことを述べた[22]。UPCのメンバーの生活も、事務所として使用していた一軒家に常時 5、6 人が雑魚寝状態で暮らしており、当時はメンバーの多くが 20 代であったためそうした生活が楽しかったとはいえ、ずっと続けるわけにもいかなかった。また、メンバーの生活費は活動への貢献や学歴ではなく、個々人に必要な額に応じて支給されていたことも不満だったという[23]。こうした不満もあり、スラバヤの UPC のメンバーのうち 7 人が独立するという形で NS が設立されたのである。

このようにインドネシアでは NGO の新たな設立は別の NGO に所属していた人間が独立して新たな団体を立ち上げるという流れであることが多い。ある NGO のスタッフとして活動する中で、社会運動のノウハウを学び、やがて独自の活動の余地が見つかると自らの NGO を立ち上げて、資金の獲得に動くのが典型的な活動家のキャリアコースである。

3-2　環境 NGO の組織構造──広範なネットワークと影響力

インドネシアのローカルな NGO の組織規模はかなり小さく、基本的に

---

22)　たとえば連日徹夜の会議が開かれ、皆が疲れ果てるなかでも彼女はひとり平然としゃべり続けていたという。
23)　学位を持つメンバーよりも、家族がいるからとの理由で掃除人の男性に多く支給されていたのだそうだ。

は代表個人の組織という色彩が強い。NGO に限ったことではないが、インドネシアの組織においては「ボス」の決定権が非常に強いため、新たなNGO へと組織が分裂することは頻繁であり、ひとつひとつの NGO は少人数で運営されている。NS も設立当初の 7 人のうち、仕事や留学などで 5 人が活動から離れ、現在は残った 2 名が中心的な人物となって活動している。

　代表のアンワル氏（1970 年生まれ、スンバワ島出身のビマ人、仮名）はアイルランガ大学の生物学科を卒業した後、当初はジャカルタで女性誌やタブロイド紙の記者をしていたが、2000 年頃から社会運動へと転身し、2003 年まではロンボク島の女性保護の NGO の活動に関わっていたという。その後再びスラバヤに移り住み、上述のエコ氏の NGO に一時期参加するなどしてから、UPC に加わったという。立ち退き反対運動では中心人物として活動し、UPC のスラバヤ代表も務めていた。もうひとりの主要メンバーであるハンナ氏（1979 年生まれ、仮名）は東ジャワ州ラモンガン県の裕福な農家出身の女性であり、マランのムハマディア大学で会計を学んだのち、社会活動に興味を持っていたためにインターネットでスタッフを募集していた UPC に参加したのだという。アンワル氏が代表として活動のイニシアチブをとる一方で、ハンナ氏が会計や書類仕事を担っている。

　中心的なメンバーは少ない一方で、日常的な活動で出入りする人々は多い。設立メンバーのひとりは立ち退き反対運動のカンプンに住んでいた青年で、妻子を持った現在は別に仕事をしているが、イベントなどで人手が必要な時にはしばしば顔を見せる。他にも現在は日本語の旅行ガイドをしている元メンバーの男性がたまに参加することがあった。また、事務所兼住居として借りている家屋は市内のある中級住宅地の中にあり、他のNGO 同様に「ベースキャンプ」と呼ばれていたが[24]、調査当時は上記の 2 人以外に大学生が 3 人住み込んでいた。1 人はハンナ氏の姪に当たり、

24）　インドネシアの社会運動において、NGO などの組織の事務所は主要メンバーの住居を兼ねた一軒家であり、英語の「ベースキャンプ」と呼ばれている ［Lee 2016: 147-177］。

他の 2 人（どちらも女性）は、それぞれプロボリンゴとグレシックという近隣県の出身でスラバヤの大学に通学しており、高校時代の環境活動の縁で NS と知り合い、部屋を無償で借りる代わりに活動を手伝っていた。

NS の参加者の多くはハンナ氏の社会的ネットワークを通じたものである。大学生の姪の他にも、同じくハンナ氏の姪だが年齢はほとんど同じ 30 代であり姉妹のような関係の人物がスラバヤに住んでおり、また同じマランのムハマディア大学出身の友人も数名、それぞれオフィスワークを本業としつつ NS の活動に日常的に加わっている。さらに環境系の研究を行う学生やその他 NGO の人間が短期的に参加していたりするため、個々のイベントでは 30 人近くの NS の「メンバー」が集まることもしばしばである。イベントだけでなく、筆者も含めてこれらの人々が日常的にベースキャンプに集まって食事をしたり遊びに行ったりしており、ゆるやかな共同生活を送っているかのようでもあった。こうした人々の中で自身を環境活動家に位置付けている者は少ない。

さらにアンワル氏やハンナ氏は他の NGO の活動家ともネットワークを持っており、自らのイベントではこうした活動家にも参加を依頼し、また別の機会ではこれらの NGO のイベントにも参加する。この NGO のネットワークはスラバヤや東ジャワ州にとどまるものではない。アンワル氏自身がジャカルタ→ロンボク→スラバヤと移動していたように、活動家はインドネシア各地で環境 NGO のネットワークを築いており、ジャカルタやジョグジャカルタあるいはバリ島での NGO のイベントなどにも頻繁に参加している。さらに、NS のネットワークは NGO だけでなく地方政府の官僚、大学教員、ジャーナリストなど多岐にわたっており、特に東ジャワ各地の県の公共事業局や環境局の役人には知己も多い。スラバヤの中心的な環境活動家の多くが国立アイルランガ大学の出身であるように、地方のテクノクラートと NGO の活動家は同じ社会階層に属し、敵対するというよりもむしろ親しみを感じるような関係にある。さらに国外の援助機関や環境 NGO、筆者のような海外の研究者ともつながりを持つため、ネットワークの範囲は東ジャワやインドネシアにとどまらない。

これは資金提供の面でも同様である。2009 年の活動当初はコカ・コー

ラ社や、イギリスの化粧品メーカーであるザ・ボディショップ社といった外資系企業の環境プログラムの資金を得ていた。その後も在スラバヤのアメリカ領事館や、北九州市とも第3章で扱ったA社の事業調査の委託などを通じて関係を保っている。また、調査当時は特にスラバヤのある華人企業家と親しく付き合っていた。大手食品会社の3代目である彼は住民カード上プロテスタントであるが仏教に熱心なベジタリアンであり、企業の方針としても環境活動を推進しており、NSはアドバイザーとして協力していた[25]。その他に一回きりのワークショップやアドバイザーの活動も含めれば、無数の教育機関やRT・RWといった地域コミュニティなど数多くのネットワークが広がっている。

　以上のように、組織の純粋な構成員として見た場合、NGOはきわめて小規模であるが、様々な社会的ネットワークの結節点として存在しており、実際の影響力は活動家2人という人数から予想されるよりもはるかに広範囲に及んでいる。ゴミ問題についての知識や技術は、こうした環境活動家の広範なネットワークを通じて普及していくのである。

3-3　環境NGOの活動――知識や技術の流通

　設立当初NSはプラスチック削減を訴えるキャンペーンを中心にしていたという。スラバヤ市内のカーフリーデーに合わせて、「ビニール袋ダイエット（Diet Tas Kresek）」というイベントを行い、ビニール袋を集めてミノムシのようなコスチュームの「プラスチックモンスター」を作って、人々からビニール袋を「強盗（rampok）」し、代わりにエコバッグを渡すという活動をしていたそうだ[26]。また、ザ・ボディショップ社と提携して、使用済みのボトルや包装をスラバヤ市内の店舗から回収してリサイクルの

---

[25]　工場の緑化や食堂のリサイクル、新たに開店したビーガン料理店、企業イベントでのゴミの分別、果てはこの企業家がRT長となっている高級住宅地のリサイクルまで様々な取り組みにNSのメンバーが協力していた。なお、この会社の工場の社員食堂では肉類を出さない徹底ぶりである。他のNGOでも、華人企業家のライオンズクラブとの関係を持つ活動家もいた。

[26]　アンワル氏によれば、奇妙な名前をつけて、マスメディアの耳目を引きつけることが、NGOの活動を成功させるために重要なのだという。

ために売却するプログラムを行っていた。ただし、筆者が参加していた2017年当時はこうした大規模なキャンペーンは特定のプログラムに採択されていなかったこともあって行われていなかった。

　日常的に最も多かった活動がワークショップの開催である。行政、学校、企業、地域コミュニティなどに求められて、ゴミ問題およびその分別やリサイクルの手法について教授するものであり、基本的には1回のみの開催である。こうしたセミナーには謝礼として平均50万ルピアから200万ルピア（約5000円から約2万円）が支払われる。こうしたワークショップは大抵2、3時間ほどであり、パワーポイントを使った講義とリサイクル手法の実演で構成されている。講義では、地球温暖化など地球環境全体が危機にさらされていることの説明から始まり、インドネシアが世界二位の海洋プラスチックの排出国であることや、インドネシアの廃棄物の組成などについて解説し、プラスチックの分類や燃やすことの危険性が語られる。そして、必要な対策として3Rや分別、リサイクルといった知識を説明して講義は終わる。ワークショップの後半では次章で詳しく説明する様々なリサイクル手法が具体的に実演され、参加者が実際に挑戦するという流れになっている。こうしたワークショップが数の上ではNSの活動で最も日常的なものであった。

　また、環境活動についてのアドバイザーとしての活動も重要であった。すでに述べた華人企業家との協力でも、彼の食品会社の環境対策にアイデアを出し、企業イベントでの分別活動などには実際に人手として参加したりしていたが、他の団体でも同様の協力活動を行っている。たとえば筆者の調査中には、スラバヤ市内のある大学でのリサイクルプログラムについて意見を求められることもあった。また、東ジャワ州各地の環境NGOやゴミ問題への取り組みを進める団体へのアドバイスもしばしば行っていた。調査当時は特に東ジャワのマランの活動家との協力を頻繁に行っていた。バンドゥンのNGOが主催していた「ゴミジャンボリ（Jamboree Sampah）」という全国の青少年の集まるイベントがマランで開催されることとなり、地元マランの活動家ともバンドゥンのNGOとも知己の関係にあるアンワル氏が調整役として奔走していた。

NSの活動にはゴミ以外の環境活動も含まれる。特に力を割いていた活動が、マングローブの植林活動であった。スラバヤの沿岸部の汽水域にはエビや魚の養殖池が広がっているが、そこで養殖を営む農民のグループのひとつと協力してマングローブの植林活動を展開していた。活動のために設立された農民団体が植樹する木の育苗やボートの管理を行い、学校や行政や様々な団体が資金を出して植樹を行うことで、環境保全と経済的利益の両立を目的としたものであり、10年以上協力関係が継続している。これは特定の地域コミュニティと密接に協力しているという点で、NSの活動のうちオーソドックスな環境NGOの活動に最も近いものと言える[27]。

なお、こうしたNGOの活動と並行する形で、調査当時NSの2人のメンバーは多くの時間を行政関連の仕事に費やしており、実質的には収入の多くをそこから得ていた。スラバヤ市政府に招かれてゴミ対策の講師となったり、第5章で扱う住民向けの環境コンテストの審査員も務めたりするほか、公共事業省の仕事にかなりの労力がかけられていた。近年のインドネシアでは参加型開発、つまり「マシャラカットに基づく開発（pembangunan berbasis masyarakat）」と銘打った公共事業のプログラムの数を増やしており、具体的には村落レベルでの廃棄物の分別施設や排水処理施設の建設を、州や県といった地方政府を迂回して住民グループ[28]に直接資金を渡して建設運営を任せるというものである[29]。住民主体といっても会計報告などの複雑な書類仕事があるため、この住民グループの補佐として建築業者や、資材の手配や書類作業などの実質的な仕事を行う1年契約の専門家のポジションが設けられている[30]。

---

27) ただし、海岸に漂着するゴミがマングローブの成長を阻害しているとして清掃活動も行い、集めたゴミの写真やデータをワークショップにも活用している点で、植樹活動とゴミ対策の活動は相互に関連している。
28) このプログラムのために個別に結成されるグループは「住民自助グループ（Kelompok Swadaya Masyarakat）」および頭文字を取って「KSM」と呼ばれている。
29) ドイツのNGOであるBORDAが分散型の排水処理や廃棄物処理を世界中で推進しており、このプログラムはBORDAとの協力で開始されたものである。
30) 公共事業省東ジャワ支局において、そうした仕事および部署は「事業ユニット（satuan kerja）」、略して「サックル（satker）」と呼ばれている。1か所のプロジェクトごとに外部からの契約職員としては技術担当とエンパワーメント担当の2人の

アンワル氏もハンナ氏もこの仕事を引き受けており、プログラムが走っている10か月間はほとんど毎週のように他県にあるプロジェクトの選定地に足を運んでいた。これらの業務はNGOとしてではなく2人がそれぞれ別々に仕事をしているため、たとえば海外から来た研究者がNSの活動について尋ねるとこうした仕事に言及されることはない[31]。しかし、調査当時は大口の援助機関のプログラムに採択されていなかったこともあり、実際にはアンワル氏とハンナ氏の収入の大半はこうした行政の仕事から来ていたのであった[32]。

地方自治の拡大もあってこうした「住民参加型」の開発プログラムは増加しており、その意味で徐々にNGOと行政との違いも薄れつつあるが、NGOの活動家は単なる行政の下請けだけでなく従来の活動も継続しており、その他の資金先も常に探し続けている。行政の専門職としての仕事はNGOのネットワークの拡大とみなすこともでき、NGOおよび活動家はインドネシアでは特に環境問題において、広範な活動とネットワークによって独自の地位を占めているのである。

　　　　　　　＊　　　　　　＊　　　　　　＊

本章ではインドネシアにおいて住民参加型開発が盛んに行われている社会的背景としての「住民」概念と環境NGOについて論じてきた。現在のインドネシアでは、かつてのスハルト体制によって確立された開発への動員対象としての「住民」のあり方を基盤としつつも、スハルト体制と決別した新たな社会を模索する動きの中で、権利の主体としても「住民」を重

　　担当者がつく。アンワル氏もハンナ氏もエンパワーメント担当として契約をしていた。
31) オーストラリアの博士課程の学生やスウェーデンの環境NGOのスタッフなどが、NSにインタビューすることがあり、筆者も同席したが、こうした場面では行政の下請けの存在と受け取られかねないようなこうした仕事について語られることはなかった。
32) プロジェクトが実施されている間は月収にして1500万ルピアから2000万ルピア（15万円から20万円）が給与として支払われていた。当時のインドネシアの平均月収は300万ルピア（3万円）に満たない程度であり、大都市であることを考えても、10か月だけとはいえかなりの金額である。

視する流れが生まれてきた。その中で住民参加型開発は開発政策の新たな理念となってきたのである。この理念としての「住民」を推進してきたのが環境 NGO というアクターであり、スラバヤ市においてはゴミ問題が「住民」の一番の課題であったために住民参加型の廃棄物処理の試みが推進されてきた。

　環境 NGO は組織的には小規模ながらも、住民参加型の開発の技術や手法についての知識を流通する結節点となっている。本書では NS というひとつの NGO に焦点を絞ってその組織や活動について記述してきたが、他の NGO も（どの活動や社会的ネットワークが中心的なのかには違いはあるが）それぞれが NS のように広範なネットワークの仲介者となっている。ゴミ問題についても、特定のローカルな取り組みが、活動家を通じて各地へと知識が拡散していくネットワークが存在するのである。住民参加型開発が 2000 年代以降増加していくのと軌を一にして、NGO のネットワークは企業や行政のネットワークと重なるようになって拡大しており、知識の流通はますます盛んとなってきている。

　こうした制度的背景から、住民参加型の廃棄物処理のプロジェクトが 2000 年代以降インドネシア各地で生まれ、次章で論じるインドネシア独自の技術や技法が数多く開発されてきた。その結果、特にスラバヤ市ではゴミ問題に参加する「住民」を生成することに成功している。しかし、その成功は環境 NGO にとっては意図せぬ結果も招いたのである。

第 5 章

住民参加のパラドックス

　前章で述べたように、筆者は調査期間の後半では環境 NGO の様々な活動に加わり、住民参加型の廃棄物処理について調査するようになっていった。スラバヤでは住民による廃棄物処理の試みが大々的に取り組まれ、そこではインドネシアで独自に開発されたリサイクルの技術が広められていた。本章では、住民参加型処理の試みを、インドネシア各地で広められている多種多様な廃棄物処理技術およびスラバヤ市独自の環境コンテストのふたつに分けて紹介していく。第 3 章で論じたように、2000 年代のゴミ問題はブノウォ最終処分場がある程度機能していることで切迫したものではなくなっている。しかし、ゴミ問題が喫緊の課題ではなくなったにもかかわらず、住民参加の試みは盛んになされており、行政の廃棄物処理インフラとは別の論理に基づいた自律的な動きを見せているのである。

I　住民参加のテクノロジー──絶えざる発明と増殖

　ポストスハルト期のインドネシアでは、住民参加を目的とした廃棄物処理のテクノロジーが多数開発されてきた。これらの技術はインドネシアで独自に開発されたり、あるいは独自に命名されたりしてきたものであり、現在も新たに開発され、その数は増えていく一方である。これらの技術の特徴として、ゴミのリサイクルという人々の関心を引かない活動にいかに人々を動員するのかという問題を乗り越えるために、それぞれが様々な魅力を作り出すことで「住民参加」を誘うための創意工夫が込められている。その結果、それぞれがニッチを埋めるようにして互いに差異化しながら多数の技術が開発・普及されており、これらの技術を用いることでゴミに関

心がない人々からゴミに関わる「住民」という存在を作りだすことが意図されているのである[1]。本節ではスラバヤで広められているいくつかのテクノロジー（ゴミ銀行、堆肥化技術、「リサイクル」の手芸品）を具体的に紹介していこう。

1-1 ゴミ銀行

「ゴミ銀行（bank sampah）」とはインドネシア各地で広く行われている、住民によるゴミの分別やリサイクルを行う取り組みである。その名の通り、銀行をモデルとして住民に金銭的なインセンティブを設けることによって、ゴミの処理に興味を持たない大多数の住民も含めて取り組んでもらうことを意図している。この取り組みは住民レベルで環境改善を行おうとするときに有力な選択肢としてインドネシア全土で広く知られており、RT・RWの単位や村落などの特定の地域コミュニティごと、あるいは学校ごとに「ゴミ銀行」が設置されている。

ゴミ銀行の仕組みは次の通りである。住民はゴミ銀行に「顧客（nasabah）」として名前や住所などを登録する。プラスチックや金属などの有価物を各家庭がゴミ銀行に持っていき、有価物の重量を計測して「顧客」ごとに種類と重量を記録し、それぞれの値段を計算して記入する。ゴミ銀行は集めた有価物をプムルンに売却し、売却した利益がいわば銀行の預金のように貯められ、「顧客」は自分の利益として都度引き出すことができる。有価物の種類や金額は買い取るプムルン次第であるためゴミ銀行によって異なり、大抵は一覧のリストが印刷されたり掲示されていたりする。それぞれのゴミ銀行によって細部は異なり、「通帳（buku tabungan）」をそれぞれ発行していかにも銀行のような形式を取るのに力を入れているゴミ銀行

---

1) 科学技術社会学では、それぞれのテクノロジーにはユーザーが誰でどのように使われるかの想定という形で、特定の社会のあり方が「書き込まれている」と指摘されてきた［Akrich 1992］。技術の設計者は一種の社会学者として、特定の社会のモデルを持っており、それが技術によって現実のものとなるのである［Callon 1987］。本節でもそれぞれのテクノロジーによって社会が構築されているという前提のもとで、いかに「住民」が生成しているのかを分析する。

もあれば、単に空き地を貯蔵所として住民が片手間に行っているようなゴミ銀行もあり、また個別の住民に利益を還元する場合もあれば、RTなど集団の資金として道路の補修や活動費に充てているところもある。こうしたゴミ銀行で得られる利益は一般庶民の世帯が排出するペットボトルや缶の量では、真面目にすべてを分別して持って行ったとしてもおおむね数万ルピアから10万ルピア（1000円）程度になり、日本円の感覚で言えば数千円から1万円くらいの小遣い程度の利益と言える。そのため、生活の支援を目的としているというよりも、金銭的利益があることで人々の関心を集め、ゴミの分別を行うようになることを目的にした仕組みである。

　ゴミ銀行は2008年にジョグジャカルタ州バントゥル県のある村に作られたのが最初である。ゴミ銀行を考案したのはジョグジャカルタの保健専門学校（Politeknik Kesehatan）の公衆衛生学の講師であったバンバン・スウェルダ氏（Bambang Swerda）である[2]。バンバン氏は環境衛生コースの担当として教鞭をとる傍ら、ポリテクニクの職務として人々の衛生状態を改善する活動を続けてきた。特にインドネシアではデング熱の流行が長年問題となっており、路上に放置されたゴミに水が溜まって蚊の発生源となるため、デング熱対策としてゴミの適切な処理が主要な活動内容であった。この活動自体はバンバン氏ではなく別の教員の主導のもとに始められたものであり、活動当初の2001年頃はその教員の住んでいたジョグジャカルタ中心部のカンプンで始められた。この取り組みは成功し、住民による収集や有価物の売却、有機ゴミの堆肥化といったプログラムが順調に進んだという。

　そこでバンバン氏は今度は自分の住んでいた都市近郊の村落でもゴミ対策を行おうとしたが、同じプログラムをそのまま適用するのではうまくいきそうにないと考えたという。なぜなら、彼によれば「住民の性格（karakter masyarakat）」が最初のカンプンとは違ったからである。その村落は都市化が進み、もはや村（desa）ではなくなったが、しかし都市のカン

---

[2]　スラバヤの市長を務めたバンバンとは別人である。なおゴミ銀行開発の経緯は主にバンバン氏へのインタビューに依拠している（2017年1月6日）。

プンのような相互扶助もまだなく、人々は「個人主義的な方向へ向かっていた（sudah mulai ke arah individual）」のだという。バンバン氏の村落はバンバン氏自身を含めて新たな移住者が多く、ゴミ対策のプログラムをそのまま始められるような人々のまとまりが存在しなかったのである。

　そこで考案されたのが「ゴミ銀行」であった。バンバン氏によれば、廃棄物を分別して利益を上げるタイの協同組合の取り組みを知ったことが着想の源だったという。有価物を売却したお金を住民に還元することで、「個人主義の方向」になってしまった村落でもゴミの適正管理という目的を達成できるのではないかと考えたのである。これを「銀行」というコンセプトにしたのは、こうした仕組みを銀行の貯蓄になぞらえることで理解しやすくなることが理由であったが、言葉遊びの側面もあった。「ゴミ箱（bak sampah）」という日常的な言葉とほとんど似たような音であるが、「ゴミ銀行（bank sampah）」と「n」を付け加えるだけで、金銭的な利益がありそうな別のものに変化する、そのおかしみも「銀行」と名付けた理由だという[3]。

　このコンセプトに基づいて 2008 年に最初のゴミ銀行が設立された。当初はひとつの RT の世帯だけを対象にしたごく小さなものであったが、活動は徐々に軌道に乗り、村の多くの世帯がゴミ銀行に参加するようになったという。この取り組みは「ゴミ」と「銀行」という組み合わせの奇妙さもあってメディアの注目を浴び、新聞などにたびたび取り上げられるようになった。そうしたメディアの記事が環境省の官僚の目にとまり、ゴミ銀行というアイデアはジョグジャカルタの一村落での取り組みという枠を超えて環境省に採用されることとなった。2012 年にはゴミ銀行の仕組みについての全国的なガイドラインも環境省の省令で作成され[4]、現在のイン

---

3) また、2020 年代の現在ではかなりの人が銀行口座を持つようになったが、当時の一般庶民の多くは銀行口座を持っておらず、銀行は縁遠い存在であった。そうした状況を考慮すれば、仮に言葉だけであっても集落の中に「銀行」ができ、自分が「顧客」になるというゴミ銀行のアイデアが多くの人々にとって魅力的であったこともある程度は理解が可能なように思われる。

4) PERMEN LH No. 13 Tahun 2012 tentang Pedoman Pelaksanaan Reduce, Reuse, dan Recycle Melalui Bank Sampah.（環境省令 2012 年 13 号　ゴミ銀行を通じたリデュー

ドネシアでゴミ対策として最もよく見られる取り組みとなったのである。

　ゴミ銀行からは、住民参加型の廃棄物処理技術がどのような形で「住民（マシャラカット）」と結びついているのかを知ることができる。こうした技術は、公衆衛生を含めた住環境を改善しながら人々に経済的利益ももたらすものであり、ボトムアップで人々が自主的に改善していくためのものであるという意味付けがなされている。しかしその反面、この技術には、そのままでは無関心な人々の注意を引き付けていかに動員できるかという計算が込められてもいる。創始者のバンバン氏も自ら住民であり、ゴミ銀行はどこからの指示もなく始めた「下から」のものであることを強調していた一方で、彼が公衆衛生学の教師というローカルとはいえ教育を受けた知識人層に属することも事実である。そのため、ゴミ銀行には人々がひとりひとり適切なゴミの扱い方を学ぶという教育的な意図を見てとることができる。経済的なインセンティブをもたらすというゴミ銀行独自の利点とされている要素もまた、そのままでは人々は正しくゴミを扱わず無秩序にポイ捨てしてしまうため、金銭によって関心を呼ばなくてはならないという現実認識から考案されたものである。

　また、ゴミ銀行はゼロから「住民」を作り上げる道具としても機能していることが指摘できる。ゴミ銀行というコンセプトが作られた理由としてバンバン氏の村落が移住者の増加によって「個人主義的」になっていたことが述べられていたように、もはやコミュニティではなく孤独な個人の集合であったとしても、経済的取引であれば人々を動員することが可能となる。そのため、すでにある「住民」にゴミ処理をしてもらうだけでなく、バラバラの個人からゴミ処理をする「住民」をこの技術によって構成することができるのである。「顧客」「通帳」といった言葉とは裏腹に、ゴミ銀行では基本的にひとりひとりが自由にゴミを持ち込んで貯金するような合理的経済人は想定されていない。ゴミ銀行が村落やRT・RWごとに作られているように、むしろゴミ銀行を通じて集合体としての住民がゴミの無秩序な投棄を集団的に改善することが期待されているのである。

ス・リユース・リサイクルの指針）

このことは活動が活発なゴミ銀行が収集日をはっきり決めていることからも分かる。筆者が観察したスラバヤのある RT が設立したゴミ銀行では、月に 1 度日曜日に受付の日を決めており、その日の午前中にカンプンの路地に机と重量計を持ち出して計測するという仕組みを取っていた。この RT ではある女性が中心となっており、彼女の知人を中心に近隣住民が空き缶やペットボトルを持ち寄っては計測を行い、それぞれの重量を記録につけていた。集まってきた人々は計測をした後も立ち去ることなく雑談を続けており、こうした交流も主要な目的のひとつであると考えてよいだろう。実際、各家庭から出る有価物を持ち寄ったところであまり利益になるものではなく、その RT では積極的に自分の家庭以外からも有価物を集めて持ち込んでいるひとりの女性を除けば、数万ルピアといった 1 日の食費程度の利益にしかなっていない者がほとんどであった。ゴミ銀行の存在は収集日というイベントが創られることで、人々が集まることに大きな比重が置かれているのである。

ゴミ銀行は全国規模で拡大を続けており、住民参加型の廃棄物処理の仕組みとして最も著名な地位を占めている[5]。これはこの技術を始めるのが容易であることも理由として大きいだろう。それぞれの住民があらかじめ取り分けておいた有価物を持ち寄るため、特別な設備は必要ではなく、ゴミを貯蔵できるスペースさえ確保できればすぐに始められる。また、その処理もプムルン（プグプル）に売却すればよいだけであり[6]、堆肥化のように細かな管理も必要ではない。こうした手軽さもあり、ゴミ銀行はゴミによる住民参加の実現に最も一般的な手法として普及しているのである。

---

[5] たとえば毎年行われる中央統計局の村落潜在力調査（PODES）の環境に関する質問項目に、2020 年からゴミ銀行の有無が追加されており、地域の環境対策の度合いを測る典型的な指標となっている。

[6] 有価物を買い取るプグプルからすれば売り手が増えただけであり、また経済的にも余裕があるゴミ銀行の運営側の住民から資金を借りることができるなどの利点もある。筆者が話を聞いたあるゴミ銀行ではプグプルに頼まれて事業資金を貸していた。

1-2　堆肥化の3つの技術

　ゴミ銀行は第3章のA社の分別施設のような非有機ゴミの分別技術であったが、有機ゴミの堆肥化でも同様に住民をユーザーに想定した技術がインドネシアでは開発されてきた。興味深いことに、同じ堆肥化であっても、タカクラバスケット、樽コンポスター、ビオポリと3つの異なる名前のテクノロジーが並行して存在しており、しかも、そのうち前者の2つはスラバヤで独自に開発されたものである。スラバヤのゴミ問題がとりわけ住民参加の取り組みを促し、同じ堆肥化であってもニッチを埋めるようにして別のテクノロジーへと複数に増殖し並存しているのである。

● タカクラバスケット

　タカクラバスケット（Keranjang Takakura）は、北九州市在住の高倉弘二氏によって開発された家庭用の小さなコンポスト装置である[7]［高倉 2023］。高さ数十cmのプラスチック製ランドリーボックスをもとに、内側に通気性のあるカーペット（または段ボール）が貼り付けられ、種コンポストがすでに入っており、そこに細かく切った有機ゴミを入れることで堆肥が作られる（図5-1）。ひとつの世帯で使われることが想定されており、各家庭の庭やベランダに置いて、ゴミ箱のように日々の生ゴミを投入して、それぞれが堆肥を作ることができるようになっている。

　このタカクラバスケットは2004年から2007年にかけて実施された、北九州市によるゴミ堆肥化プロジェクトの中で開発された手法であり、このプロジェクトの最大の成果とされている［前田 2010; Premakumara 2012; 高倉 2023］。スラバヤ市はゴミ問題が大きな課題となった2000年代初頭から北九州市と環境協力を始めるようになり、最初に行われたのがこのプロジェクトであった。このプロジェクトでは、スラバヤ市政府ではなく、前章で述べた環境NGOのプスダコタがカウンターパートとなり、プスダコタが

---

[7]　日本では「高倉式コンポスト」と呼ばれているが、インドネシアではプラスチック製のバスケットが「タカクラバスケット」と呼ばれているため、本書では「タカクラバスケット」の名称を用いる。

図 5-1　タカクラバスケット

すでに行っていた堆肥化の事業を改善するために日本から専門家を派遣して指導するという形で行われた。

そこで、このプロジェクトを担当していた北九州市職員から招かれたのが高倉氏である[8]。高倉氏は、火力発電所の運転・メンテナンスを行う企業に勤める民間の技術者である。もともと水質測定といった化学分析の仕事をしていたが、社内の新規事業案として一般廃棄物のコンポストに取り組み始めたことをきっかけに、堆肥についての知識を身に付けていったという。やがて、北九州市環境局の生ゴミ堆肥化のモデル事業にも加わるようになり、北九州市環境局などの関係者の間ではコンポストの専門家として知られるようになっていた。このような経緯から高倉氏はスラバヤのプロジェクトに技術面での専門家として参加したのであった。

2004年にこのプロジェクトが開始され、当時悪臭が頻繁に発生するなど問題の多かったプスダコタが行っていた堆肥化の事業の改善に取り組んだ。その中で、水分や温度、切り返しの頻度などの管理の徹底や、発酵菌を堆肥に加えることで臭いを改善する手法を編み出していった[9]。しかし、

---

[8]　開発の経緯については高倉氏およびこのプロジェクトを担当していた北九州市職員へのインタビューに基づいている（2015年6月30日）。

[9]　これは北九州市の農家がヨーグルトを使って堆肥を製造していることを高倉氏が知っていたのをもとに始められ、ヨーグルトのほかジャワでよく食べられている発酵

プスダコタが生ゴミを回収した時点ですでに腐敗が進んでいたため、ゴミの発生源である家庭の段階でコンポストを作ることを試みたのである。その結果、製作されたのがタカクラバスケットである。試作品をプスダコタの活動するRTの家庭に頼んで試用してもらうと、野菜クズなどが翌日には分解されて形状が消失したため、そのスピードに感心されるなど、反応が非常によかったという。スラバヤ市政府も、ゴミ削減の有効な手法としてこの装置に注目し、市の予算でスラバヤ市内のRTに配布されるようになった。

この家庭用コンポスト装置が注目されるようになるにつれて、一連の改善策はひとまとまりの「テクノロジー」として名前が付けられることとなった[10]。そこで開発者の名前にちなんで「タカクラバスケット（Keranjang Takakura）」あるいは「タカクラ」と呼ばれるようになった。この家庭用コンポスト装置は、ゴミがすぐに消失する「魔法のバスケット（keranjang sakti）」としてメディアにも取り上げられた。スラバヤ市政府も積極的にこの装置の配布を継続し、2010年までに2万セットを配布し、インドネシア人にとってエキゾチックな日本人の名前と共にひとつのテクノロジーの形を取るようになったのである。

このタカクラバスケットはプスダコタが製品として販売していたほか、ジャカルタなどの他の企業も同じ名前で販売している[11]。日本では高倉式コンポストという名称で発酵食品を用いたコンポスト手法として名前が知られているが[12]、インドネシアでは家庭用の堆肥化装置としてパッケージ

食品であるテンペとタペを用いて、砂糖水によって増殖させた発酵液を米ヌカおよび籾殻と混ぜた種コンポスト（発酵床）を作る手法が確立された。
10) 具体的な名前を付けたテクノロジーにしようと積極的だったのは、当初は技術者の高倉氏ではなく北九州市環境局の職員だったという。
11) なお、もともとバスケットを販売していたNGOのプスダコタは、所属していた私立スラバヤ大学の意向を受けて2017年に人員がほぼ総入れ替えになり、筆者の滞在時には活動を休止していた。また、スラバヤ市政府も予算の関係でバスケットの無償配布をとりやめていた。しかし、筆者の調査時かなり下火になっていたタカクラバスケットは、プスダコタが活動休止することで、逆にそれ以外のNGOや大学教員などが進めることができるようになり、また高倉氏やJICAなどの日本側も普及活動を続けているため、近年インドネシア各地で再び広められつつある。

化されたものが流通している。他の2つの堆肥化の技術は基本的に地域コミュニティの単位で用いられることが想定されているのに対して、そのサイズから各家庭が使用する堆肥化装置としてタカクラバスケットは独自のテクノロジーとしてインドネシアでは確立されている。

● 樽コンポスター

筆者の調査時に最も頻繁に目にしたのが、樽コンポスター（tong komposter）である（図5-2）。これは100L前後の樹脂製の貯水タンクを用いたコンポスト装置である。青色で気密性の高いこのタンクは比較的手に入りやすく、これを改造してコンポスターにしたものである。このコンポスターは清掃公園局が管理する公園や緑地帯に積極的に設置しており、落ち葉や剪定クズをそこに投入してコンポストを製造している。また、行政による使用だけでなく、住民によっても数多くの樽コンポスターが製作され、カンプンの路地にも設置されている。

樽コンポスターは形状に若干の揺らぎがあるが、おおむね次のようなものである。余分な水分を地面に吸収させるために、タンクの底をくり貫いて直接土に数cmから数十cmほど埋め込んでいる。さらに、通気性の確保のために内部にパイプをT字型に通している。穴が無数に空けられたパイプを通すことで空気がコンポストの内部にまで行きわたり、発酵プロセスが早まり悪臭の発生が抑えられるとされている。また、ドラムの下部をくり貫いて地面と接するのではなく、蛇口を取り付けて発酵液を「液肥（pupuk cair）」として取り出すように設計されたものもある。こうしたコンポスターは行政やカンプンの他、教育機関でも近年盛んに設置されており、スラバヤ市内において街角や校庭の隅などあちこちにこの樽コンポスター

---

12) 日本ではスラバヤ市での成功が開発業界に知られ、青年海外協力隊の訓練プログラムにも取り入れられたことに加えて、高倉氏本人が積極的に知識の普及に努めているため、「高倉式コンポスト」という名称で広まっている。ただし、日本では家庭用の堆肥化装置ではなく、プロジェクトで改良された堆肥化の手法、特に発酵菌を用いることが他の堆肥化の手法と区別される最大の特徴とされている［吉田2018］。

図 5-2　樽コンポスター

が据え付けられているのを見ることができる。本章の後半で扱うスラバヤ市の環境コンテストでも、有機ゴミのコンポストの取り組みとして示されるのは決まってこの樽コンポスターであった。

　樽コンポスターは 2002 年にスラバヤ教育大学（Universitas Negeri Surabaya）の講師によって考案されたものである。スラバヤ教育大学はゴミ問題が発生する 2001 年以前から居住環境改善プログラムを公共事業局と共同で行っており、そこでもゴミは取り組むべきテーマのひとつであった[13]。だが、本格的に取り組むようになったのはやはり 2001 年のゴミ問題が契機であり、工学や生物学の講師などによって 5 人のゴミ対策チームが結成された。このチームは東ジャワ州政府と協力関係を結び、外資系企業のユニリーバの資金プログラムのもとで、スラバヤ市内のジャンバンガン地区（Kelurahan Jambangan）でゴミの排出量を削減するための対策を考案することになった（このプログラムについては第 2 節で詳述）。

　そこでチームの一員であった機械工学の講師によって考案されたのが、樽コンポスターであった。プラスチック製の貯水タンクを用いてコンポストを作ること自体はそれ以前からあったものであり、インドネシア以外で

---

13)　以下の情報はプロジェクトに関わったスラバヤ教育大学の生物学の講師へのインタビューに基づく（2017 年 5 月 20 日）。

も類似のものが見られる。しかし、スラバヤ市ではこのプロジェクトで考案された形が標準的なものとして広まっており、独自のテクノロジーとして流通している。その設計では、発酵が進みやすいように、細かい穴を空けたパイプをT字の形でタンクの内部に設置し、さらにパイプをタンクから煙突のように伸ばすという改良が施されている。その結果、樽コンポスターは、明らかに通常のプラスチックタンクとは異なる外見となり、また、「好気コンポスター（komposter aerob）」という新奇な名前が付けられていることで、ひとつの「テクノロジー」として成立しているのである。

2002年にこのコンポスターが形になると、当時の市長であったバンバンが取り上げ、行政によって公園や街路などに設置されるようになった。住民の間でもこの樽コンポスターが設置されるようになり、徐々に定着していった。現在では、スラバヤ教育大学などの特定の組織が販売しているというよりも、すでに存在する樽コンポスターを手本としてそれを真似する形で作られている。樽コンポスターを製造して販売する民間業者もいるが、市販のプラスチックタンクとパイプで簡単に作れることから学校や地域住民の手によって個別に作られることも多い。

タカクラバスケットが世帯ごとに使用することが想定されているのに対して、樽コンポスターはコミュニティ全体が使用することが想定されており、共同のゴミ箱のように路地に設置される。人々が行き交う空間の景観の一部として存在するため、住民たちによって視覚性を高められることがある。内側にさらにタンクを設置して二重にした上で外側には植物を植えて美しい見た目にしたり、あるいはペンキで装飾が施されたりしている。カンプンの路地をカラフルにペインティングすることは一般的に行われており、樽コンポスターもそうした住民によって整備される都市景観のひとつとして受容されている。

● ビオポリ

ビオポリ（biopori）は、開発の経緯および特徴においてこれまで述べた2つのテクノロジーとはやや毛色が異なる技術である。タカクラバスケットと樽コンポスターがスラバヤという文脈で生成してきた技術であるのに

図 5-3　ビオポリ

対して、ビオポリはインドネシア全土で広く実践されており、かつ、このテクノロジーは、もともとゴミ処理とはまったく異なる目的から開発されたものが、ゴミ処理へと用途を変えてインドネシアで独自に流通してきたものである。

　ビオポリとは地面に垂直の穴を空け、その中に有機ゴミを投入することでコンポストの機能を果たす技術である（図 5-3）。一般的には直径 10 cm 前後の穴を垂直に 100 cm 程度掘り、崩壊しないようにパイプなどを部分的に詰めて補強した上で、網などを上からかけて蓋をして作られる。ビオポリの特徴は、これがコンポストを作るためだけでなく、インドネシアで恒常的に問題となっている洪水の対策にもなるとされている点である。ビオポリに投入された有機ゴミは、ミミズや微生物など土壌に存在する生物によって分解されることが想定されている。この「土壌生物（tanah fauna）」の活動によってビオポリの周囲に細かな穴が作られることで、土壌がスポンジ状になって保水力を高め、洪水を防ぐとされている。ビオポリという名称も「bio（生物）」と「pori（穴）」に由来している。

　このようにゴミ処理としてだけでなく、洪水対策にも効果がある一石二鳥のテクノロジーとして、ビオポリはインドネシアの各地、特に都市部で広く実践されている。スラバヤにおいては公園や街路樹の植え込みなどでもこのビオポリが数十 cm 間隔で設置されており、清掃公園局などの行政

機関も積極的に設置を進めている。「ドリル（alat bor）」と呼ばれる、金属製のポールをドリル状に加工して取手を付けた穴掘り器を使えば人力で簡単に設置できるため、行政だけでなく住民たち自ら実践する技術として各地で行われている。環境活動に取り組んでいる RT や学校のキャンパスでは、このビオポリが定番の取り組みとして、路地や校庭の片隅に並んでいる姿を見ることができる。

　ビオポリが普及したのは 2000 年代後半以降であり、カミル・ブラタ（Kamir Brata）氏というボゴール農業大学の研究者によって考案された[14]。興味深いのはこの技術はもともとゴミ処理のためでも洪水対策のためでもなかったことである。ビオポリの着想は、1990 年代初頭に彼が土壌物理学の修士課程でオーストラリアに留学していた時に知った、「垂直マルチング（Vertical Mulch）」という農業の手法にある。これは有機農業で用いられている手法であり、樹木への施肥のため、地面に垂直の穴を空けてそこに落ち葉などを詰め込み、堆肥化および堆肥の流出を防ぐことを目的としたものである。

　カミル氏はインドネシアに帰国後、この手法を農業技術として普及することを試みていた。1990 年代にはこの技術は「垂直マルチング（Mulsa Vertikal）」と英語をそのまま用いた上で、インドネシアでの適用可能性を検討しており、熱帯地方の土壌の改善を目的として農業試験を繰り返していた。熱帯地方では、激しい降雨によって土壌の栄養分が流出してできる非常に固い土壌であるラトソルが一般的に見られる。農業にあまり適していないこうした土地に垂直マルチングを施すことで、堆肥がスコールによって流出せず、また土壌生物の活動による細かな穴が固く水を浸透しなくなった土壌を改善することが期待されていた。確かに 1990 年代にはこの技術は、ゴミ処理のためではなく、土壌生物の活性化によって土質の改善および土壌の栄養分の循環を促進するという、何よりも農業のためになさ

14）　Kamir R Brata: Penemu "Lubang Resapan Biopori". 2013/10/4 *Hubungan Alumni Institute Pertanian Bogor*.（http://hubunganalumni.ipb.ac.id/kamir-r-brata-penemu-lubang-resapan-biopori 2018 年 4 月 26 日閲覧）

れるものであった。

　農業技術であった垂直マルチングが大きく変容する転機となったのは、2007年2月にジャカルタで起きた大規模な洪水であった。インドネシアでは雨季の洪水は日常的なものではあるが、この時の洪水はジャカルタの面積のうち4分の3が被害を受け、約40万人が避難を余儀なくされるほどの甚大な災害となった。この災害を受けて洪水対策が大きな話題となる中で、カミル氏は誰もが実行可能な洪水対策としてこの垂直マルチングを熱心に宣伝し、所属するボゴール農業大学やボゴール市が実際に大規模に設置したこともあって、メディアも注目するようになった。この時には名称が「ビオポリ」に変わり、メディアで盛んに取り上げられたことをきっかけに、各地でこの手法が実践されるようになったのである[15] [Mohsin 2015]。

　洪水対策として注目されたビオポリは、同時にゴミ問題に対処する技術としても受容されて広まっていった。第2章で述べたようにインドネシアではゴミ問題と洪水は関連するものとして理解されており、コンポストを作る機能を持つビオポリがゴミ処理技術としても受け止められたのは自然なことであったと言えるだろう。事実、ビオポリが注目され始めた翌年の2008年に考案者のカミル氏が出版したビオポリについての解説書では、第1章から世界規模の問題としてゴミ問題が取り上げられ、その対策としてビオポリが意味付けられている [Brata & Nelistya 2008]。ビオポリはゴミ対策のテクノロジーとして受容され、洪水という非日常的な災害だけでなく日常のゴミ問題への対処としても普及するようになったのである。

　ビオポリの特筆すべき特徴として「穴を掘る」という実践によって引き出されるイベント性が指摘できる。ゴミ問題対策および環境保護という共有価値を現前させる装置として、ビオポリの穴を掘る行為はしばしば積極

15）　モフシン（A. Mohsin）は、2007年のジャカルタ洪水およびビオポリをインドネシアの民主化と関連させて考察しており、スハルト体制の崩壊後、国家機関やテクノクラートではない一般市民も災害についての論争に加わるようになった事例がこの洪水災害であり、ビオポリが民主的な技術であったために注目を浴びたと分析している ［Mohsin 2015］

図 5-4　ビオポリ設置のイベント

的に採用されている。多くの人々が一斉に穴掘り器を回して地面に穴を空ける実践は、環境保護のイベントにおいて植樹と同様に象徴的な意味を持たせることのできる行為として好んで用いられている。筆者の経験の中でもビオポリが政治的キャンペーンとして用いられることがあった。筆者が滞在していた 2018 年は東ジャワ州知事選があり、そのためのキャンペーンが盛んに繰り広げられていた。その一環として、ある州知事候補によって環境保護のイベントが開催されたことがあった。ボーイスカウト[16]の環境保護集会という名目で行われたこのイベントの目玉は、インドネシアの有名ロックバンドの登場であり、バンドのメンバーによるビオポリの設置であった（図 5-4）。このように、ビオポリの穴を掘るという象徴性は諸々のイベントにおいて重宝されているのである。

　このように同じ堆肥化であっても、インドネシアでは 3 つの別々のテクノロジーとして異なる名前のもとで成立している。これらは原理としては同様ながら、ユーザーの想定や追加されている機能の違いによって、それ

---

16)　インドネシアでは「プラムカ（Pramuka）」と呼ばれている。課外活動として学校のカリキュラムに組み込まれており、公立学校であれば多くの生徒が参加するため、他国のボーイスカウト運動とは毛色が異なる。これはスカルノ体制期の 1961 年に設立され、ソ連など共産圏のピオネールの影響も強く受けているためである。

それが異なるニッチを埋めることで、別々の技術として差異化されている。この3つの比較から、その微妙な差異化を分析していこう。

　まずタカクラバスケットと樽コンポスターの違いは、ユーザーとして想定されている「住民」の定義の違いだと指摘できる。タカクラバスケットにおいて住民が堆肥化をするという目的の中で定義されている「住民」とは、個々の家庭ないし個人である。日本では段ボールコンポストなど家庭でのゴミのリサイクルの試みがなされている一方で、堆肥化などのリサイクルを地域コミュニティで一斉にやることは一般的ではない。そのため、家庭でコンポストを作ることを前提に、プラスチックバスケットのサイズのような小規模のコンポスト装置が開発されたのである。しかし、前章でも論じたように、インドネシアで「住民」として想定されるのは地域コミュニティのことであり、樽コンポスターもまた複数世帯が同時に使うことが想定されている。タカクラバスケットと樽コンポスターは、住民による堆肥化という目的が同じであっても、結果として世帯使用と共同使用という形で差異化されているのである。

　ビオポリについては、ユーザーの想定という点では樽コンポスターと同じであるが、利用目的という点で差異化がなされている。ビオポリはインドネシアの研究者によって開発された技術であり、想定されるユーザーは樽コンポスターと同様に集団としての「住民」である。そのため、ビオポリは個別の家屋の敷地内に作られるのではなく、共用の空間である路地の道沿いや公園の敷地内に設置される。一方で、使用目的としてゴミ処理と洪水対策が結びつけられているという点に、ビオポリ独自の特徴がある。先ほど述べたように、インドネシアではゴミと洪水が関連するという理解が広く浸透しており、このゴミと洪水の関係性にビオポリは直接対応している。このように、同じ有機ゴミを堆肥化する実践であっても、互いに細やかな差異化がされて複数のテクノロジーが並存するのである。

　ここまでは3つのテクノロジーの差異化について述べてきたが、インドネシアにおける住民参加型の廃棄物処理のテクノロジーとして共通する特徴もある。ゴミ銀行と同じくこれらのテクノロジーは、いかに住民の関心を引きつけて、「参加」しようという気にさせるかという目的が組み込ま

れている点で共通している。この関心のない住民というユーザー像への対応策として、ゴミ銀行では売却による経済的利益が中心であったのに対して、3つの堆肥化テクノロジーにおいては美学的側面が魅力として強く打ち出されている点が指摘できる。

　たとえばタカクラバスケットがプラスチック製であることは、この装置の開発過程で意図的に選択されたものである。高倉氏やプスダコタのメンバーが語ったところでは、成功の理由のひとつに見た目の美しさがあった。タカクラバスケットのプラスチックの色鮮やかな見た目によって、人々の関心を誘うことができたのである。現地の素材で可能な簡易な堆肥化手法というプロジェクトの趣旨からすれば、プラスチックバスケットという当時の基準で言えば比較的高価な素材は目的とずれている。事実プロジェクトでは安価な竹製のカゴで作ったコンポスト装置も試作していたのだという。しかし、この竹製のバスケットは住民によって拒否されてしまった。竹製のカゴは古臭く、田舎臭い見た目であるため受け入れられなかったのである。

　この竹／プラスチックという美的基準、あるいは正確に言えば竹の美的価値の低さはスラバヤのカンプンにおいて共有されている。あるRTで婦人会の会長として環境改善に取り組む女性が、活動の苦労を語る中でも同様の話が聞かれた。以前、カンプンでの小規模事業を支援する市政府のプログラムがあり、インドネシアでは日常食のナマズの稚魚や養殖の設備が用意された。しかし、稚魚が入ったケースが竹製であったために、安価でみっともない竹製の箱を配るのは自分たちを軽視していることの表れだと住民が怒り、彼女に強く抗議に集まったという。貧しい農民が使う竹製品との対比で、色鮮やかなプラスチック製品は日常生活を美化するものとして好まれているのである。

　樽コンポスターも同様に美的価値が認められており、共用空間に設置されるものであるために特にカンプンの景観の美化という意味が強く込められている。ここでは樽コンポスターの美的価値は、タカクラバスケットと同様にプラスチックの美学もあるが、同時にプラスチックバレルの大きさとそのシンプルな青色の見た目が、住民によるペイントという創意工夫を

実現できる下地としても機能している。樽コンポストには色とりどりのペイントが施され、路地というカンプンの空間を華やかにする装飾のひとつともなっている。これらの設置やペイントは、「奉仕作業（kerja bakti）」と呼ばれている、年に数回行われる RT 住民総出の清掃作業の中でなされるため、カンプンの環境を集団的に改善した結果として住民に認識されている。樽コンポスターは住民にとって実質的には一種のアート作品として受容されている面が大きい。日本で言えば駅前などの公共空間に置かれるアート作品のようでもあり、大して意味は知らなくともなんとなくその場所の景観が好ましいものとして認識される要素となっているのである。

　ビオポリも樽コンポスターと同様に、カンプンの美的景観を創る装置でもあるが、むしろ完成したビオポリそのものよりも「穴を掘る」というパフォーマンスにビオポリの美的価値がある。共同で地面に穴を空けるという行為は、世界的により一般的な行為で言えば植樹と同様の効果をもたらす。そのため、上述のように政治的キャンペーンなど人々が集合することそれ自体が明確な目的である場合には、ビオポリが好まれるのである[17]。

I-3 「リサイクル」と新たな技術の発明

　有機ゴミの堆肥化は同じ実践でありながら 3 つのテクノロジーが差異化されているが、堆肥化以外の非有機ゴミのリサイクルになると、住民参加のテクノロジーの種類はさらに増加していく。有機ゴミの場合は基本的には堆肥化という手法しか存在せず、その場合、完成品という点では同じコンポストという存在であるため、差異化には限界があった。これが非有機ゴミ、つまり紙やプラスチックとなると、それらの物質の高い加工性によってさらに多様な利用法を編み出すことができる。これらの物質はそもそも加工性に優れているため様々な製品に用いられており、それゆえゴミとしても大量に投棄されているのであるが、その加工性ゆえに住民の手によるリサイクルでも同様に多様な製品を作ることができるのである。

17）　また、ビオポリに関しては路地に穴を掘るため、水はけがよくなり洪水対策にもなるという実利的な効用も認められている。

図 5-5 「リサイクル」の手芸品

　現代のインドネシアでは、紙やプラスチックのゴミから手芸品（kerajinan）を作る実践は各地で広まっている。住民がリサイクルとして趣向を凝らす手芸品には多種多様なものがある。たとえば小麦粉や砂糖などの運搬に用いる大きな紙袋で作られたカバンやランプ台、プラスチック製の洗剤の詰め袋で作られたカバンや服や帽子、ペットボトルの切れ端を加熱して曲げたものをうまく組み合わせて花の形にして作ったブローチなど、種類を挙げていけばきりがないほどである（図5-5）。

　こうした手芸品はカンプン住民を中心に製作されており、家庭のインテリアとして用いられることもあれば、コミュニティの環境問題への取り組みの成果として展示されることもある。また、これらの手芸品を販売して利益が得られ、カンプンの経済状況が向上することがメリットとして挙げられることもあり、実際にスラバヤ市は市庁舎の一角や市所有の建物を販売スペースにして支援している[18]。ゴミからこうした手芸品を作るプログラムは環境教育においても定番であり、各地の教育機関で実施されている。

　これらの手芸品を制作するリサイクルは、役に立つ実用品を作ることを

18）　とはいえ実際に商品として一定数を売り上げることができ、生活の足しになるほどの利益を上げられる実例は筆者の知る限り存在せず、スラバヤの市政府やNGOなどの間で現実的な可能性として経済的利益が考えられることはまったくなかった。

目的としているというより、そのままだと廃棄されるようなゴミから創意工夫を凝らして面白い品物を新たに生み出すことそのものに価値が置かれている。メディアの取材や行政の広報など、こうした手芸品が表象される際にほぼ必ず用いられるのが、「クリエイティブ（kreatif）」という形容詞であった。何かしらの新奇なリサイクルの手法を生み出したこと自体、あるいは作り出されたリサイクル作品の面白さや美しさの質、人々の創造性の発揮という点に、リサイクルの意義が見出されている。この創造性に重点が置かれていることによって、可能な限り差異を作って「クリエイティブ」を主張することが志向されており、手芸品の種類を増大させていく方向へと向かう力を持っている。スラバヤのあるカンプンでは、洗剤の詰め袋を繋ぎ合わせてカバンを作るというよくある手法に少し変更を加えて、通常は並行に繋げて作るカバンを斜めに繋げるという難しい手法を編み出して、それを独自の「クリエイティブ」として誇りにしていた。

　こうした住民参加型リサイクルでの創造性の重視の帰結のひとつとして、リサイクルの手芸品のうち最も労力がかかり、完成品の質が追求されて人々の関心を最も集めるものが、廃材（主にプラスチックのゴミ）から作るドレスであることが挙げられる。インドネシアの伝統衣装というよりはカーニバルの衣装のような西洋がイメージされた無国籍風のドレスが作られており、メディアやSNSでも映えるため非常に人気がある。単にビニール袋を貼り合わせたような稚拙なものもあるが、中には非常に精巧な作品もあり、こうしたリサイクルのドレス専門のファッションコンテストもしばしば開催される（図5-6）。2010年代以降のインドネシアでは、地方政府の後援で文化行事としてのフェスティバルやパレードが各地でよく開催されているが、リサイクルのドレスはそうしたイベントのレパートリーとしても流行している[19]。

　こうした創造性あふれる手芸品が普及した結果、「リサイクル（daur

---

19) こうしたドレスを指す決まった単語はないが、2025年現在インターネットで「baju daur ulang（リサイクルの服）」「busana dari sampah（ゴミからの服飾品）」「fashion show daur ulang（リサイクルファッションショー）」といったキーワードで検索すれば多くの実例を見ることができる。

図5-6　リサイクルドレスのコンテスト

ulang)」という言葉の日常的な意味として、こうした手芸品を作ることや手芸品そのものを指すことが一般的となっている。もちろんゴミを再生利用するという抽象的な意味でも用いられてはいるが、「リサイクル」のプロトタイプが、たとえば日本では分別収集された資源ゴミが再生工場で新たな衣服に作り直されるといった機械的・産業的イメージであるのに対し、インドネシアでは住民などの目に見える人間の手によってカバンやドレスが製作されるという手工芸的イメージとなっているのである。そのため、プムルンという昔からある再生利用の生業が、「リサイクル」という言葉と結びつけられることは日常的にはほとんどない。

　創造性が重視されていることもあり、手芸品を作る「リサイクル」には常に新たな手法の需要が存在する。そのため、これまで生み出されてきた住民参加のための技術が並立するだけでなく、絶えず新たな技術が開発され続けている。新たな手法が生み出されると、その知識は前章で述べたように環境NGOを中心としたネットワークを通じて、すぐさま各地へと伝わり、ワークショップなどで住民も知ることになるのである。インドネシアの環境活動家はこうした新たな住民参加のテクノロジーを開発したり発見したりする役目も担っているのである。

　筆者の調査時にも、同行していた環境NGOであるNSが新たなリサイクルの手法をスラバヤおよび東ジャワ州に広めようとしていた。この新た

図5-7　エコブリック

なテクノロジーは「エコブリック（eco brick）」と呼ばれていた。エコブリックとは、菓子の包装材などのプラスチックゴミを細かく切ってペットボトルに限界まで充填してペットボトルを固くした「レンガ」を作り、それを組み合わせて椅子や壁を作るリサイクルの手法である（図5-7）。

　第3章の分別施設でも少し触れたが、菓子の包装材や調味料などの小分けにした袋などは内側にアルミ蒸着のコーティングがされているため再生利用が難しかった。エコブリックは、こうしたリサイクルが難しいプラスチックをペットボトルに一律に詰め込むことで有効利用できることが売りとされた。エコブリックをインドネシアで普及しようとしている中心的な団体がバリ島のある環境NGOである。NGOの設立者でありエコブリックの考案者のカナダ人男性は、もともとフィリピンでエコブリックの普及活動をしていたが、2015年にバリ人女性と結婚してバリに移住したことから、フィリピンからインドネシアへとエコブリックの運動の拠点を移し、積極的なプロモーションを始めていた。

　このNGOがジョグジャカルタでエコブリックの展覧会とワークショップを開催した際、NSもまた招待を受けて筆者を含めた数人のメンバーで訪問したことで、このエコブリックを知ることとなった。アンワル氏もこの手法に魅力を感じ、スラバヤに戻るとさっそくワークショップなどで積極的に紹介していった。エコブリックの製作は、ペットボトルにプラスチ

ックを棒で押し込む時に少しコツがいる程度で特にスキルも必要なく、またひとりひとり詰めたペットボトルを合わせて椅子などの家具を作るという集団での協力のニュアンスも込められるため、特に小学生などの環境教育に使えると考えたのである。他の環境NGOも同様のメリットを感じたのか、現在でもインドネシア各地で実践されており、比較的流行している手法のひとつとなっている。

I-4　住民参加型技術の特徴──ゴミ以外の魅力とニッチ構築による多様性

　ここまで見てきたように、現在のインドネシアでは多くの「住民参加型」のテクノロジーが生み出されており、しかもエコブリックのように新たな技術が常に開発されては、環境NGOなどのネットワークを通じて流通し、その種類は増加を続けてきた。こうしたインドネシア独自の住民参加型の廃棄物処理技術の特徴として、廃棄物そのもの以外での魅力によって、先行研究で指摘されていた住民参加の難しさを克服しているという点と、その結果、多種多様な技術が開発されている点が指摘できる。
　これらの技術の特徴は、ゴミのリサイクルという目的があるのは確かな一方、処理の効率性は追求されておらず、その代わりに廃棄物処理そのもの以外の面で人々を「参加」へと惹きつけるための魅力が組み込まれていることである。前章で述べたようにポストスハルト期のインドネシアにおいては住民参加が広く推進されており、これらの技術も主体的な意思を持った「住民」によって用いられることが想定されている。しかし、一方で普通の人々が主体的に廃棄物処理に関与することはほとんどありえないことも、技術の開発者や住民参加の推進に努める環境活動家の間では共有されている。ゴミ問題と市民参加の関係を論じた先行研究と同様に、ゴミが関心を惹くものではなく、そのままでは「住民」が作られないことはインドネシアの専門家にとっても前提であった。そこで、開発者たちは、廃棄物処理以外の面でその技術を使いたくなるような魅力を組み込むことに努めてきたのである。ゴミ銀行のような経済的価値や、堆肥化装置のような美的価値、あるいはリサイクルの手芸品のような創造性を発揮した作品制作の楽しみなどの、ゴミの排出量を削減して廃棄物処理システムに貢献す

るという目的以外の価値によってそれらの技術は特徴付けられている。こうした廃棄物処理以外の価値によってこれらの技術は人々に用いられ、ゴミ問題における「住民参加」を可能にしてきたのである。

　その結果、インドネシアでは住民参加の廃棄物処理のテクノロジーが多種多様に存在するという状況が生み出されてきた。何かしらの標準的な処理技術へと収斂するのではなく、複数の技術がニッチを見つけては互いに差異化しながら種類を増やして並存していったのである。この点は第3章で扱った企業や行政による廃棄物処理とは異なる点である。企業や行政による処理では、どのような計算なのかはともかくとして、少なくとも何かしらの効率性が追求されており、堆肥化の手法のようにある程度標準的な手法へと収斂していき、また、新たな名前が生み出されて技術の種類が増えることもない。住民参加型のテクノロジーではゴミそのものについてではなく、別の価値によって新たな名前がつけられていくのである。

　こうしたニッチ構築は一般廃棄物の混合性によって促進されている。あらゆるゴミが混じっているという点は、たとえばA社のプロジェクトでは障害であったが、ここでは逆にそこから様々なリサイクルの手法を引き出す可能性の源泉となる。インドネシアではとりわけゴミ問題において住民参加の取り組みが盛んになっているのは、こうした一般廃棄物の性質をうまく活用しているからだと考えることもできるだろう。無数のテクノロジーがインドネシア各地で実践されており、農村やカンプンのあちこちでゴミ銀行や堆肥化装置や手芸品を見ることができる。人々が関心を寄せないゴミ問題にいかに「参加」してもらうかという点で洗練された多くの技術が開発されることで、現代のインドネシアでは「住民」と「ゴミ」はこれらの技術が媒介となってますます密接に連関した形で存在するようになっているのである。

2　環境コンテスト——住民参加の「劇場」

　前節で論じた住民参加型の廃棄物処理技術はインドネシア各地で取り組まれているが、特にスラバヤ市では住民参加の取り組みが大規模になされ

ており、市内のあちこちでこれらの技術が設置されているのを見ることができる。こうしたスラバヤ市における住民参加型の技術の普及に大きな役割を果たしたのが、住民組織（RT）を対象とした環境コンテストの存在である。スラバヤ市政府が主催しているこの環境コンテストでは、毎年多くの RT が参加して廃棄物処理や地域の緑化といった環境改善が競い合われている。ここで用いられているコンテストという、インドネシア語で「ロンバ（lomba）」と呼ばれている手法は、インドネシアで広く見られる人々を動員する技法である。しかし、これは単なる上からの命令ではなく、人々が自発的に楽しんで参加する祝祭の側面を強く持ち、廃棄物処理に参加する「住民」が生み出される熱狂的な舞台となっているのである。

2-1　環境コンテストの概要――SGC について

「スラバヤ・グリーン・アンド・クリーン（Surabaya Green and Clean、以下 SGC）」はスラバヤ市で最も成功した環境政策とされており[20]、前節で扱った多くの住民参加型の廃棄物処理技術がこのキャンペーンを前提として導入されている。このキャンペーンは、各住民組織（RT）を単位として地域の環境改善を審査員チームの評価によって採点し、優秀な RT を表彰するというものである。毎年おおむね 10 月から 12 月にかけて実施されており、多い時で 1000 以上の RT、少ない時でも数百の RT が参加している。また、SGC とほぼ同じ内容の環境コンテストであるが、審査項目が少なく、初めて参加する RT を対象としたより入門的な位置付けである「ムルデカ・ダリ・サンパ（Merdeka dari Sampah、以下 MDS）」というキャンペーンも行われている。こちらは「ゴミから独立」という意味の名前であり、独立記念日のある 8 月に合わせて開催されている[21]。

---

[20]　主にインドネシア人の開発研究者を中心に、この環境政策を市民参加の成功例として論じた論文は英語でもいくつか存在する［Wijayanti & Suryani 2015; Prasetiyo, Kamarudin & Dewantara 2019; Feliciani 2023］。インドネシア語の文献となると無数に存在しており、成功の要因としては本書と共通する分析がなされているが、あくまで環境政策の成功例として論じており、本書のような廃棄物処理からの分離という観点からは扱われていない。

[21]　本書では両者をほぼ同じものとして扱う。「環境コンテスト」と書いた場合、SGC

これらのキャンペーンは 2005 年から始まり現在まで続いているため[22]、一度でも参加した範囲となるとスラバヤに存在する約 9000RT のうちのかなりの数が該当する。この 9000RT にはこうしたロンバにはほとんど参加しない富裕層の住む地域も含まれているため、庶民層の住むカンプンに限ればなおさらである。このコンテストは地区（クルラハン）ごとに必ず数 RT は参加するよう求められているため、近隣 RT の間で持ち回り参加する地域も多く、ほとんどの場所が網羅されている。何度も積極的に参加している RT もあれば義務的な参加にとどまる RT もあり、熱意にはかなりの差があるが、どの RT であっても参加した場合には少なくない労力がこのキャンペーンにかけられている。

　環境コンテストの審査プロセスは、大まかに次の通りである。まず参加を決めた（あるいは持ち回りで参加を依頼された）RT は申請書類を出し、そこでまず書類審査によってふるいにかけられた上で、審査員による訪問審査がなされる。訪問審査では評価項目に基づいて採点され、その点数が高い RT が「優秀カンプン（kampung terbaik）」として選出される。選出された RT を対象にさらに 2 回目の訪問審査がなされ、1 位から 3 位までの最優秀賞や評価項目ごとの部門賞などが選ばれる[23]。「優秀カンプン」の代表メンバーの計数千人が一堂に会する表彰式では、市長の手で入賞者にスポンサーの企業からの賞金や賞品が贈られる[24]。こうしたプロセスが毎年

　　 および MDS のふたつのキャンペーンのどちらも指している。
22)　 なお 2019 年からは SGC と MDS を合同して「スラバヤ・スマートシティ（Surabaya Smart City）」という名前に変更され、2023 年からはさらに「カンプン・スラバヤ・ヘバット（Surabaya Kampung Hebat、「hebat」はインドネシア語で「すごい」の意味）へと名前が変更されたが、ほぼ同一の内容のコンテストが 2024 年現在まで続いている。
23)　 2017 年の SGC ではまず 400RT まで絞り込んでから訪問審査の対象としていた。1 回目の訪問審査で選出される「優秀カンプン」は 150RT である。なお、もうひとつの MDS では 154RT が訪問審査の対象となり、2 回目の審査対象が 70RT であった。
24)　 スポンサーは毎年変動があるが、筆者が調査した 2017 年は、SGC ではスラバヤに本社を置くメディアグループであるジャワポス社（注 28 参照）、塗料の製造企業である Mataram Paint 社、ホンダの現地企業がスポンサーとなっており、MDS ではジャワポス社の他に、地元銀行の Bank Jatim、不動産デベロッパーの Citra Land

行われている。

　SGC は環境政策を推し進めたバンバン市長のイニシアチブによって 2005 年に始められたものである。バンバン市長によれば、このコンテストは人々の習慣を変えるために始めたという[25]。ゴミ問題は「住民」の習慣の問題なのだという理解を前提として、彼によれば、人々の「意識を目覚めさせる（menbangkitkan kesadaran）」ことがこのコンテストの目的であるという。

　SGC の先駆けとなる取り組み自体は 2001 年にさかのぼる。洗剤などの日用品を製造する多国籍企業であるユニリーバが、CSR の一環として、スラバヤのカンプンを対象に「クリーン・ブランタス川プログラム」という環境保全活動を開始したのがその始まりである[26]。

　このプロジェクトは、東ジャワ州を流れる主要河川であるブランタス川の水質改善と同時に、川沿いの劣悪な衛生環境のカンプンの生活改善も目的にしていた。そのため、このプロジェクトは住民参加型のプログラムとして、工業地区への水路が繋がる分岐点にあたるジャンバンガン地区（Kelurahan Jambangan）を対象に実施することになった。ジャンバンガンが対象地域になったのは、大学関係者の協力が得られる地域であったことが大きい。ジャンバンガン地区はスラバヤ教育大学のキャンパスに隣接しており、学生や教員が多く居住している。しかも、この大学の生物学や工学の研究者が東ジャワ州公共事業局と連携して貧困地区のゴミ問題を扱うチームを作って 2000 年から活動しており、チームの教員がジャンバンガン地区に居住し、RT 長などの地域活動にも関わっていたため、プログラムは当初からこれらの研究者との協力のもとで進められていった［Isnaeni 2016: 148-150］。

　　社、プルタミナ（国営石油会社）のガス部門である PGN 社、スラバヤ水道公社、ティッシュペーパーの製造企業である Suparma 社がスポンサーであった。
25）　バンバン元市長へのインタビューによる（2018 年 2 月 4 日）。
26）　ユニリーバはイギリスとオランダの合弁会社であった経緯から、植民地時代からインドネシアでビジネスを展開しており、スラバヤ市内でも製造工場を長年運営している。

住民との会合を経て、このプログラムはゴミ問題に注力することとなった。第2章で述べたように、2000年代前半のジャンバンガンの住民にとってもゴミ問題が喫緊の課題となっていたからである。このプログラムによって、住民主導によるゴミの分別や堆肥化、川への不法投棄の抑制の取り組みが進められ、後述する環境リーダーの制度が導入されるなど、2004年頃には一定の成果が見られるようになった[27]。ジャンバンガン地区の成功は当時のバンバン市長の耳にも入り、CSR活動をさらに推進しようとしていたユニリーバと協力して、このプログラムをスラバヤ市全域にまで拡大しようと計画したのである。

そこで採用されたのが、住民組織（RT）を対象としたコンテストという仕組みであった。この環境コンテストというコンセプトはジャワポス社[28]から提案され、バンバン市長はこの案を採用して、それぞれのRTが参加してその取り組みを評価するという現在のSGCの形となった。この政策は大きな成功を収め、多くのRTで緑化や廃棄物処理技術の導入がなされていった。バンバン市長から次のリスマ市長に移り、第1回から10年以上が過ぎた調査当時でも環境コンテストは継続し、市政府のゴミ対策の労力の多くがこの環境コンテストにつぎ込まれていた。この成功の原因は、市政府自身の努力というよりもむしろ参加対象であるRTの人々が積極的に参加したからであり、その背景にはインドネシアにおける「コンテスト」という技法の位置付けがある。

2-2 開発動員の技法としてのコンテスト

環境コンテストの存在は、スラバヤ市が環境政策で優れているとの評価を得る大きな源泉となっており、同時に住民によってゴミを処理するという理念を実際に具体化していく装置ともなっている。開発政策を進める際に、地域住民を競争させるコンテストというやり方は、現代の日本ではあ

---

27) 前節の樽コンポスターもこのプログラムを通じて開発されたものである。
28) ジャワポス社（Jawa Pos）はスラバヤ市に本社がある国内第二のメディアグループである。特徴として地方での新聞事業に力を入れており、インドネシア全土の地方都市レベルでそれぞれ地方紙を発行している。

まり一般的ではないが、インドネシアでは人々を動員させる手法として一般的に見られるものである。

「コンテスト」はインドネシア語で「ロンバ（lomba）」と呼ばれ、行政においては日本よりもはるかに多くのコンテストが開催されており、スハルト体制の時代から開発政策のために人々を動員する手法として用いられてきた。たとえば環境分野について言えば、中央政府が主催する都市単位のコンテストである「アディプラ」での評価は、地方政府の主要な政策目標となっている。また、学校版のアディプラである「アディウィヤタ（Adiwiyata）」が実施されており、このロンバに参加した学校はスラバヤ市内での入選、東ジャワ州での入選、全国での入選と日本の部活動の大会のようにトーナメントを駆け上がっていく形になっている[29]。あるいは、個人の環境活動の貢献を称える国家賞である「カルパタル（Kalpataru）」も存在し、こちらも市・県→州→全国と階層的に表彰されて競われていくという意味ではコンテスト的な要素を多分に含んだものである。こうしたコンテストは環境活動だけに限らず、たとえば地域住民が主体となって実施する母子保健制度であるポスヤンドゥにも同等の「ロンバ・ポスヤンドゥ（Lomba Posyandu）」が存在する。住民単位の環境コンテスト自体はスラバヤ独自のものではあるが、インドネシアでは様々な種類のコンテストが開催されており、コンテストの存在は日本よりもはるかに身近である。

ある面でロンバが開発政策の一環であることは、スラバヤ市の環境コンテストにおいて、コンテストの実施のためにヒエラルキカルな「環境リーダー（kader lingkungan）」の制度が導入されていることからもうかがえる[30]。

---

[29] 学校での環境活動は、生徒主体の環境委員会の活動が中心であり、日本の部活動とほぼ同様の位置付けと考えてよい。このアディウィヤタも基本的には生徒の環境委員会の活動が主に評価の対象である。

[30] この環境リーダーの仕組みは、ユニリーバの環境プログラムで実行されていたものである。ゴミ問題への対策を進めていく中で、樽コンポスターや分別販売の仕組みが考案されたのだが、住民はなかなか積極的に関与しなかった。そこで長年住んでいる住民のひとりで、プログラム以前から個人的に清掃などの奉仕活動に熱心に取り組んでいたRT長の女性を中心に環境リーダーの仕組みを導入したところうまくいったのだという［Isnaeni 2016: 150-153］。

環境リーダーとは、それぞれの RT での環境担当としてコンテストの準備の責任者となる役職であり、RT の新たな役職として住民の中から任命される。これらの環境リーダーを通じて、行政当局は新たな環境政策や毎年のコンテストの詳細を連絡している。

さらに RT の環境リーダーの上に、行政区分に沿って上位の統括する職が置かれている。まず RW にも環境リーダーが置かれ、その上に地区ごとの「環境ファシリテーター (fasilitator lingkungan)」がおり、地区より上の行政区分である郡では「郡コーディネーター (koordinator kecamatan)」、そしてさらに上位のスラバヤの東西南北中央の 5 地域のそれぞれに「地域コーディネーター (koordinator wilayah)」が任命されている。これらはすべてボランティアであり、担当地域のコンテストの準備のために日夜駆けずり回っている。ファシリテーターやコーディネーターは、何十人もの環境リーダーと行政の間に立って相談に乗り、訪問審査では連絡などの進行を差配する責任を負っている。これらの仲介者の存在が、「住民の意識を高める」という抽象的な目的を実際に具体化していく上で、実質的な役割を果たしている。個々の住民の内面的な意識の変化ではなく、実際には環境リーダーの働きが「住民」を実体化させているのである。

環境リーダーやコーディネーターなどの媒介となる役職が置かれることで、コンテストへの効果的な動員が可能となっている。都市部において RT は住民の様々な行政サービスの基礎となっており、RT の役職者は人々に影響力を行使できる存在である[31]。実際、環境コンテストで高い評価を得ている地域にインタビューした論文の中では、成功の秘訣は協力しない住民に対して「役所の手続きを保留して、難しくする」ことだとあけすけに語られている［Fu'adah & Setyowati 2016: 447］。もちろん RT 長は住民の選挙で選ばれる存在であり、あまりに住民の反感を買うようなことはできないため、完全な強制力を持っているわけではない。しかし、こうした

31）インドネシアでは居住証明などあらゆる公的書類を得るためには、まず自分の住む場所の RT 長のサインが必要であるため、人々（外国人も含めて）は RT 長との友好関係を維持しなければならない。そのため、事務書類を通じて、日本の町内会以上に影響力を行使できる［倉沢 2001; 吉原 2000, 2005］。

手続きなどの権力を通じてある程度は人々を動員する力を持っており、そのため特に庶民層のカンプンではRTの行事にはなるべく参加するものだという規範意識が存在している[32]。

　これはロンバそのものと同様にSGCだけの独自の発想というわけではなく、公衆衛生や教育といった特定の開発目的のためのリーダーやグループの組織化がスハルト政権の開発政策で導入され、その仕組みの延長にあることが指摘できる。先ほど述べた地域住民による母子保健のポスヤンドゥ（Posyandu）でも、地域の母子の健康をある程度把握するため、各RTに「ポスヤンドゥリーダー」という役職が任命されており、行政の保健センターは定期的な往診を行うだけでそれ以外の日常的な仕事や往診の受け入れ準備はこのリーダーに任せるという仕組みである［齊藤2009］。その他の政策でも同様の組織化は多種多様になされてきており[33]、スハルト体制に確立された「住民」の組織化に基づいて環境コンテストは実施されている。

　こうした環境リーダーや環境ファシリテーター、そして環境コンテストの準備に参加する住民の多くは女性である。各RTでは婦人会（PKK）という形で女性が組織化されており、公衆衛生や教育など様々な開発の実行主体となることが想定されている。スハルト期において、女性は「主婦（ibu rumah tangga）」として国家に貢献するというモデルに基づき、母子保健などの開発プログラムが推進されてきた。環境問題もまた教育や公衆衛生同様に家政の領域に位置付けられ、またRTの側でも家庭のゴミは「主婦」が担う仕事だろうという理解のもとで女性が中心となっている。ただし、こうした近代的な良妻賢母モデルが前提とされている一方で、1970

---

32) たとえば第3章のA社の堆肥化施設で働いていた作業員が、住んでいるカンプンの清掃の奉仕作業（kerja bakti）のために仕事を休んだことがあった。終身雇用ではない不安定な職業と比べれば、近隣住民との社会的ネットワークは（たとえば失業した際には仕事の口を紹介してもらえる可能性もあることから）はるかに重要であり、またこうしたカンプンの行事は仕事を休む理由としても比較的認められている。

33) 開発政策に伴った住民の組織化については、パンチャシライデオロギーの普及［福島2002］や、国営メディアの視聴教育［倉沢1998］についての研究などがある。

年代以降の開発援助における女性重視の流れの中で女性への開発プログラムも盛んになされてきたため、インドネシアの「主婦」は婦人会の活動や開発プログラムに関わるという意味で公共的な社会的地位でもある[34]。

　ただし、環境リーダーや環境ファシリテーターは女性だけに限られるわけではなく、インドネシアの財務省の元役人などの退職した公務員が担っていることもある。RT長やRW長などの仕事でも退職した元公務員が担っていることはしばしばあり、これは行政的な仕事への理解があり、かつ自由な時間があることが理由にある。また、さらに少数ではあるが、エアロビクスのインストラクターやインテリアデザイナーあるいは清掃会社の社長といった、一定の収入や社会的地位があるが時間の自由が利くような職業の人間が環境リーダーとして地域での活動の中心を担っている例もある。

2-3　審査プロセスの祝祭性――訪問審査とイェルイェル

　このように環境コンテストは、スハルト体制期以来の動員手法であるが、単に国家が一方的に上から押し付けるものではなく、むしろコンテストの持つ魅力によってRT側から積極的に参加しているという側面も強い。ロンバは強制的な命令ではない形で人々を政策へと動員する仕組みであり、その意味では「住民」が権利の主体としても重視されるようになったポストスハルト体制において、「住民参加型開発」のひとつとしても意義付けられるようになっている。

　コンテストは単に義務的なイベントというよりも、最大公約数的に多くの人が喜ぶイベントでもあるという理解がインドネシアでは広く共有されている。ロンバが喜ばれるものだという考えは、一種の祝祭としてロンバが受容されていることが理由にある。インドネシアでは近代的な祝祭には

---

34)　そのため、仮に行商などの仕事をしていても自らの仕事を尋ねられた際には「主婦」と答える女性も多い。インドネシアでの良妻賢母的な女性の位置付けは地域研究者の間では「イブイズム（ibuism、イブはインドネシア語で母の意味）」と呼ばれている［スルヤクスマ 2022］。また婦人会（PKK）による女性の組織化やその公的な位置付けについては［平野 2005; Newberry 2006］などを参照。

ロンバという要素が密接に結びついている。たとえばインドネシアの独立記念日（8月17日）には、地域行事の一環としてロンバは必須のイベントとなっている。独立記念日の前後に各地域で住民による競技[35]が行われ、独立記念日のイベントといえばこれらのロンバがまず思い浮かぶほどである。ロンバにはそうした祝祭性、多くの人が楽しむことのできるイベントであるという前提がインドネシアでは共有されているのである。

このコンテストの祝祭という側面は、環境コンテストでは特に訪問審査の場および授賞式に表れている。訪問審査はRTのこれまでの努力が披露される晴れの舞台であり、最も重要なイベントである。訪問審査では、それぞれが独自の趣向を凝らして「環境に優しいカンプン（kampung ramah lingkungan）」が表現される。そのため、訪問審査という日本語の響きとは裏腹に、単に採点をする機会というよりもRT住民が盛大に審査員を歓待する一種の祭りであり儀礼となっているのである。ここでは筆者が審査に同行した2017年の環境コンテストをもとにこの訪問審査というイベントの民族誌的記述を通してその祝祭としての側面を論じていこう[36]。

SGCにおいて審査員チームは書類審査に合格した400ヶ所のRTを4チーム10日間で回って評価していき、第2段階の審査では2チーム7日間で計150ヶ所を回って評価していた[37]。そのため審査員チームは平均して1日約10ヶ所を回って評価していくスケジュールとなっていた[38]。審査員チームは市政府の各部局（清掃公園局・環境局・保健局・農業局）および環境NGO[39]からの5人構成の審査員にさらにスポンサーのジャワポス社から

---

35) ズダ袋の中に入ってジャンプをしながら競走するバラップ・カルン（balap karung）や、油を塗った棒に上って賞品を奪い合うパンジャット・ピナン（panjat pinang）など、参加者の滑稽な動きを楽しむ競技が多い。こうしたコンテストは1970年代後半にはすでに必須の要素としてカンプンの独立記念日の行事の眼目となっていた［Hatley 1982］。
36) 筆者はSGCの1回目と2回目およびMDSの2回目の審査に同行した。
37) それぞれ10月2日から10月13日、11月13日から11月21日の間で行われた。
38) 暑いスラバヤの炎天下で各RTから盛大な歓迎を受けて、移動では渋滞に巻き込まれながら連日朝から夜まで評価していくこの審査は、審査員にとっても同行した筆者にとっても非常に過酷なものであり、一日の終わりには皆疲労困憊するほどであった。

第 5 章　住民参加のパラドックス　191

図 5-8　訪問審査

記者がひとり付き、これらのチームがドライバーの運転するワゴン車に乗り込んで移動する。体力勝負の仕事であるため審査チームはベテランというよりも各部局から派遣される若手職員で構成されている。

　審査対象の RT に到着して車から降りると、審査員たちは路地に家々が密集したカンプンへと入っていく（図 5-8）。路地の入口のゲートには SGC の横断幕[40)]が掲げられ、住民たちやその地区の区長などが審査チームを待ち構えている。カンプンの路地は綺麗に清掃され、多くの植物が植えられており、ペットボトルなどで作った「リサイクル」のランプが吊り下げられたり、壁や道のペイントも新しく塗り替えられたりして、盛大に飾り立てられていることも多い。

　審査員たちが現れるとまず行われるのが「イェルイェル（yel-yel）」と呼ばれるパフォーマンスである。大抵の場合は RT の婦人会の女性たちが 20 人前後でグループを作り、プラスチックバッグやペットボトルなどの廃材から作った衣装を身にまとい、ゴミの分別やリサイクルを行おうといった趣旨の替え歌を歌いながらダンスを披露する（イェルイェルについて詳

---

39)　審査に参加していたのは、小中学校などの教育機関での環境教育を行っているある環境 NGO である。ただし、MDS の際には人手が足りず NS のハンナ氏も審査員に加わっていた。
40)　横断幕は訪問審査まで進んだ RT に市政府から支給される。

しくは後述)。審査員には廃材で作った造花の花輪がかけられ、一緒に踊ることを促されながらカンプンへ進んでいく。

審査員たちはRT長や環境リーダーにカンプンの緑化状況やコンポスト装置などを案内され、それぞれの担当項目ごとにチェックを行う。評価項目はSGCと入門編のMDSでは細部の違いはあるが、大部分は共通しており、①ゴミ処理、②緑化、③（排水溝やトイレなどの）衛生設備、④都市農業、⑤環境に配慮した習慣の5つに分けられ[41]、市政府の部局や環境NGOごとに担当が割り振られている。すなわち、「ゴミ処理」は清掃公園局、「緑化」は環境局、「衛生設備」は健康局、「都市農業」は農業局[42]、「習慣」は環境NGOによって評価される。RTごとに担当項目の評価を記載するシートが用意されており、審査員はそこに記入して点数を付けていく。

こうしたチェックをしながら、最終的には審査員たちは路地に設けられたテント会場へと向かう。テント会場にはRTでの取り組みが紹介されており、前節で論じたゴミ銀行の顧客や計測の記録、リサイクルの手芸品が並べられている。そこで座ることを促され、定型的な歓迎のあいさつが進められる。大抵はRT長によって、審査員の訪問への感謝や、自分たちRT住民が協力して環境の美化に取り組んできたこと、今後も一層努力していきたいなどといった内容が語られる。この時に再びイェルイェルが披露されることも多い[43]。

---

41) それぞれ原語は① Sampah & Sistem Pengelolaan、② Penghijauan、③ Drainase & Sanitasi、④ Pertanian Perkotaan、⑤ Habit（Perilaku Berwawasan Lingkungan）である。なお、MDSでは④の都市農業がない代わりに「住民参加（Partisipasi Warga）」という項目（イェルイェルの審査）が追加されている。

42) 農業局は「都市農業（pertanian perkotaan）」として家庭や地域での小規模な農業を推進しており、家庭薬草園や魚の養殖、特に調査当時はパイプを用いた野菜の水耕栽培を推進していた。そのため、環境コンテストの評価項目にもこの都市農業要素が加えられ、参加するカンプンには観葉植物による緑化とは別に何かしらの果物や野菜などを育てる菜園が作られている。

43) この歓迎イベントもRTによって違いがある。結婚式などのように、スピーチが終わるとマイクとアンプを使って住民たちによるカラオケがそのまま始まり、中にはダンドゥット歌手を呼んで盛り上げるところもある。また、プサントレンの近くなどイスラーム色の強いRTではウラマーによる祈りが演説の前になされることも

演説の間には審査員たちには食事が勧められるが、これも環境コンテストに合わせて「環境に優しい」食事でもてなされる。飲み物であれば、ジャムゥ[44]のひとつである手作りのシノム（sinom）やブラス・クンチュル（beras kuncur）が提供される。また食べ物であれば、ポロ・プンデム（polo pendem）と呼ばれるキャッサバやピーナッツ、トウモロコシなどの米以外の主食類をゆでたものなどが並べられる（図5-9）。ポロ・プンデムはもともと救荒食の位置付けであったが、近年では健康的というポジティブな価値付けがなされるようになってきている。これらの食事が「伝統的（tradisional）」かつ「健康的（sehat）」なものとして、環境コンテストのレパートリーに組み入れられている。

　これらの「環境に優しいカンプン」のレパートリーは、市政府やNGOによるセミナーや環境ファシリテーターのアドバイスから知識を吸収して、自分たちのRTの状況に合わせて試行錯誤して取り入れられるものであるため、すべてのRTが以上のような要素を揃えているわけではない。SGCやMDSがどのような段取りでなされるかについて不慣れな初参加のRTでは、以上のようなプロセスが周到に準備されておらず、まごつくところも多い。特に調査時では比較的裕福な住宅地（プルマハン）にも参加が認められるようになったため、こうしたプルマハンでは緑化などの設備面ではある程度整っていても、会場や食事が特に用意されていないなど、典型的なあり方とずれることがしばしばあった。また、プルマハンでなくても、時にはまったく何の取り組みもなされておらず、環境リーダーもRT長も姿を見せないカンプンもわずかながら存在した[45]。むしろこれまで述べて

ある。
44）　ショウガやウコンなどを用いた健康のための飲料や生薬はジャムゥ（jamu）と呼ばれる。特にシノムはスラバヤ市の伝統的飲料とされており、ウコン・ヤシ砂糖・タマリンドの葉と材料も手軽なこともあって環境コンテストでは好んで作られる。ブラス・クンチュルは米・クンチュル（日本ではガランガルとも呼ばれるショウガ科の植物）・ヤシ砂糖などを砕いた後、煮込んで濾した飲料である。
45）　ある審査員によれば、このカンプンはマドゥラ人が多く住むカンプンであったからだという。スラバヤ市の北部のカンプンはマドゥラ人が多く、マドゥラ人は「言うことをきかない（tidak ditata）」と彼女は語った。インドネシアではマドゥラ人は粗暴な性格であるというステレオタイプが存在し、開発プロジェクトの障害とし

図 5-9　ポロ・ブンデム

きたような要素を完全に備えたカンプンが、「住民参加」ができている優れたカンプンとして高評価の対象になると言うべきだろう。

　こうした訪問審査が終わると審査員が集まって会議が行われ、各部門の入賞 RT を決めていくことになる。評価は点数で機械的にランキングされるのではなく、部門や参加回数によって細分化されたカテゴリごとに入賞者を発表するという形になっている。最優秀賞および部門賞[46]の選考も、点数ではなく印象に残ったカンプンを審査員の合議で決めていく。受賞者が決められると、それらが記載された決定書が印刷され、審査員がそれぞれサインをして正式に確定される。この決定書は市長の承認が得られたの

てマドゥラ人の住む地区があることは多くの人が語ることであった。
46) 最優秀賞（best of best）の他、部門賞には「住民参加賞（Partisipasi Masyarakat Terbaik）」「環境緑化賞（Pengelolaan Lingkungan Paling Berbunga）」「イノベーション賞（kampung terinovatif）」「環境対策改善賞（Pengelolaan Lingkungan Paling Terbaik）」「水質浄化設備賞（Pengelolaan IPAL Terbaik）」がレベルごとに設けられ、それぞれの部門賞ごとに 10 の RT が選ばれる。さらに、参加回数に合わせて 4 つのカテゴリ（「初心者（pemula）」「中級（berkembang）」「上級（maju）」「達人（jawara）」）が用意されており、それぞれに最優秀賞と部門賞が設けられている。「初心者」から始めて優秀カンプンとして入選すると次回の参加からはひとつ上のカテゴリに上がっていくという仕組みになっている。なお、受賞者を決めていく際の方針として、特定の地域に集中しないことが重視されており、各地区に最低ひとつは受賞させることを目安に受賞者が選ばれていた。

ちに公表される。
　環境コンテストの締めくくりが、受賞 RT が一堂に集められて行われる授賞式である。授賞式は市庁舎前の広場で開催され、二次審査に進んだ RT のメンバー数千人が集合して、賞状や賞品が市長の手から贈呈される。この授賞式の場では RT の住民は訪問審査で披露した衣装で集まるため、数千人が思い思いにパフォーマンスしながら行進して入場していく光景は壮観である。最後はこうした大衆向けイベントでの常として、ダンドゥット歌手を呼んでのコンサートとダンスで盛り上がりながら終了する。そしてまた次の年には、おおむね同じような流れで環境コンテストが準備されていくのである。
　ここまで訪問審査の様子を記述してきたが、訪問審査は審査員を迎えるという形式の中で様々な「環境に優しいカンプン」の要素が披露される儀礼的なプロセスとなっている。特に訪問審査が祝祭性を強く持つ要因として、「イェルイェル（yel-yel）」と呼ばれる、歌と踊りのパフォーマンスが重視されている点が指摘できる。「イェル」は英語の「エール（yell）」がもとであり、日本での応援団のエールに類似したものだが、インドネシアでは運動部というよりも学校のクラスや企業や地域コミュニティなどで広く行われている。イェルイェルは独立記念日など様々なイベントで披露され、出し物として一般的なレパートリーのひとつとなっている。基本的にはグループで同じ振り付けを踊りながら、歌やスローガンなどを合唱し、それらの曲目や内容や振り付けに創作性があるものが一般的にイェルイェルと呼ばれている。
　環境コンテストにおいてかなりの労力が割かれ、最大の評価項目でもあり、かつ訪問審査を華やかな祝祭の場にしているのがこのイェルイェルである[47]。SGC および MDS において典型的なイェルイェルは次のようなものである。10 人から 30 人ほどの女性が、ペットボトルなどのプラスチッ

---

47) イェルイェルの重要性は、訪問審査とは別にイェルイェルだけを見せる「ロードショー（roadshow）」というイベントが開かれていることからもうかがえる。ロードショーでは通常の賞とはまた別枠で賞が設けられ、協賛企業からバイクなどの賞品が贈呈される。

クの廃材から作ったドレスを身に着けて、スピーカーから流れる音楽に合わせて踊る。音楽は流行曲やスラバヤを歌った昔の曲[48]でありつつも、歌詞は環境コンテストに合わせて替え歌になっており、「●●地区RW●の私たちRT●[49]は環境を保護します。さあゴミを分別しよう、カンプンをきれいにしよう」といった趣旨が歌われながら、ダンスが披露される（図5-10）。

　以上が基本形であるが、それぞれ趣向を凝らした様々なバリエーションが存在する。たとえば伝統文化や宗教の雰囲気をより強めたイェルイェルもあり、ガムランの演奏グループがあるRTではガムランが披露され、あるいはバリ人女性がバリ舞踊の教室を開いているRTでは子供たちによるバリ舞踊がメインに提示され、レオッグ[50]の団体があるRTでは廃材で作った巨大なレオッグの被り物とパフォーマンスが披露される。あるいはプガジアン（クルアーン学習）のグループが中心になってイスラーム関係の歌曲が披露されたり、キリスト教徒のジャワ人が多く住む地区では教会を会場にしてキリスト教の歌曲が加えられたりする。伝統的な方向とは真逆にエアロビクスのインストラクターが中心となってエアロビのパフォーマンスを基軸としたイェルイェルを見せるRTもある。

　とはいえ、イェルイェルは何でもよいわけではなく、共有されている評価基準がある。それは、なるべく派手であり、かつ非日常的で奇妙なものであればよいイェルイェルだという感覚である。これはロンバの準備をす

---

48) 筆者の同行した2017年には当時流行していたダンドゥット歌手（ダンドゥット・コプロ（dangdut koplo）と呼ばれるジャワ語のダンドゥット）のネラ・カリスマ（Nella Kharisma）の「Jaran Goyang」がよく選ばれており、またスラバヤでの定番の曲目として、1960年代にヒットしたダラ・プスピタの「Surabaya」や1970年代のジャワ語ポップの「Rek Ayo Rek」、ダンドゥットの「Kereta Malam」といったスラバヤが歌詞に含まれた曲がよく採用されていた。

49) RTとRWはそれぞれ数字が付けられている。たとえば「RT2 RW3 Kelurahan Keputih」となればクプティ地区の第3RWの中の第2RTとなる。

50) レオッグ（Reog）は東ジャワ州のポノロゴ県発祥の舞踊であり、ライオンの顔を模した巨大な仮面を被り、首だけで支えながら踊るのが特徴である。派手なパフォーマンスで人気があり、東ジャワ州の地方文化の代表ともされ、現在は東ジャワ州各地に広まっている。

第 5 章　住民参加のパラドックス　197

図 5-10　イェルイェル

る中で明示的に語られる。筆者が同行した初参加の RT での事前打ち合わせにおいて、RT 長がイェルイェルはどのようなものをやればよいかと尋ねたところ、コーディネーターや審査員の NGO 活動家は、どのようなものでもよいが、大事なのは「奇妙（aneh）」で「クレイジー（gila）」であることだと強調していた。「奇妙」であればあるほど、「クレイジー」であればあるほどよいという基準がイェルイェルの出来を判断する指針となっている。そのため、異性装をした高齢男性が騒ぎ立てたり、全身を緑にペイントした男性が踊ったりするなど、筆者にとっては過剰と思えるほど盛り上げる RT も存在したが、こうした狂騒は審査員にとっても訪問審査の場に居合わせる住民にとってもいかにもカンプン的なものとして肯定的に受け止められるのである。

　こうした身体的パフォーマンスが披露され、大量の料理が用意され、多くの住民が集まる盛大なイベントとなることで、訪問審査の現場では熱狂的と言ってよいほどの盛り上がりが生み出されている。審査員の訪問時間自体は短いといえども、それぞれの RT にとっては一日がかりの祝祭となっているのである。すべての RT で大掛かりなイベントとして準備されるわけではないが、少なくない RT がかなりの労力をかけて訪問審査に向けて準備しており、この熱狂自体がスラバヤ市政府や住民にとって環境コンテストが成功しているという印象を生む源泉となっている。こうした祝祭

性によってコンテストという手法は、人々を惹きつけて積極的な参加を生み出すことに成功しているのである。

2-4　競争による創造性の発揮と地域の改善

　環境コンテストの魅力は、上述のようなプロセス自体にある祝祭性だけでなく、RT 側の人々にとっては環境コンテストに参加することによる効用も他に存在する。コンテストの入賞者には賞金や賞品が与えられ、多少は参加のインセンティブになっているとは言えるがそれだけではない。これらはそこまで高額ではないため、様々な事前準備を考えると金額的にはおそらく赤字になる場合がほとんどである[51]。直接の賞金よりも別の効用が環境コンテストには存在し、人々にとっての魅力となっている。それが競争による創造性の発揮と、その結果もたらされる地域の改善のふたつである。

　まずひとつめが競争による創造性の発揮である。ロンバに参加する RT では市政府や環境コーディネーターのアドバイスを受けて、ある程度画一的な「環境に優しいカンプン」の景観が整備される。観葉植物や野菜や薬草で路地を埋め、コンポスト装置やゴミ銀行や排水処理装置といった設備を用意し、ゴミを分別しようといったスローガンも含んだペイントで壁を装飾して、「きれいなカンプン（kampung bersih）」の景観を構築していく。しかし、各 RT を評価して区別していくコンテストという仕組みでは、画一化と同時に差異化の努力をカンプンに求めることになる。それが審査において強調される「クリエイティブ（kreatif）」という評価基準である。事前のセミナーを通じて、個別の RT へのアドバイスとして教えられるのが、何かオリジナルな取り組みをしなければならないということである。まずはどんな小さなことでもよいから自分たちのカンプンだけの「クリエイテ

---

[51]　最優秀賞の 1 位には 1000 万ルピア（約 10 万円、初心者レベル）から 1500 万ルピア（約 15 万円、上級レベル）が与えられ、それ以外の賞には 300 万ルピア（初心者レベル）から 500 万ルピア（上級レベル）が与えられる。こうした賞金は道路の補修や旅行などの住民のレクリエーションなどに使われる。その他スポンサー会社から提供された賞品が渡される。

ィブ」を生み出すことが勧められるのである。

　この創造性という評価基準を受けて編み出されてきたのが、「アイコン（ikon）」という戦略である。多くのRTを短時間で回っていく審査員にとって、ひとつひとつのRTの取り組みを細かく覚えることは不可能であるため、審査員の印象に残るためには取り組み全体を一言で理解できると有利になる。そこで特定の動植物を育ててそのカンプンの「アイコン」とする戦略が環境ファシリテーターを通じて教授されている。たとえばあるRTでは路地を覆うように支柱を立てて、そこにインドネシアではあまり一般的ではないパッションフルーツを育ててこれをアイコンとしていた。また別のRTではトウガラシを重点的に栽培しており、それ単体では珍しいものではなかったが、育てたトウガラシを加工して様々な食品を製造して販売しており、特にトウガラシの砂糖漬けの瓶詰というオリジナルな食品を開発している点が高く評価されていた。

　このように環境コンテストは、評価項目によって標準化された「環境に優しい」景観の創造を可能にしながらも、競争によってそれぞれのRTが独自の創意工夫を発揮する余地をもたらし、また審査を通じてそうした創意工夫に対する社会的な評価も得られることが期待できる。そのため、市政府の職員からの単なる命令だけでは動員できないほどの、環境リーダーやRT関係者の情熱が注ぎ込まれるのである。

　この創造性の重視によって、「環境に優しいカンプン」の技術や知識が次々と開発されて受容されていった。前節で述べた様々な新たな住民参加型のテクノロジーをいち早く受容するだけでなく、ポロ・プンデムやジャムゥといった既存の食べ物などが「環境に優しい」ものであるという新たな知識を生み出していったのである。この典型が、家庭用の薬草の種類がロンバを通じて爆発的に増加したことである。「トガ[52]」と呼ばれる家庭薬草園の取り組みは1990年代にはすでに存在していたが、市政府の政策として一方的な指示で行われており、植物の種類もショウガなど数種類に

52）「家庭薬用植物（tanaman obat keluarga）」ないし「家庭薬草園（taman obat keluarga）」を略して「トガ（TOGA）」と呼ばれている。

図 5-11 トガ（家庭薬草園）

過ぎなかった。それが、コンテストを通じて書籍などを参照しながら競って様々な植物が集められ、現在では数十種類もの植物がその薬効を書いたリストが掲示されながら栽培されるようになった（図 5-11）。このように、競争によって「創造的」であることが追求され、様々な試行錯誤と発明が自発的になされていくのである。

　もうひとつの効用が地域の改善である。環境コンテストへの参加によって、カンプンの生活環境が劇的に改善されうるという認識が流通しており、それがこのロンバの大きな魅力ともなっている。ここでの環境改善は単なる物理的な居住環境のみを指すというよりも、治安も含めた全体的な社会改革が環境活動によってもたらされることを意味している。インドネシアにおいて「きれいなカンプン（kampung bersih）」がスラムを意味する「汚い地区（kawasan kumuh）」と対比されており、物理的な環境がカンプンそのものの良し悪しと直結していることがその背景にある。清掃公園局のある課長によれば、カンプンが汚れていると人々は休日をショッピングモールで過ごすようになり、そこで物欲を刺激されてしまうが、自らの経済状況では到底手に入らないため犯罪に走ってしまうのだという。このような、カンプンが居心地のよい空間になってモールに行かないことで人々の振る舞い（perilaku）が変わるという説明はしばしば聞かれた。環境コンテストに参加することは、社会関係や人々の心理状態も含めた全体的な環境の改

善も期待されているのである。

　こうした理解は、実際に環境コンテストで治安の悪いカンプンが変貌したストーリーが流通することによって強固なものとなり、人々を環境コンテストの参加へと惹きつける力となっている。最も有名なのがグンディ地区（Kelurahan Gundih）のカンプンである。グンディ地区は主要な鉄道駅であるパサール・トゥリ駅の裏手に位置し、また駅名の通りトゥリ市場（Pasar Turi）という市内有数の巨大市場に隣接しているため、ダフ屋やスリといった犯罪者が住み着く「ギャングのカンプン（kampung preman）」として悪名高かった。それが環境コンテストで最優秀賞を取り、治安のよい場所へと変容したとメディアでも盛んに取り上げられて有名となった。グンディ地区の取り組みはインドネシア各地の地方政府や大学関係者などが見学に訪れるようになり、こうしたスタディツアーでは受け入れ先に謝礼を支払うことが通例であるため、「環境ツーリズム（ecowisata）」の一種として経済的利益も得られるようになった。このようにグンディ地区のストーリーが実例として持ち出されることで、貧しいカンプンであっても高い社会的評価が得られ、経済的効果も期待できる経路として、環境コンテストが位置付けられている。

　グンディ地区のように実際に社会的評価を得たRTが存在することも、少なくない人々を環境コンテストの競争へと駆り立てる力となっている。コンテスト（ロンバ）という仕組みの威力は、環境コンテストに関わる関係者の間で「うらやましい（iri）」という人間の感情に関連付けて理解されている。環境NGOのNSのアンワル氏によればロンバとは「うらやみのシステム（sistem iri）」なのだという。あるRTが受賞して称賛を浴びるのを見れば、近隣のRTはそれをうらやんで自分たちもロンバに参加したがる。ロンバはそのような人間の感情を利用したものだという。また、スラバヤの文化はキヤイ[53]などの有力者に盲従しない「プラクティカル」な

53）キヤイ（kyai）とはウラマーのうち、カリスマ性を持ち、地域に影響力を持つ人物のことを指すインドネシア語（ジャワ語）である。なおアンワル氏は、キヤイに従う土地柄としてマドゥラを比較対象にスラバヤの文化を論じていた。

ものであるため、ロンバという手法が最も効果的なのだという。同様のロジックは環境リーダーやファシリテーター、コーディネーターも用いており、自分以外の周囲の人々を加わらせるためにはロンバが有効だという認識は一般的である。あるコーディネーターによれば、そのままでは環境の重要性を理解しない人々も、ロンバで他のRTが表彰されるのを「うらやんで」真似をするのだという。このように地域の改善といった効用がさらに競争によって刺激されることで、環境コンテストは長年にわたって人々を動員することを可能にしてきたのである。

環境コンテストの成功は、行政側にとっても予想外のものであった。バンバン元市長がインタビューで筆者に語っていたのが、人々の熱狂への驚きであった[54]。彼は、先ほど述べたグンディ地区の変貌のストーリーを引き合いに出しながら、グンディ地区のようなマドゥラ人が多く住み犯罪者の巣窟だと考えられていたカンプンが、環境コンテストで最優秀賞をとったことだけでなく、コンテストの賞金が住民のための娯楽に消費されてしまうのではなく、さらなる環境改善のために排水処理装置の設置に使われて、また次の年のコンテストで高評価を得るといった達成がなされるとは予想もしていなかったという。ロンバによって人々が熱狂し（gila）、自己表現し（mengekspresikan dirinya）、競争する（berlomba-lomba）ことで、ここまでの成果が上がることに感嘆したのだという。ロンバという仕組み自体は見慣れたものであったにもかかわらず、ここまで多くのRTが積極的にゴミ問題への対策に関わることは予想外だったのである。

ここまで論じてきたように、スラバヤ市において環境コンテストは住民参加を具体化した最も大規模なイベントとなっている。コンテストという手法は、インドネシアでは人々を動員する手法として確立されているが、単なる上からの指示とは異なり、むしろ人々の自発的な参加の意思を尊重するために採用された仕組みでもある。前節の廃棄物処理技術と同様に、

---

54)「感嘆した（kaget）」「びっくりした（heboh）」あるいは英語の「サプライズ（surprise）」という言葉を彼はインタビューで繰り返し強調していた。

廃棄物処理への貢献そのものというよりは環境コンテストに参加することによる様々なメリットによって、人々が「住民参加」へと向かうようになっている。そして、実際に訪問審査や授賞式でのパフォーマンスを通じて、「住民」が具体的な形をとって表れている。環境コンテストというインドネシア独特の手法は、廃棄物処理では難しいと考えられがちな参加する「住民」を生成しているのである。

　そのため、環境コンテストは、民主化後に重視された「住民（マシャラカット）」の理念とも合致しており、スハルト体制期とは区別される新たな政策としても位置付けることができる。この点を踏まえれば、ロンバという仕組みは現代のインドネシアにおいて国家と社会を繋ぐ解のひとつとなっていると考えることもできるだろう。これは1990年代におけるバリの慣習組織コンテストと比較することでより明確となる［鏡味2000］。スハルト体制によって画一的な行政村制度が導入された後も、バリ州政府は文化振興の一環としてかつての慣習村を対象にした慣習組織コンテストを行っていた。ここで重要なのが、慣習村は法的地位がないためにバリ州政府も命令する権限がなく、そのため、コンテストという形で慣習村との関係を築いていた点である。環境コンテストは、ポストスハルト体制に入ってこの関係が都市部のRTやRWにまで拡大してきたものと考えることができる。自律性を持った「住民」が重視され、命令ではない手法で政策を実施しなければならなくなった際に、ロンバという以前から存在していた技法が、国家と協働しつつも自律性を持つ「住民」を生成できる有力な選択肢として重要性を増してきたのである。

　もちろん環境コンテストで実際に生成される「住民」は特定の人々であり、スラバヤ市内のすべての住民が含まれているわけではない。RTの中で実際にコンテストに参加し活動するのは、比較的生活に余裕のある世帯の主婦層や、退職した元公務員などが中心であり、その他の人々は資金援助や訪問審査直前の清掃作業などの受動的な役割しか持たない。また、たとえRTという単位に絞っても、廃棄物処理に参加する「住民」に当てはまらないRTは少なくない。華人を中心とした富裕層のプルマハンは基本的にこうしたコンテストには参加せず、仮に参加したとしてもコンテスト

が期待する「住民」の形にうまく沿わないことが多い。あるいは、一時滞在的なマドゥラ人の居住者が多く、参加登録はしていても何の準備もしないカンプンなどでも「住民」の生成には失敗している。

しかし、こうした制約はスラバヤの環境関係者の間では十分に認識されつつも、多くの RT では訪問審査や授賞式の場において、「住民」が目に見える形で現れているがゆえに、廃棄物処理に参加する「住民」の存在自体が疑われることはない。次節で述べるように、専門家の間でも、「住民参加」ができているかどうかを疑うよりも、むしろ「住民参加」の有効性に対して懐疑的になるという態度が一般的である。それほど環境コンテストによって生成される「住民」は強固なのである。

3　住民参加の「成功」と専門家による批判

3-1　手段の目的化による「成功」と分離

「ゴミの洪水」事件をきっかけとしたスラバヤ市の廃棄物処理の変化において、環境コンテストに代表される住民参加の試みは、最も大きな成功を収めた分野であると環境問題の関係者には認識されている。こうした成功の要因は、インドネシア独自の住民参加型の技術や環境コンテストが廃棄物処理そのもの以外の要素で人々を動員することが可能であったことにある。これらの住民参加型の廃棄物処理の取り組みが、経済的利益・美的価値・社会的評価などの廃棄物処理そのもの以外の側面で訴求力を持ち、効果的に人々を集める実績を生み出してきたのである。

しかし一方でその「成功」は、住民参加という手段が目的となるという一面ももたらしている。住民参加の取り組みが「住民」を生成できる手法になったことで、ゴミ対策そのものが目的というよりも、逆に人々を組織化することが目的になり、住民参加型の廃棄物処理が手段として用いられるようになるという現象が起きているのである。そして、この逆説がむしろ、スラバヤ市において住民参加の取り組みが続いている主な要因となっていると考えることができる。

廃棄物処理の取り組みに参加することは、「住民（社会）」を意図的に作

る手段としてもみなされるようになっている。こうした考えは行政の開発政策にあまり参加しない中間層以上の人々において顕著に見られる。たとえば、環境コンテストは近年カンプン以外にも参加資格を拡張しており、通常はカンプンと言えないような住宅地（プルマハン）も参加するようになった。そうしたRTではこれまであまりいなかった社会階層の環境リーダーも見られるようになっており、筆者も清掃公園局が主催するワークショップの場で華人の環境リーダーに出会ったことがあった。彼女によれば、自分の地域では隣近所との付き合いがあまりないため、それを変えるためにコンテストに参加したのだという[55]。こうした中間層のプルマハンでは道路の清掃も、共同の奉仕作業をするのではなく管理費を払って業者による清掃が行われていることも多く、住環境について問題がある場所は少ない。そのため、ゴミ対策の必要性からではなく、住民間の交流自体を目的として「住民参加」がなされるのである。

　これはスラバヤが大都市であって多くの移住者が存在するため、既存の地縁的共同体以外のやり方で人々を組織化することへの需要があることも大きい。たとえば、筆者が環境NGOのNSの活動に同行していた時に、結婚を機にジャカルタからスラバヤに移住してきた女性がNSにコンタクトをとってきたことがあった。彼女は新たに住み始めたプルマハンでゴミ銀行などの環境活動を始めたいと考えていたらしく、環境NGOのアドバイスを求めていたのであった。このように、もともとの地縁が強固ではない地域であっても、ゴミ対策は人々を組織化する有効な手段として考えられているのである。

　しかし、これは廃棄物処理という目的に対して住民参加という手段があるという関係が逆転し、「住民」を生成するという目的のために廃棄物処理という手段が採用されていることでもある。2000年代初頭のゴミ問題

55）興味深いことにこうしたプルマハンに分類されるような地域のRTであっても、訪問審査の場では、スピーチなどでは自らを「カンプン」として表象する。インドネシアにおいて「住民」の理念型としての村落的共同体のイメージが確立されてきた以上、中間層の人々であってもコミュニティを作ろうとした場合、それは「カンプン」を作ることになるのである。

の中心であった埋立処分場の問題が第3章で論じたように民営化によって解消されていることもあって、当初は緊迫したゴミ問題への対策であった住民参加が、現在では排出量の問題からは切り離された領域となっているのである。人々の「意識（kesadaran）」を変えることが最大の目的とされ、これらの住民参加の取り組みがどれほど持続し、あるいは廃棄物処理システムの全体の中でどれくらいの排出量の削減ができているかなどは問われることがない。「住民」の生成それ自体が目的となる中で、「住民」と最も密接に関連した一般道徳としてのゴミ問題が前面化し、それ以外のゴミ問題とは無関係な形で住民参加型の処理技術や環境コンテストといった技法が発展を続けているのである。

　そのため、スラバヤでゴミ問題に関わる市政府職員や研究者、そして環境NGOといった専門的な関係者は、住民参加の取り組みで発揮される人々の熱意に引きずられるようにして、環境コンテストなどの関わりに多くの時間と労力を割いている状況にある。皮肉なことに、住民参加の取り組みがスラバヤ市におけるゴミ対策のかなりの部分を占めるようになった結果として、こうした専門家たちは「住民参加」という方向性自体に批判的になっていったのである。

3-2　住民参加への批判──廃棄物処理に貢献しない「住民」

　環境コンテストに代表される住民参加の政策は、スラバヤ市において最も成功したゴミ問題への取り組みであり、これまで多大な人員と時間と費用がかけられてきた。しかし、こうしたロンバが少なくない数の住民の熱意を引き出しているのにもかかわらず、環境NGOや行政職員といったゴミ問題に専門的に関わる人々は必ずしも現状のあり方に満足しているわけではない。むしろ、多くの関係者は住民参加型の技術や環境コンテストに否定的であった。環境NGOの活動家と日常的に会話を交わし、長年活動に関わってきた大学教員など関係者にインタビューし、環境コンテストの訪問審査にも同行する中で、「マシャラカット」への不満があちこちで聞かれ、一種の疲労感が共有されている状況にあったのである。

　たとえば環境コンテストの訪問審査において、審査員として加わったハ

ンナ氏は堆肥化装置やゴミ銀行といった設備がきれいに設置されたカンプンの中を歩きながら、「すごいでしょう」と皮肉な笑みを浮かべ、「1 か月後を見るといいよ、コンテストが終われば全部壊れてなくなるから」と声をひそめて筆者に言った。また、授賞式の場で清掃公園局のある課長級の職員と出会った時のことである。筆者を自宅に招くなど親しく接してくれていた役人であったが、授賞式の警備の責任者をしていた彼は無線機で逐一報告を受けて指示をする傍らで、筆者に「私はこういうイェルイェルは好きじゃない」とつぶやいた[56]。環境コンテストに対してはっきりと嫌悪を表明するのは珍しかったため彼の発言は印象に残ったが、環境 NGO や清掃公園局の職員たちの会話の中ではっきりと環境コンテストが肯定的に論じられたことはなく、ハンナ氏のようにほのめかしでネガティブな評価を態度に表すことは珍しくなかった。

訪問審査の時にも住民参加に対する批判が審査員同士で交わされることがあった。ある裕福なプルマハンの中の RT を訪問した時のことであった。その RT では分別収集がなされていたが、それはゴミ銀行によるものではなく、管理会社が雇用したスタッフが各家庭から集めたゴミを分別するという仕組みとなっていた。これは、環境コンテストが想定している「住民参加」ではなかったため、この RT は入賞することはなかった。しかし、訪問を終えて移動する車内では、意外なことにその RT を評価する意見が審査員の間で交わされていた。ある審査員によれば、他のカンプンでも本当はプルマハンのようなシステムを作るべきだという。廃棄物処理に対する具体的な効果という点では、多くの環境関係者の間で住民参加に対する疑問が共有されていたのである。

こうした疑問や疲労感は、個別の政策や技術ではなく「住民」が廃棄物処理を担うというコンセプトそのものに向けられている。特にこれは公務員のように環境コンテストへの関わりがルーチンワークとして課されてい

---

56) 彼は道路清掃の部門のトップで、住民の苦情に合わせて毎日市内を車で走り回っては清掃員への指示を飛ばす職務が通常であり、環境コンテストには関わっていなかったこともこうした政策をはっきりと批判した背景にあるだろう。なお彼は最終的には清掃公園局のトップである局長を務めた。

るのではない、環境 NGO にとっては顕著であった。筆者が活動によく同行していた NS では、環境コンテストに参加する RT 向けのワークショップをなるべく減らそうとしていた。こうしたワークショップの参加者が関心を持つのは、あくまでリサイクルの手芸品の作り方であり、プラスチックの排出量を削減するというこの NGO の活動趣旨にはほとんど関心を持っていないようにアンワル氏やハンナ氏からは見えていた。実際には筆者の調査時にも何度か環境コンテストのためのワークショップを頼まれて行ってはいたが、RT レベルでの活動の無力感はしばしばふたりが語ることであった。

　同様の発言は環境活動に長年関わってきた大学教員からも語られた。彼女はスラバヤ教育大学の教員であり、環境コンテストの前身のジャンバンガン地区のプロジェクトから活動に参加し、樽コンポスターの普及に努めてきた人物ということで紹介されたのだが、予想に反してインタビューでの発言の多くは住民への不満をぶちまけるものだった。曰く、これまでのゴミに関するプロジェクトは結局すべてうまくいっていない、問題は住民の意識（kesadaran masyarakat）なのだという。人々には真剣さがなく（tidak ada keseriusan）、常に状態を見ておかなければならない。そして新しい取り組みや技術に関わろうとしない、面倒くさいことはやりたがらない（tidak mau repot）。そのため、ゴミ銀行といった非有機ゴミのプログラムはある程度成功しているが、コンポスト装置はどんなものであっても長続きしないのだという。環境コンテストもまた装置の設置ばかりが評価されており、日常的な行動は評価できていない、これまでの取り組みは問題だらけなのだ、とほとんど自己否定のようにしか聞こえないことを滔々と語った。

　こうした不満は、NGO や大学教員といった専門家だけでなく、住民側の環境リーダーたち、特に現在は活動から離脱した元環境リーダーから聞くことがあった。たまたま以前環境リーダーをしていたがやめてしまった女性と話す機会があり、彼女によれば、最初はみなで頑張った甲斐もあって入賞したのだが、継続しなかったのだという。最初の賞金は RT の路地に防犯用の柵を作るのに使ったが、次の年に入賞して得たお金を RT の役職者のひとりが使い込んでしまい、住民から不満が噴出したという。また、

RTで雇っていた収集人が、分別を始めて儲けが少なくなったからと報酬の増額を要求して仕事を拒否してしまう事件が起きるなど、様々なトラブルに対処しなければならず、結局のところ数年で参加をやめてしまったそうだ。こうした苦労を語りながら、「疲れた」と繰り返す彼女は訪問審査の場では表面化しない問題を示していると言えよう。環境NGOや自治体職員も折に触れこうした不満に遭遇し、コンテストに参加したがゆえにトラブルに振り回されるRTがあることを十分に承知しているのである。

「住民参加」の成否を握っているのが環境リーダーをはじめとするRT役職者の数人に限られているため、それら中心人物の属人的な理由に「住民参加」が成立するかどうかが左右されている。このため、たとえ環境コンテストの入賞という成功が実現できたとしても、環境リーダーの振る舞いが原因で取り組みが継続しないことはしばしば起きる。かつて何度も入賞して有名になった地区があったのだが、そこで活動を主導していた男性が別の地区の環境リーダーの女性と不倫関係になったことが発覚し、男性は活動から身を引くこととなり、現在はそのカンプンはほとんど活動が停止してしまったのだという。横領したり不倫をしたりといった環境リーダーの問題でその地域がうまくいかなくなるという事例は、現場で働く環境リーダーやファシリテーター、コーディネーターの間で盛んに語られており、教訓として環境リーダーの人格の重要性が認識されている[57]。

環境リーダーにとっては環境コンテストへの参加や入賞が継続しないことが問題となり、その原因として環境リーダーの人格に言及されるが、一方で環境NGO、大学教員、清掃公園局の職員といったより専門的にゴミ

---

57) あるコーディネーターによれば環境リーダーに大切なのは「心の底から無私の精神を持つこと（ikhlas dengan hati）」であるという。この「イクラス（ikhlas）」は自らの執着や損得勘定を捨てる（神に委ねる）ことを意味する言葉であり、アラビア語を語源とする宗教的な道徳概念としてよく用いられる言葉である。彼女の考えでは、有名になってしまうと環境リーダーは「高慢（sombong）」な「エゴイスト（egois）」になってしまい、「マシャラカット」から遠ざかってしまうのだという。彼女はこの点を「元の莢を忘れた豆（kacang lupa kulitnya）」という慣用句も用いて表現していた。これは、成功してかつての友人や親類、出身地との付き合いをやめてしまうことを批判する慣用句である。

問題に関わる人々の間では環境コンテストそのものの有効性が疑問視され、「住民」はゴミ処理を担うことができないという批判がなされている。専門家にとっては廃棄物処理を日常的に継続できるかという問題が重視されており、環境コンテストというイベントでは瞬間的な盛り上がりが生まれても続かないとみなされているのである。また、前節で扱ったリサイクルの手芸品も、毎日千数百 t も排出されるゴミの量からすればわずかなものであり、これらの手芸品は販売して利益を得られることが謳われてはいるが、需要はないためただゴミを作っているに過ぎないという辛辣な意見さえ珍しくはなかった。

　これは、住民参加の技術および環境コンテストという制度が、人々が廃棄物処理そのものに関心を持たないことを前提にしている以上必然的でもある。日々の仕事に追われ、家族や親族などのそれぞれの問題も抱える多くの人々にとっては、環境コンテストという1年のうちの数日のイベントにおいてのみ「住民」となって、近隣との親密さや社会的意義を感じられればそれで十分でもある。そのため、廃棄物処理インフラの全体的な改善を目的としている専門的な関係者から見れば、瞬間的な「住民参加」しか求めていない人々を、ゴミ問題の継続的な担い手とみなすことはできないのである。

3-4　環境 NGO による新たな可能性の模索

　こうした問題のため、ゴミ問題に関わる環境 NGO は「住民参加」とは異なる新たな廃棄物処理の方向を模索するようになっていた。筆者が活動に同行していた NS も、環境コンテストといった RT の環境活動からは離れた独自の活動の可能性を積極的に模索していた。そうした独自の活動の方向性として、調査当時の NS、特に代表のアンワル氏は、アピール活動・社会的起業・政治という3つの可能性を模索していた。

　ひとつは当初の NS の活動に近い、公共空間でのアピール活動を通じて政策イシューを提起しようという動きであった。これは身近に成功例があったことが影響していると思われる。NS と親しいある NGO が、河川への紙オムツの投棄を問題化して地方政府の責任を問うデモなどのキャンペ

ーンを展開し、メディアの関心を引くことに成功した。大学研究者や州政府も加わって規制のための会合が開かれるなど、独自に政策イシューを提示するというあり方がうまくいっていたのである。NS も食品企業に対して包装やペットボトルの排出者責任を問うという名目を掲げてアピール活動を行った。知己のジャーナリストを呼び、メンバーや他の活動家も含めて 30 人弱の人員を集めてプラカードを掲げたアピールをした後、前もって収集していた各食品会社のゴミを段ボールで梱包し、郵便局で各社のオフィスへの郵送を頼むというパフォーマンスを行ったのである。しかし、紙オムツ問題のように関係者を巻き込んで次のステップへ進めていくという風にはならず、アピール活動も一度きりとなってしまい、こうしたオーソドックスな戦闘的スタイルでの活動はなかなか実を結ばなかった。

　NS のアンワル氏が最も将来性を感じて取り組んでいたのが、環境 NGO が独立して開発事業を営むという「社会的起業 (social entrepreneurship)」という方向性であった。これはジャカルタを拠点するある環境 NGO とアンワル氏の関係に由来している。この NGO は自らを旧来の「活動家」とは明確に区別して、「社会的起業」を謳っており、ゴミの収集や買取といった業務から、民間企業のゴミ処理のコンサルタントや国内外の機関からの環境関連の調査の請負、セミナーや処分場へのスタディツアーの開催まで、廃棄物関連ならあらゆることを手広く行っていた。専属スタッフも 10 人ほど抱え、常時 50 人程度の人員を持ち、インドネシアの環境運動の中では有数の組織となっていた。インフォーマルなネットワークが民間の廃棄物産業の中心となっているインドネシアで、この NGO は「社会的」であることを掲げて適正処理の証明書や報告書を発行して透明性を確保することで、大企業との契約をうまく勝ち取っていたのである[58]。アンワル氏もこの NGO と協力することで新たな活動を見出そうとしていた。

---

58) 当時急成長を遂げていたオンラインのバイクタクシーであるゴジェック社 (Gojek) と契約して、制服のジャケットやヘルメットを悪用されないように完全に廃棄するための処理を行うなどしていた。

このNGOと組んでNSが取り組んでいたのが、スラバヤ市の南のシドアルジョ県にある野菜卸市場での野菜クズを利用した飼料用のアブの繁殖プロジェクトだった[59]。もともとベルギーの援助機関がアブによるリサイクル事業を行っていたが、プロジェクト期間の終了に伴って、ジャカルタのこのNGOが運営を引き継ぐこととなり、アンワル氏も運営に加わろうとしていた。アンワル氏はこの飼料用のアブ飼育の事業が単体ではあまり利益を生み出さなくても、その手法の講習を有料で行うことで各地の魚の養殖業者や養鶏業者からの利益が得られるだろうと期待したのである。そのためこのプロジェクトにはかなりの労力を割いて協力していた。たとえば、このプロジェクトの最後にスラバヤ市内のホテルで数日間にわたるシンポジウムが開かれ、ベルギー本国からの援助機関の幹部やスラバヤのリスマ市長などが登壇した大掛かりなものであったが、このシンポジウムの雑務もNSのメンバーが一手に引き受けていた。

このアブ飼育プロジェクトのように「社会的起業」として自律的な活動を展開する試みは環境NGOの新たな方向性となっている。たとえば本章で紹介したゴミ銀行も基本的には地域住民ごとに設置する取り組みであるが、継続性の点で問題があり、環境NGOが独自にゴミ銀行を運営する例が現れていた。それが「親ゴミ銀行（bank sampah induk）」というコンセプトである。これは、地域住民のゴミ銀行を「子」として、そこから集めた有価物を集約することで効率的な売却を目指すという構想であった。実際にスラバヤでは国営電力会社（PLN）のCSR資金で2010年からゴミ銀行を運営していたNGOが、2017年にこの構想に沿って「親ゴミ銀行」と名前を変えて、スラバヤのゴミ銀行のネットワーク化を始めていた。アンワル氏も住民によるゴミ銀行は有効ではないと批判しつつも、この「親ゴミ銀行」の試みは素晴らしいと称賛していた。環境NGOが行政と住民のどちらの側にも立つことなく、自律してゴミ処理を担うという可能性が新

---

[59] 日本ではアメリカミズアブと呼ばれ、インドネシアでは英語名のblack soldier flyないし略称のBSFで呼ばれていた。幼虫（ウジ）は家禽や魚の餌として栄養価が高いとされ、有機ゴミの新たなリサイクル方法としてアメリカを中心に産業化が試みられている。

たに共有されつつあったのである。

　しかし、この方向性もまだ確立するまでには至っていない。筆者の調査時はこのアブ飼育プロジェクトを移管する途中であったが、アンワル氏以外のハンナ氏や他の NS のメンバーはあまり乗り気ではなかった。ハンナ氏や他のメンバーは、このプロジェクトに本格的に関わるとしたら、そこでの仕事とは主に事務所での作業監督や経理の仕事であり、「現場活動（kegiatan lapangan）」と違って楽しくないと反対していたのである。アンワル氏は、確かに自分たちは「ソーシャルの人間（orang sosial）」であって、「ビジネスの人間（orang bisnis）」ではないことを認め、メンバーがそうした仕事をするのはあくまで一時的なものであって、最終的にはアブを飼育する専属の職員で施設を回すようになると説得していた。このように「社会的起業」はひとつの有力な可能性ではあるが、まだはっきりと確立されるまでには至っていない[60]。

　最後に NS のアンワル氏が模索していた方向性が、政治と積極的に関わることであった。海外からの研究者がスラバヤの環境 NGO について調査するとのことでアンワル氏にインタビューをしたことがあったが、その際に今後のことを尋ねられた時に彼が口にしていたのが、「政治」という方向性だった。彼によれば、「普通の人間」では物事を変えるのには限界があり、時間もかかるという。またインドネシアではトップが変わるとすぐに政策も変わってしまうのが問題であり、政治との関係が重要であると語ったのであった。

　確かに当時のアンワル氏は政治家とのチャンネルを作ろうと積極的に動いていた。ひとつはスラバヤを選挙区とする国会議員とのコネクションである。彼女はもともとモデルや女優として活躍していた人物であるが、2014 年から民族覚醒党（PKB[61]）所属の国会議員として、政治家のキャリ

---

60)　メンバーの根強い反対やアンワル氏が結婚して忙しくなったこともあり、このプロジェクトへの参加は最終的に立ち消えとなった。

61)　民族覚醒党（Partai Kebangkitan Bangsa）は、インドネシア最大規模のイスラーム団体で、ジャワの農村部を基盤とするナフダトゥル・ウラマー（Nahdlatul Ulama）の政党であり、スラバヤ市内では闘争民主党に次ぐ勢力だが、東ジャワ州全体では

アを歩み始めていた。アンワル氏は女性誌の記者をしていた時にモデル時代の彼女と知り合いであったため、NSの活動を売り込もうとしたのである。民族覚醒党のイベントをNSが植樹活動を進めているマングローブ林で行ったりするなど、彼女の政治活動にも協力することで今後のNSのネットワークの幅を広げようとしていた。もうひとつは、調査の翌年の2018年に予定されていた東ジャワ州の知事選に立候補していたある政治家とのコネクションであった。アンワル氏は彼の事務所を訪問して、アブ飼育のプロジェクトを紹介しながら、こうした環境プログラムにぜひ協力してほしいと願い出た。その政治家からは前向きな返答が得られ、彼の政治キャンペーンの一環として、アブ飼育プロジェクトをしていた野菜市場を会場に環境保護のイベントを開催することとなったのである[62]。

だが、こうした政治家との接近は必ずしもうまく行ったわけではない。民族覚醒党の政治家にとっては自身の政治活動で必要な無数のネットワークのひとつに過ぎず、イベントや会場候補として協力した以上のより深い関係を築くまでには至らなかった。また、東ジャワ州知事選で協力した政治家は肝心の選挙で対立候補に負けてしまったため、短期的な協力関係で終わってしまった。現在のインドネシアでは政治家自身も選挙で選ばれるためキャリアに不安定性がある以上、NSがこうした政治家とのルートを通じて環境活動を展開させていくことも困難であった。

別の政治のルートとして彼が口にしていたのは、自身が選挙に立候補して政治家になることであった。彼が語った政治家の夢は、通常の市議会や国会議員ではなく、国政の地方代表議会[63]に立候補することであった。こ

　　　最大の支持を得ている。
62) このイベントはビオポリの項で紹介したボーイスカウトのイベントのことである。なお、NSは当時広めようとしていたエコブリックを知人の活動家のネットワークも活用して大量に製作し、政治家が呼んだ有名ロックバンドとこのエコブリックを並べて写真を撮るなど、自らの活動の知名度を上げることにも努力していた。
63) 地方代表議会（Dewan Perwakilan Daerah, DPD）は国民議会（Dewan Perwakilan Rakyat, DPR）と合わせて立法府である国民協議会を構成している。ただし、地方代表議会は地方自治に関する事項のみ扱い、予算案など多くの項目は国民議会のみで審議される。

の地方代表議会という選択には彼の立場が表れている。地方代表議会はそれぞれの州から地方代表として選出され、政党に所属する者は立候補できないという点が大きな特徴である。そのため、活動家を長年続けてきており、政治家や汚職に批判的なアンワル氏にとって、自分自身が政治家になるのであれば、政党に所属せず、相対的に汚職も少ない地方代表議会という存在は唯一肯定的な政治家への道であった。

　しかも、単なる夢にとどまらず、実際にアンワル氏は2019年の総選挙に合わせて地方代表議会選挙に立候補しようとした。立候補するためには5000人のインドネシア国民の推薦署名とそれぞれの住民カードが必要なのだが、この要件を満たそうと努力して動いていた。NSのメンバーも彼に頼まれて、署名集めや書類の記入などの膨大な事務作業を手伝っていたという。こうした動きは筆者の帰国後の2018年後半の出来事であったため詳細は不明だが、結局この立候補は実現しなかった。その理由は署名が集まらなかったのか、署名に不備があったためかはわからないが、こうして政治へのルートはあまり成果を上げることができなかった。NSの試行錯誤からもわかるように、環境NGOが住民や行政から離れた独自の地位を得ることはなかなか容易ではないのである。

　ここまで詳細に記述してきたように、現在のインドネシア、特にスラバヤではポストスハルト期に焦点化された「住民」による廃棄物処理の取り組みが大々的に推進されてきた。その結果、スラバヤにおいてゴミ問題への対策として人々の念頭にまず浮かぶのは、こうした住民参加のプログラムである。確かにこれらのプログラムは「成功」と言えるほどの規模と継続性を持っており、独特の様々な廃棄物処理技術や環境コンテストによって、実際に廃棄物処理の取り組みに参加する「住民」が生成されている。しかし、これは、インドネシアの技術や技法が廃棄物以外の面で人々を動員することに成功することで、「住民＝社会（マシャラカット）」を作ることが最大の関心であって、その手段としてゴミ対策の取り組みを採用するような「住民」が生成されている。排出量の削減や日常的な継続などの廃

棄物処理システム全体とは無関係に、それぞれのRTの事情に応じて「住民」が作られ、他の廃棄物処理からは分離しているのである。

　こうして住民参加が自律した領域として肥大化した結果として、環境NGOに代表される専門家は住民参加に振り回されることに疲弊し、廃棄物処理における「住民」の役割そのものに懐疑的になりつつある。そのため環境NGOはもはやかつてのように「住民に寄り添う」のではなく、住民から離れて自分たちだけで廃棄物処理に取り組む可能性を模索している。現状では、市場化や住民参加といった既存の取り組みとは異なる環境NGO独自の地位は築けていないが、ポストスハルト期の20年間で生み出されてきた廃棄物処理のあり方について批判的な立場となり、現在とは異なる新たな廃棄物処理への変化が予期されているのである。

終章

ゴミが作りだす社会

I　3つの廃棄物処理

　本書が全体を通じて描きだしてきたのは、複数の廃棄物処理へと分散してインフラが成立してきたという構図であった。2000年代初頭からの約20年間、ポストスハルト体制というインドネシアの社会的文脈を背景としながら、スラバヤではゴミという存在が大きく問題化され、廃棄物処理の危機の中で様々な変化が試みられてきた。そうした変化は、廃棄物工学の主流である「統合的廃棄物処理」という理念に則った様々なプログラムによって産みだされてきた。しかし、結果として、市場化と住民参加という変化が既存の廃棄物処理システムから分離した別の領域を生みだし、三者がそれぞれ自律して共存するという形での均衡状態が生みだされてきたのである。

　この既存の廃棄物処理システム・民営化された埋立処分場・住民参加のプログラムという3つの廃棄物処理の並立状態を、理念的な「統合的廃棄物処理」と比較したのが次頁の図式である（図6-1）。同図に基づきながら本書の結論を述べていこう。

　第一に、既存の行政中心の廃棄物処理の仕組みは、埋立処分場を除くほとんどがそのまま維持された。ゴミを収集し、運搬し、埋立処分場で投棄する一連の流れの中で、たとえば分別収集を導入するといった制度的変化は起こらなかった。これは第1章で論じたように、もともとの廃棄物処理において二重のインフォーマリティが存在し、行政による管理が限定的であったからである。廃棄物処理を担う行政は、住民と廃棄物市場のどちらに対しても間接的にしか関与しておらず、市場化と住民参加は既存の制度

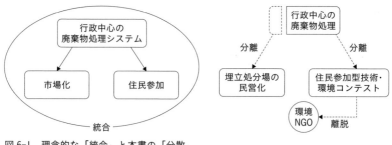

図 6-1 理念的な「統合」と本書の「分散」

の変更という形で行うことはできなかった。このことが、既存の廃棄物処理が温存された原因でもあり、また新たな取り組みが既存の廃棄物処理に追加される形でなされることによって、インフラが分散していく素地ともなったのである。

　第二に、市場化の一種として、行政中心の廃棄物処理から埋立処分場が民営化されるという形で分散が起きた。第3章の前半で論じたように、市場化として通常想定されるリサイクルの取り組みは、A社の事例のように利益を上げることができず、ごく少数の施設が行政の廃棄物処理システムに追加されるにとどまっている。一方で第3章の後半で扱ったX社による民営化は、市場化自体は経済的効率性と別の政治的支援によって成立したが、ゴミ問題の中心であった埋立処分場を民間企業として分離することによって、排出量削減という問題への一定の解決を提供していた。こうした分離によって、埋立処分場の残余容量および残余年数という問題がX社の運営の問題となり、行政中心の廃棄物処理が関与するものではなくなったのである。その効果として、行政中心の廃棄物処理においてゴミ問題は排出量ではなく、X社に支払う処理費用という予算の問題へと変貌した。ごく少数のリサイクル施設は、排出量の問題の解決には役立たなくとも、予算の節約および有効活用という問題であればその意義を正当化できる。先行研究では市場化の難しさや弊害が議論されていたのに対して、民間企業への分離というこれまで指摘されてこなかった市場化の機能が廃棄物処理の安定化につながっていることを明らかにした。

　第三に、住民参加という領域が、行政の廃棄物処理から分離して独自の

廃棄物処理として成立した。第4章で説明したように、ポストスハルト期には「住民」が開発における焦点となり、住民参加型開発が新たな潮流として盛んに行われてきた。こうした社会的文脈を背景に、第5章で論じたように廃棄物処理の分野でも、インドネシア独自の住民参加型技術や環境コンテストが生み出されてきた。これらの住民参加の技術・技法は、人々のゴミへの無関心を前提としてゴミ以外の魅力が考案されることで、廃棄物処理に参加する「住民」を生成することに成功している。しかし、この住民参加の領域は、「住民」を作るという目的のために、人々の道徳的問題としてのゴミ問題が手段として用いられることによって、大きな成功を収めている。その結果、行政中心の廃棄物処理から分離し、また埋立処分場の民営化によって排出量の問題が解決されていることとは無関係に、環境リーダーやRT住民による「住民参加」が盛大に行われ続けているのである。ゴミが関心を持たれない存在ゆえに「住民」生成が難しいという先行研究の議論に対して、インドネシア独特の技術や技法のように、ゴミへの無関心を乗り越えて大規模で長期にわたる「住民」生成を成し遂げうる可能性を本書では明らかにした。

　最後に、住民参加を推進しつつも、新たな地位を模索しているのが環境NGOである。2000年代初頭のゴミ問題が表面化した直後は、廃棄物処理への取り組みと「住民に寄り添う」という理念とが軋轢をきたすことなく合致していた。しかし、廃棄物処理の改善、特に環境NGOが重視する環境問題としてのゴミの削減という問題から住民参加が分離していくと、環境NGOは「住民」という存在に批判的になりつつある。人々にとってはゴミではなく住民参加そのものが目的であり、日常的に継続せず、それぞれのRTの事情ですぐに変わっていく住民参加に、環境NGOに代表される専門家は自分たちが振り回されていると感じている。そのため、まだ予兆としてではあるが、環境NGOは住民参加から離脱し、新たな廃棄物処理の可能性を試行錯誤している。

　本書で扱った3つの廃棄物処理は互いに別々の領域として並存して成立しており、これらのどれか、あるいは特定の廃棄物処理技術が優勢となって他の領域が縮小するような事態にはなっていない。これは、3つの廃棄

物処理が相互依存しているからでもある。まず既存の行政中心の廃棄物処理にとっては、かつての問題の中心であった埋立処分場が切り離されたことによって、日々の円滑な収集運搬を維持することと予算をある程度節約することだけに専念できる。X 社が運営する埋立処分場にとっては、利益は行政からの処理費用によって確保されており、また、表面的なゴミ問題の中心が住民参加の取り組みとなり、多くの人々の関心や労力が住民参加に注ぎ込まれていることで、X 社の運営の実態や「ガス化」技術の不透明性といった不安定要素は不可視であることが維持できている。住民参加の取り組みにとっては、埋立処分場がかつてのゴミ問題を解消しているおかげで、住民参加の技術・技法がどれほど排出量の削減に意義があるかという問題に煩わされることなく、「住民」生成に注力することができている。こうしてそれぞれが別の領域の不安定性を解消しているのである。

　これらの廃棄物処理は、どれかが本当の廃棄物処理で残りが見せかけの廃棄物処理であるわけではなく、それぞれが別々のゴミ問題に対応しているという意味でどれも同等に廃棄物処理であることに変わりはない。第 2 章でゴミ問題が複数の問題が絡み合って構成されていることを分析したように、廃棄物処理の分散とはこれら複数のゴミ問題に対応していると考えることもできる。2000 年代初頭のスラバヤでは埋立処分場の問題が「ゴミの洪水」という劇的な事態を引き起こしたために、排出量削減の問題が拡大し、様々な取り組みが一挙に実施されることとなった。しかし、調査時の 2010 年代半ばには、ゴミ問題はいくつかに分かれることで大きく問題化することが防がれていた。当初の排出量の問題には埋立処分場の民営化が暫定的な解決策を与え、もともとの行政中心の廃棄物処理にとっては予算の問題が取り組む問いとなった。そして、人々や地域社会の道徳的問題への対応として住民参加は続いているのである。

　スラバヤの廃棄物処理インフラで起きていたのが、こうした廃棄物の複数の問題に対応してそれぞれを分散して処理するという仕組みの登場であった。市場化と住民参加による「統合的廃棄物処理」が廃棄物処理の改善につながるというこれまでの前提に反して、市場化と住民参加の試みは廃棄物処理の分散を引き起こし、しかもそれによってゴミ問題のために不安

定化していた廃棄物処理が安定化したのである。複数の廃棄物処理へと分散し、互いを侵食することなく別々の問題に対応しており、一種の均衡状態が出現していた。ただし、この安定は必ずしも決定的なものではない。環境 NGO の模索に示されているように、さらなる変化や別の均衡もまた、少なくとも可能性としては予期されているのである。

2 ゴミ問題に内在する複数性

　こうした「分散」のプロセスと実態についての民族誌的記述を通じて、なぜインドネシアのスラバヤにおいて分散というあり方が生まれたのかを示してきたが、ここで本書が明らかにした分散の原因をいくつか指摘しておきたい。ひとつには歴史的な経路依存性が挙げられるだろう。あらゆるテクノロジーがそうであるように、スラバヤの廃棄物処理インフラの変化も無から生じるのではなく、既存の技術システムや社会制度に基づいており、それらの制約を受けている。二重のインフォーマリティのように、もともとの廃棄物処理の中に行政がコントロールすることができない要素が入り込んでおり、清掃公園局や環境工学の専門家などが全体像を把握しないままに実務を行う体制がつくられていた。そのため、様々な新たな取り組みがもともと備わっていた分散の傾向をさらに強めていくことになったのである。また、埋立処分場の民営化をめぐる様々な不透明な手続きや、あるいは住民参加の大規模化をもたらした「コンテスト」という手法といった個別の要素も、突然新たに発明された要素というよりも、すでにスハルト期に存在したものをさらに活用してきたという側面を持ち、その意味でも「分散」は 2000 年代以前から広く社会制度に潜在的に内包されていたと考えることもできる。

　そのほかに、本書で論じた廃棄物処理インフラの変化が数多くの開発プロジェクトの積み重ねによって成立してきたことも理由として指摘できる。「統合的廃棄物処理」という理念は、専門家や行政といった中心となるアクターが全体像を構想し、その青写真を実現させていくことを前提としているが、これは廃棄物処理インフラを整備する資金が国家から一元的に財

政支出によって初めて可能となるものである。多くのいわゆる「開発途上国」と同様に、インドネシアではインフラ開発などの公共事業が国家の財源のみによって行われているのではなく、そこには世界中の様々な開発援助が投入されている。スラバヤの廃棄物処理インフラもまた、日本のJICAや多国籍企業のユニリーバ、そして国内企業のCSRなど様々な資金の流れが存在している。それらの資金を用いるのも行政だけではなく、北九州市、日系企業、環境NGOなど複数のアクターが存在し、それぞれが開発プロジェクトを走らせるという形で変化の取り組みがなされてきた。こうした無数のプロジェクトによってゴミ問題に対応してきたために、特定の専門家が主導して「統合」を志向するような動きが生まれず、「分散」という別の形を許容することになったのである。

　しかし、こうした分散の最大の理由は、先ほども述べたゴミ問題の複数性にある。行政中心の廃棄物処理・埋立処分場の民営化・住民参加という3つの処理の分散は、それぞれ別々のゴミ問題と対処のセットを構成していると考えることができる。もともとのゴミ問題の最大の懸念であった排出量および埋立処分場の持続可能性という問題が、埋立処分場が民営化されることによって行政から切り離されて、X社という企業の「ガス化」技術がその対応として生み出された。一方で、行政は公衆衛生という観点以外にはX社への支払いをいかに削減するかという費用としてのゴミ問題にのみ対応すればよくなり、その解決策として分別施設や堆肥化施設が位置付けられるようになった。住民参加という領域では、ゴミ問題は排出量や費用の問題ではなく人々や地域社会の道徳的問題であり、その対応として様々な技術・技法が生み出されたのである。

　そのため、スラバヤで見られた廃棄物処理インフラの分散は、特異な現象というよりも、ゴミ問題および廃棄物処理インフラが常に抱えている複数性を明示的に露わにしている事例だと考えるべきである。ポストスハルト期というインドネシア特有の社会的文脈によって極端な姿を見せているとはいえ、複数のゴミ問題が複数の処理へと分岐してそれぞれが独立した領域として分散するという廃棄物処理インフラは、どこであっても起きる可能性があるのだ。これまでの廃棄物処理インフラの社会科学的研究は、

廃棄物処理が地域・時代によって様々に異なることを強調してきたが、一方で、廃棄レジーム論のように、統一的な全体がそれぞれの地域・時代には存在することを想定しがちであった。技術と社会という二項対立を乗り越えて様々な要素の連関を探究することに力を入れてきた一方で、それらの要素の連関はひとつのネットワークとして提示される傾向にあった。しかし、本書が提示したように、多数の要素の複雑な関係の中にも分散という契機が存在しており、複数の関係性の間の均衡状態が成立しうるのである。

3　社会とインフラの「分散」

　本書が「分散」という言葉を通して試みてきたのは、インドネシア・スラバヤでの廃棄物処理インフラを「歪んだ」状態だと考えるのではない別の見方を提示することであった。

　しばしば廃棄物処理インフラの社会科学的な研究では、廃棄物工学での理想的な状態である「統合的廃棄物処理」からの差分として事例を捉え、その差分をローカルな社会的・政治的・文化的諸条件へと帰属させるという議論を行ってしまいがちである[1]。それは、日本人の東南アジアに対する、あるいはインドネシア人も持っているような、「発展途上国（negara berkembang）」で「進んでいない（belum maju）」インドネシアという見方とも共鳴する。しかし、こうした見方が前提とされてしまうと、スラバヤでの廃棄物処理インフラもまた、世界各地のインフラと同様に近代的なテクノロジーであり、物質的条件から社会的条件に至るまでの様々な要素が織り込まれた固有の状況の下で試行錯誤しているのだ、ということが見落と

---

1) 本書のもととなった博士論文とほぼ同時期に、インドネシアのスンバワ島での廃棄物処理プログラムについての民族誌の博士論文が発表されており、この種の議論の典型を見てとることができる［Fort 2022］。著者のフォートは、ゴミ銀行などの住民参加のプログラムが埋立処分場とは無関係である点を、本書と同じく指摘している。しかし、彼はこれを、「精神文化」という政府のイデオロギーや「美化」についてのインドネシア独自の文化的解釈によって統合的廃棄物処理としてあるべき生態学的な理想から逸脱していると結論付けてしまっている［Fort 2022: 285］。

されてしまう。スラバヤの事例が重要なのは、たとえ「統合的廃棄物処理」の理念からは大きく逸脱する結果を招いていたとしても、複数の廃棄物処理が均衡することで、ゴミ問題に対して暫定的とはいえまがりなりにも解決がなされているからである。日本のA社による分別施設や堆肥化施設が現在でも稼働し、住民参加の取り組みが大々的に行われているのも、これらが埋立処分場と切り離されているからこそ可能になっているのであり、その意味で廃棄物処理インフラの「分散」はスラバヤ市の「成功」という公的な評価の基礎にもなっているのである。

　この事例が現状の「統合的廃棄物処理」の理念よりも優れた解決策であり、どこでも適応可能な正解を示しているのだと主張したいわけではない。確かに、現在のスラバヤのあり方が持続可能かどうかについては、民営化された埋立処分場の不透明性や、住民参加の一時性に対する環境活動家の批判などからも明らかなように、様々な疑念があるのも事実である。しかし、そもそも廃棄物処理という技術システムは常に不確定性を抱えているということも忘れてはならない。どれほど焼却技術やリサイクルなどが導入されていたとしても、大量廃棄物というゴミ問題そのものが消失することはなく、完全に持続可能な廃棄物処理インフラは世界のどこであっても今まで現実に存在したことはない。日本でも、それぞれの自治体で現在使われている最終処分場の残余年数を過ぎたあとにどうするかはほとんどが未計画であり、数十年のスパンを超えた以上のことは不確定のままにとどまっている。廃棄物処理インフラの持続可能性とはいかに先延ばしを続けるのかという問題であり、先延ばしという点では世界中の廃棄物処理インフラはどれも等しいのである[2]。

　社会と技術の複合体としてのスラバヤの廃棄物処理インフラのありよう

---

2) フランスでの放射性廃棄物問題を研究したバルト（Y. Barthe）は、「可逆性のある地層処分」という将来の技術革新の可能性に賭けて問題を先送りにする政策を、将来のために現時点で意思決定しないという能動的な行為であると評価し、これを「不決定の政治」と名付けている［Barthe 2006: 213-215; Barthe, Elam & Sundqvist 2020］。廃棄物処理インフラはどれも多かれ少なかれこの「不決定の政治」という側面を持っているのである。

について、他の事例との工学的な優劣の比較を結論とせず、しかし一方でインドネシアの「社会」「文化」だから技術的な比較はできないと考えるのでもなく、事例の固有性を維持しながらも廃棄物処理インフラという技術の比較可能な理解を拡張させるというのが、本書が人類学的な民族誌として企図したことであった。それゆえ日本の廃棄物処理の改善のためにスラバヤの事例から学ぶといったことは本書の主眼ではないが、あえて評価できる点を挙げるならば、住民参加の様々な技術・技法に対してある意味でポジティブな価値付けをすることもできるだろう。行政の収集運搬やX社の埋立処分場から分離しているがゆえに住民参加の領域が確かに肥大化している一方で、そこでは予算や排出量削減の効率性によってしばしば制約されてしまう人々の創造性がこれらの技術・技法によって引き出されてもいる。ゴミへの無関心のため「住民」が形成されないという先行研究の議論の反例として、分散的な廃棄物処理を基礎とすることで、ゴミを通じて「住民」を作りだす積極的な動きが人々の中から生みだされているのである。統合的処理の理念を一旦留保することで、ゴミ問題と廃棄物処理が作りだす社会の様々な可能性を見出すことができるのである。

　特に廃棄物処理における住民参加は、現代インドネシアにおける「社会」の位置付けを考えるのに重要な材料を提供しているとも言える。科学技術社会学の理論として廃棄物処理インフラが社会を作りだしているだけでなく、インドネシアにおける狭義の「社会＝住民（masyarakat）」をも住民参加型の処理は作りだしている。そのため、本書が描きだした、既存の行政主体の廃棄物処理と住民参加型の処理との分離は、ポストスハルト期における行政と社会の関係を示してもいる。そうした観点から見た本書の事例の意義は、スラバヤのゴミ問題から見える民主化後の「社会」が、国家対社会という単純な二項対立に当てはまらない現実の微妙な位置付けを明らかにしている点にある。廃棄物処理への住民参加は、大きな枠組みとしてのゴミ問題を共有し、環境コンテストなどの行政からの支援を受けているという意味で行政から完全に分離しているわけではない一方で、人々は住民参加それ自体に価値を見出して自ら様々な創造性を発揮して活動を行っており、行政や環境活動家といった専門家はしばしばそれに振り回さ

れていると不満を持つほどに主導権を握っているのもまた事実である。ここでのポストスハルト期の新たな関係性は、民主活動家が思い描いていた、主権を持つ「人民（rakyat）」が支配者の抑圧を打ち破って真の「独立」を果たすような民主主義ではないが、しかし、一方でスハルト体制のように、テクノクラートが一方的に「人民」のための開発目標を設定して人々を動員するような権威主義的な名ばかりの「民主主義」でもない。そのどちらでもなく、問題設定の枠組みやプロジェクトの実施など様々な点で「行政（pemerintahan）」と共有しつつも、行政とは区別された独自の主体性を持つ領域として「住民＝社会（masyarakat）」が確かに存在するとみなされ、この「住民＝社会」が誰を指し、どのような利害を持っているのかが常に論点となるような民主主義が現代のインドネシアで成立しているのである。

　こうした微妙な関係のあり方から、今度はひるがえってインフラ研究における本書の「分散」という視座が持つ可能性を見てとることができる。スラバヤにおける廃棄物処理インフラの「分散」は、既存のインフラに依拠しない「オフグリッド」の生活様式のような［Vannini & Taggart 2014］、ネットワークから完全に独立した自給自足の状態を指しているわけではない。しかし、ひとつの全体的なシステムを発想の前提として、そうした統一的なインフラが国家による統治であり、そうした統治に人々が何かしらの権利を要求して抵抗するといった構図もまた本書が示すものではない。それらの構図からは見落とされてしまうような、技術システムに内在する複数性を本書の事例は明らかにしている。一見すると統一的なインフラであっても、実はそこには複数の問題‐対応のセットが縦横無尽に走っているのである。その意味で、廃棄物処理以外のインフラであっても様々な形での「分散」を発見することができる可能性を本書は示している。様々な科学技術が世界中に浸透し、表面的には各地が技術的に同質化しつつある中でも、そこには内在的な複数性が生成されている。その複雑さを探究することで、私たちはこの世界で生まれ続ける無数の差異を目にすることができるのであり、本書はそのための第一歩となるのである。

おわりに

　いくつもの偶然や人々との出会いが本書を作りだすこととなった。
　学部で最初に文化人類学に出会ったのも、2年生の夏に3年生以降の進学先を選ぶ際、ロシア文学などいくつかあった面白そうなコースのうち、締切当日になって志望の順番を変えようと思い立ち、その結果、文化人類学コースへと進学したのが始まりだった。それまで特に講義も取っておらず、人類学に強いこだわりがあったわけではなかったが、コース課程で勉強をしていくうちに人類学や科学技術社会学（STS）の面白さにのめりこんでいき、こうしてとうとう研究の道を歩むこととなった。
　大学院へと進学し、STSで科学というよりは技術をテーマとしたくて、指導教員のアドバイスに従い、当時注目され始めていたインフラ研究という領域を選んだ。その中でも廃棄物処理インフラを選んだのは、ゴミ問題は、技術者だけでなく、一般社会やインフォーマル経済など、より広い現場のフィールドワークができるようなテーマをできるのではと考えたからだ。当時の私は、STSの視点が重要だと思いつつ、非常に古典的な意味での異文化のフィールドワークがしたかった。沢木耕太郎の『深夜特急』が好きだったこともあり、学部の頃から長期休暇のたびにバックパッカー旅行をしていたのだが、たとえ安宿に泊まって屋台で食事をしたとしても、しょせん自身の拙い英語で世界中どこでも通用できてしまう程度の表面的な経験ではないかと感じていた。そうではなく、もっと腰を据えて特定の異文化を自分の中に取り入れてみたいという、素朴なロマン主義を多くの文化人類学者と同様に私も持っていたのだ。
　だからこそ、STS的な研究テーマでありながらも、博士課程の調査先は海外、それもアジアやアフリカのどこかを目指していた。インドネシアと

いう選択は、「インドネシア語は簡単だからインドネシアにしてみたら？」というかつてインドネシア研究者だった指導教員の気軽な一言がきっかけであるが、スラバヤがフィールドとなったのは、北九州市の長年のプロジェクトを知り、関係者の人々との出会いによるものであった。特に、当時スラバヤでプロジェクトを行っていたA社のみなさんが、何もバックグラウンドを持たない一介の学生である私を受け入れてくれたことから、この研究は始まった。その後の多くの人々との出会いは本書のあちこちに記した通りであり、そうしたフィールドでの経験の中で本書の問いが作りだされていった。また、フィールドだけでなく、学会発表や研究会あるいはざっくばらんな飲み会の場などでの、多くの様々な研究者との出会いを通じても、徐々に本書の議論が練り上げられていった。

そのような10年以上にもわたる無数の偶然と出会いの結果が本書である。自らの内奥から来る必然性に迫られて書き上げたものというよりは、無数の人々や事物や出来事のネットワークから私をいわば結節点とすることで生みだされたものである。これは、科学者や技術者といった個人の才能ではなく、無数の要素が絡まった社会的実践として知識や技術が作られるのだという、STSの重要な知的貢献に私なりに従った結果でもある。それゆえ、本書自体が「ゴミが作りだす社会」の一部でもあり、この書籍がこれまで出会ってきた人々、そして私が会うこともないこれからの読者に読まれることで、さらなる社会を作りだす動きの一助になれば、これに勝る喜びはない。

本書は、東京大学大学院総合文化研究科に提出した博士論文「市場化と住民参加——インドネシアにおける廃棄物処理の分離と並存の民族誌」を加筆修正したものである。

博士論文の主査を務め、また、学部の時に授業を取って以来、最後まで指導をしていただいた福島真人先生には、研究テーマの選択から研究に向き合う姿勢に至るまで、学術研究についてのあらゆる面を教わった。その要求水準の高さについていくのもやっとであった時もあったが、返すことのできないほどの学恩をいただいたと感じている。先生に出会っていなけ

ればおそらく研究の道を選んではいなかっただろう。

その他の審査員の藏本龍介、津田浩司、林憲吾、山口富子の各先生からも、論文審査において的確な指摘やコメントをいただいた。本書での加筆修正で、審査での議論をうまく昇華できたかはいささか心許ないが、今後も研究活動を通じて期待に応えるように努力したい。

学部から博士までお世話になった東京大学大学院総合文化研究科の文化人類学コースの先生方からも、授業や研究、折々の会話を通じて数多くのことを学んだ。その中でも特に、関谷雄一、津田浩司、箭内匡、渡邊日日、名和克郎の各先生の授業や研究から受けた影響は本書にも反映されている。また、一人で研究室の事務を切り盛りされてきた坂元明子さんには10年にもわたる大学院生活で大変お世話になった。

同じ文化人類学を学ぶ同期として、相田豊と藤田周とは長年読書会や論文の草稿の読みあいなどでお互い議論を戦わせてきた。本書はそうした関係性の成果でもあり、読者としてぜひ遠慮ない意見を期待している。また、藤田周には博士論文の原稿のチェックもしてもらった。記して感謝する。

同時期に同じインドネシアをフィールド調査していた、阿由葉大生、荒木亮、田川（中村）昇平、西川慧からは、首都ジャカルタで何度も食事や酒を共にしながらインドネシアについての様々な知識を学び、さらにはインドネシア大学での共同の研究発表も行った。また、ジャカルタ研究会の新井健一郎、加反真帆、久納源太、小泉佑介、塩寺さとみ、林憲吾、三村豊から、他分野の研究者と協働していく面白さや、様々な視点からのインドネシアの見方を学ぶことができた。私が文化人類学者やSTS研究者だけでなく、インドネシア地域研究者を自負するようになったのは、少なからずインドネシアをフィールドとする研究者が上記のような魅力的な人々ばかりであったからでもある。

その他にもアカデミズムの中での多くの研究者の人々（先生、先輩、後輩、友人など）との出会いが、有形無形の影響を本書に与えている。以下、名前を列挙する形で感謝したい。池田朋洋、李承玹、猪口智広、岩原紘伊、植田将暉、馬越悠、大川内直子、大村優介、小川湧司、金子亜美、川松あかり、北川真紀、金信行、木村周平、久保明教、小池淳太郎、高地薫、近

藤晴香、顧一、里見龍樹、施堯、芝宮尚樹、島村祐輔、鈴木舞、瀬戸山潤、立石裕二、谷憲一、中野隆基、難波美芸、西浦まどか、西尾善太、西崎博道、根木優気、橋爪太作、長谷川朋太郎、林稜、日比野愛子、古川勇気、ベル裕紀、松村一志、水上拓哉、箕曲在弘、森下翔、柳下壱靖、山口匠、山口まり。思いつくままに列挙したが、最後の締切に追われて書いているために抜け落ちている人も多くあるかと思う。どうかご寛恕願えれば幸いである。

また、研究者のほかにも、私と交友を結んでくれた数多くの友人にも感謝したい。特に学部時代からの（先輩後輩も含めた）友人たちとの、尽きることのない議論で鍛えられた物事を考える力は、私を曲がりなりにも研究者として職にありつけるようにしてくれた礎となっている。

そしてフィールドで出会った人々がいなければ、本書は1ページたりとも書くことができなかっただろう。LIPI（インドネシア科学院、現 BRIN: 研究イノベーション庁）の Fadjar Thufail 先生には調査ビザ取得のためにカウンターパートを引き受けていただいた。また、研究員の Firman Budianto さんには様々な手続きを手伝っていただき、私のビザ更新が大変なトラブルとなった時には自ら駆けずり回ってくれて解決に尽力してくれた。

スラバヤで調査を快諾していただいた A 社には心より感謝を申し上げたい。特に当地に駐在していた T さんには、右も左もわからない状態でやって来た私に親身になって住居などの生活の細々とした相談に乗ってもらい、現地での関係者を紹介していただいた。また、北九州市の職員やアジア低炭素化センターの研究員のみなさんにもスラバヤでの活動に同行させていただいた。スラバヤで長年築き上げた土台の上で私の研究は可能となった。本書が少しでもみなさんの好意に応えられるものとなっていることを願っている。北九州市の関係者以外にも、スラバヤに在住していた日本人の方々からは時に食事などに誘っていただき、調査に疲れた時の貴重な息抜きの時間となった。

スラバヤそしてインドネシアで廃棄物処理に携わる、数え切れない多くのインドネシアの人々が、言葉もたどたどしかった外国人の私に快く自らの仕事を教えてくれた。とりわけ環境 NGO の NS のみなさんには毎日の

ように活動や食事に誘っていただいた。本書の議論の多くは環境活動家たちと共に過ごす中で得られたものである。そして、スラバヤ市政府や大学関係者、そして現場で働く人々や地域住民の人々などとの様々な出会いの積み重ねが、私のインドネシアへの愛着のもととなっている。インドネシアの人々の親切さと明るさは、私の人生や人格に間違いなく深い影響を与えている。

Dengan selesainya buku ini yang tentang studi sisi sosial dalam pengelolaan sampah di Kota Surabaya, saya mengucapkan banyak terima kasih sebesar-besarnya kepada semua pihak yang telah membantu penelitian saya dengan baik hati. Matur nuwun...

本書の調査には、松下幸之助記念志財団2015年度松下幸之助国際スカラシップ、公益信託澁澤民族学振興基金平成29年度大学院生等に対する研究活動助成、2020-2022年度科学研究費助成事業（特別研究員奨励費、課題番号：20J12618）の交付を、また、出版にあたっては2024年度科学研究費助成事業（研究成果公開促進費、課題番号：24H5086）および2024年度東京大学学術成果刊行助成（東京大学而立賞）の交付を受けた。各機関の多大な支援に感謝を申し上げる。

博士論文から本書への改稿作業は、現任校の静岡県立大学大学院国際関係学研究科に助教として在籍する中で行った。過酷な待遇の話を耳にしがちな学術業界の中で、十分な研究の時間・環境を確保していただいた。深くお礼申し上げる。

本書の編集には、東京大学出版会の後藤健介氏と神部政文氏に大変お世話になった。特に組版や装丁については神部氏に細部にわたってご提案をいただいた。ここに感謝の意を表したい。

私を応援してくれた家族に深く感謝を伝えたい。両親や妹・弟には、よくわからないことを研究していつまでも学生を続けている息子・兄として心配させてしまっていたかもしれないが、こうして本という形で報いることができればと思う。そして何より、博論の執筆から本書の校正に至るまで支えてくれたパートナーの陳昭には感謝してもしきれない。出版助成に

申請するため本の題名に悩んでいた私に、「ゴミが作りだす社会」を発案してくれたのも彼女である。本書を彼女に捧げる。

2024 年 12 月

吉田　航太

用語集

A 社　産業廃棄物の処理を中心とした北九州市の環境企業であり、スラバヤ市において分別施設・コンポストセンターなどのプロジェクトを展開していた。

C/N 比　炭素（C）と窒素（N）の比率のことで、堆肥の製造において最も考慮される要素。

LSM（Lembaga Swadaya Masyarakat）　NGO のインドネシア語訳。直訳すれば「社会自助団体」という意味。

MDS（Merdeka dari Sampah）　スラバヤ市の環境コンテスト。独立記念日のある 8 月に開催され、SGC の入門編という位置付け。

NS　スラバヤ市を中心に活動し、主にプラスチックゴミの問題に焦点を当てた環境 NGO。

PDIP（Partai Demokrasi Indonesia Perjuangan）　闘争民主党。調査時の国政与党であり、スラバヤ市議会の最大勢力。

PKB（Partai Kebangkitan Bangsa）　民族覚醒党。インドネシア最大のイスラーム団体であるナフダトゥル・ウラマー（NU）を母体とし、農村部を中心に東ジャワ州で最も支持を得ている政党。

PKK（Pembinaan Kesejahteraan Keluarga）　RT や RW などに設置される婦人会のこと。

RT・RW（Rukun Tetangga, Rukun Warga）　インドネシアの住民組織。それぞれインドネシア語で「エル・テー」「エル・ウェー」と読む。RT は数十世帯からなり、複数の RT でひとつの RW が構成される。

SGC（Surabaya Green and Clean）　スラバヤ市の環境コンテストである「スラバヤ・グリーン・アンド・クリーン」の略。

TPA（Tempat Pembuangan Akhir）　廃棄物最終処分場（埋立処分場）のこと。

TPS（Tempat Pembuangan Sementara）　ゴミ中継所のこと。インドネシアの廃棄物収集システムにおいて行政はこの中継所から最終処分場までの運搬を担っている。

UPC（Urban Poor Consortium）　ワルダ・ハフィズによって創設された、主に立ち退きを迫られた人々への支援などを行う人権・環境 NGO。

X 社　ブノウォ最終処分場を運営している企業。

イェルイェル（yel-yel）　エールのことであり、インドネシアでは学校や企業などで広く見られる。

エコブリック（ecobrick）　バリ在住のカナダ人環境活動家によって普及が推進されている、プラスチックゴミを詰めて強度を高めたペットボトルを建材のように用いるリサイクル方法。

「ガス化（gasifikasi）」　X 社がブノウォ最終処分場に導入したとされる廃棄物の処理技術。

ガス化溶融炉　廃棄物の焼却技術のひとつで、高温で廃棄物からガスを発生させたのち、そのガスを燃焼させた熱で残渣の廃棄物を溶融させて再利用可能な

スラグを生産する技術。

環境リーダー・環境ファシリテーター・コーディネーター　環境コンテストの準備など、地域の環境改善を担うスラバヤ市独自の住民組織の役職。RTやRWには環境リーダーが、地区（クルラハン）には環境ファシリテーターが、郡（クチャマタン）と東西南北中央の地域にはコーディネーターが配置されている。

カンプン（kampung）　インドネシアの都市部における庶民層が密集して住む地域。プルマハンの対義語。

クチャマタン（kecamatan）　クルラハンの上で市の下にあたる行政単位。本書では「郡」としている。

クプティ最終処分場（TPA Keputih）　かつてスラバヤ市東部に存在した最終処分場。2001年に住民の反対運動で閉鎖された。

クルラハン（kelurahan）　最小の行政単位であり、本書では「地区」としている。

ゴミ銀行（bank sampah）　地域コミュニティなどに設置され、住民が持ち寄った有価物を売却して、その利益を「貯蓄」とすることでリサイクルを進める手法。

コンポストセンター（Kompos Center）　A社が建設・運営していた有機ゴミの堆肥化施設。

コンポストハウス（rumah kompos）　市政府が運営している剪定クズや野菜クズの堆肥化施設。

ジャムゥ（jamu）　インドネシアの伝統的な生薬。基本的には飲料の形で提供される。

収集人（tukang sampah）　それぞれのRTから中継所までのゴミの収集運搬を行う。RTが独自に雇用するため、行政が関与しないインフォーマルセクターとなっている。

清掃公園局（Dinas Kebersihan dan Pertamanan）　スラバヤ市政府の部局のひとつで、廃棄物処理業務や環境コンテストを担当している。2017年に清掃緑地局（Dinas Kebersihan dan Terbuka Hijau）に名称が変更され、2022年には環境局（Dinas Linkungan Hidup）に一元化された。

タカクラバスケット（Keranjang Takakura）　北九州市在住の高倉弘二氏によって考案された、家庭用のコンポスト装置。

樽コンポスター（tong komposter）　「好気コンポスター（komposter aerob）」ともいい、貯水用のプラスチックタンクから作られるコミュニティ単位のコンポスト装置。

トガ（tanaman obat keluarga）　家庭薬草園。

バンバン市長（Bambang Dwi Hartono）　2002年から2010年にスラバヤ市長を務めた闘争民主党の政治家。廃棄物対策などの環境政策のほとんどは彼の市長時代に由来する。

ビオポリ（biopori）　地面に約1mの小さな穴を開け、そこに有機ゴミを入れることで堆肥製造と洪水対策としての土壌改善の両方が意図された技術。

プグプル（pengepul）　廃棄物からの有価物の仲買人。プムルンから買い取り、再生工場へ売却する中間業者。

プスダコタ（Pusat Pemberdayaan Komunitas Perkotaan）　私立スラバヤ大学を母体に結成された、都市の貧困層の生活改善を目的とし、ゴミ問題に取り組んでいた環境 NGO。

ブノウォ最終処分場（TPA Benowo）　スラバヤ市の西部に位置し、現在稼働している唯一の最終処分場。以前は市政府が管理していたが、民営化によって X 社が運営している。

ププック・インドネシア（Pupuk Indonesia）　インドネシアの国営肥料企業であり、ペトロキミアの親会社。

プムルン（pemulung）　廃棄物から有価物を収集する生業に従事する人々。広義にはプグプルを含むあらゆる廃棄物回収業者を指すが、狭義には自らの手で有価物を拾い集める者だけを指す。

プルマハン（perumahan）　1980 年代以降に建設が進んだ、民間開発業者による分譲住宅地であり、中間層以上が居住する地域。カンプンの対義語。

プンボンカル（pembongkar）　プムルンのうちゴミ中継所で収集されたゴミから有価物を収集する者を指す。

ペトロキミア（Petrokimia）　インドネシアの国営肥料企業であり、ププック・インドネシアの子会社。

ポロ・プンデム（polo pendem）　キャッサバ・バナナ・ピーナッツ・サツマイモなど米以外の主食類。近年では健康的、伝統的という意味付けがされている。

マシャラカット（masyarakat）　「住民」「地域コミュニティ」「社会」「市民」などを意味するインドネシア語。本書で「住民」「社会」とカッコがついている場合はこのマシャラカットの意味である。

有機ゴミ・非有機ゴミ（sampah organik, sampah anorganik）　インドネシアなど焼却処理が主流ではない国では一般的なゴミの分類で、有機ゴミは生ゴミに相当し、非有機ゴミはリサイクル可能な紙や金属、プラスチックを指す。それぞれ「濡れゴミ（sampah basah）」「乾きゴミ（sampah kering）」とも呼ぶ。

「リサイクル」（daur ulang）」　現代のインドネシアでは「リサイクル」という言葉は、ゴミをもとにカバンなどの手芸品（kerajinan）を作ることを主に意味する。

リスマ市長（Tri Rismaharini）　2010 年から 2020 年までスラバヤ市長を務めた闘争民主党の政治家で、筆者の調査時の市長。鋭い舌鋒と行動的な姿勢が有名で、全国的な人気を誇る。

ロンバ（lomba）　「コンテスト」「競争」を意味するインドネシア語。

ロンベン（rombeng）　加工せずにそのまま販売できる中古品を扱う生業または中古品そのものを指す。

図版出典一覧

＊日付情報はすべて著者に撮影日を示す。

図 1-1　2015 年 9 月 8 日
図 1-2　2015 年 9 月 2 日
図 1-3　2024 年 8 月 30 日
　　　　　　＊
図 2-1　Ashdi, R. S. 2012. *Bangbang D. H.: Mengubah Surabaya.* Indonesia Berdikari, p.3.
図 2-2　Kencana Tertimbun Sampah TPA Keputih. 1994/6/7 *Surabaya Post.*
図 2-3　2016 年 11 月 7 日
図 2-4　左：2018 年 9 月 20 日，右：2018 年 9 月 21 日
　　　　　　＊
図 3-1　2015 年 9 月 2 日
図 3-2　著者作成
図 3-3　2015 年 9 月 2 日
図 3-4　2015 年 9 月 2 日
図 3-5　2015 年 9 月 2 日
図 3-6　2016 年 9 月 30 日
図 3-7　2015 年 9 月 2 日
図 3-8　著者作成
図 3-9　2016 年 5 月 3 日
図 3-10　2016 年 5 月 7 日
図 3-11　2016 年 6 月 8 日
図 3-12　2016 年 6 月 1 日
図 3-13　左：2016 年 4 月 14 日，右：2016 年 8 月 30 日
図 3-14　PLTSa Pertama di Indonesia Siap Beroperasi di Surabaya, Mampu Hasilkan Listrik 12 Megawatt. 2020/12/8 Pemerintah Kota Surabaya.（https://www.surabaya.go.id/id/berita/56606/ pltsa-pertama-di-indonesia-siap　2022 年 11 月 26 日閲覧）
　　　　　　＊
図 5-1　2015 年 9 月 4 日
図 5-2　2017 年 11 月 14 日
図 5-3　2017 年 11 月 2 日
図 5-4　2017 年 12 月 23 日
図 5-5　2017 年 10 月 13 日
図 5-6　2018 年 8 月 16 日
図 5-7　2017 年 1 月 6 日
図 5-8　左：2017 年 11 月 14 日，右：2017 年 10 月 10 日
図 5-9　2017 年 8 月 25 日
図 5-10　左：2017 年 11 月 14 日，右：2017 年 11 月 14 日
図 5-11　左：2017 年 8 月 10 日，右：2017 年 8 月 10 日
　　　　　　＊
図 6-1　著者作成

参照文献

Akrich, M. 1992. The De-scription of Technical Objects. In W. E. Bijker & J. Law, (eds) *Shaping Technology/Building Society: Studies in Sociotechnical Change*, pp. 205-224. MIT Press.
Alexander, C. & P. O'Hare 2020. Waste and Its Disguises: Technologies of (Un)Knowing. *Ethnos* 88 (3): 419-443.
Alexander, C. & J. O. Reno 2014. From Biopower to Energopolitics in England's Modern Waste Technology. *Anthropological Quarterly* 87 (2): 335-358.
Alexander, C. & J. O. Reno (eds) 2012. *Economies of Recycling: The Global Transformation of Materials, Values and Social Relations*. Zed Books.
Alexander, C. & A. Sanchez (eds) 2018. *Indeterminacy: Waste, Value, and the Imagination*. Berghahn Books.
Anand, N. 2017. *Hydraulic City: Water and the Infrastructures of Citizenship in Mumbai*. Duke University Press.
Appadurai, A. (ed) 1986. *The Social Life of Things: Commodities in Cultural Perspective*. Cambridge University Press.
新井健一郎 2012『首都をつくる――ジャカルタ創造の50年』東海大学出版会。
―――2022「ジャカルタにおける知事公選と住宅・居住環境整備」『都市創造学研究』6: 17-58。
荒木亮 2022『現代インドネシアのイスラーム復興――都市と村落における宗教文化の混成性』弘文堂。
Ashadi, R. S. 2012. *Bambang D. H.: Mengubah Surabaya*. Indonesia Berdikari.
Barthe, Y. 2006. *Le pouvoir d'indécision: La mise en politique des déchets nucléaires*. Economica.
Barthe, Y., M. Elam, & G. Sundqvist 2020. Technological Fix or Divisible Object of Collective Concern?: Histories of Conflict over the Geological Disposal of Nuclear Waste in Sweden and France. *Science as Culture* 29 (2): 196-218.
Batt, H. W. 1984. Infrastructure: Etymology and Import. *The Journal of Professional Issues in Engineering* 110 (1): 1-6.
Borup, M., H. van Lente, N. Brown, & K. Konrad 2006. The Sociology of Expectations in Science and Technology. *Technology Analysis and Strategic Management* 18 (3-4): 285-298.
Brata, K. R. & A. Nelistya 2008. *Lubang Resapan Biopori*. Niaga Swadaya.
Bulkeley, H. & N. Gregson 2009. Crossing the Threshold: Municipal Waste Policy and Household Waste Generation. *Environment and Planning A* 41 (4): 929-945.
Butt, W. H. 2020. Accessing Value in Lahore's Waste Infrastructures. *Ethnos* 88 (3): 533-553.
Callon, M. 1986. The Sociology of an Actor-network: The Case of the Electric Vehicle. In M. Callon, J. Law, & A. Rip (eds) *Mapping the Dynamics of Science and Technology*, pp. 19-34. Macmillan Press.
―――. 1987. Society in the Making: The Study of Technology as a Tool for Sociological Analysis. In W. E. Bijker, T. P. Hughes, & T. Pinch (eds) *The Social Construction of Technological Systems: New Directions in the Sociology and History of Technology*, pp. 83-103. MIT Press.
Candea, M. (ed) 2018. *Schools and Styles of Anthropological Theory*. Routledge.
Carse A. 2017. Keyword Infrastructure: How a Humble French Engineering Term Shaped the Modern World. In P. Harvey, C. B. Jensen, & A. Morita (eds) *Infrastructures and Social Complexity: A Companion*, pp. 27-39. Routledge.
カーソン, R. 1974『沈黙の春』青樹簗一訳 新潮社。
チェンバース, R. 2000『参加型開発と国際協力――変わるのはわたしたち』野田直人・白

鳥清志監訳　明石書店.
Clark, J. F. M. 2007 'The Incineration of Refuse is Beautiful': Torquay and the Introduction of Municipal Refuse Destructors. *Urban History* 34（2）: 255-277.
Colombijn, F. 2020. Secrecy at the End of the Recycling Chain: The Recycling of Plastic Waste in Surabaya, Indonesia. *Worldwide Waste: Journal of Interdisciplinary Studies* 3（1）: 1-10.
Connett, P. 2013. *The Zero Waste Solution: Untrashing the Planet One Community at a Time.* Chelsea Green Publishing.
デューイ, J. 2014『公衆とその諸問題──現代政治の基礎』阿部齊訳　筑摩書房.
Dick, H. W. 2003. *Surabaya, City of Work: A Socioeconomic History, 1900-2000.* Singapore University Press.
ダグラス, M. 1972『汚穢と禁忌』塚本利明訳　思潮社.
─── 1983『象徴としての身体──コスモロジーの探究』江河徹・塚本利明・木下卓訳　紀伊國屋書店.
Douglas, M. & A. Wildavsky 1983. *Risk and Culture: An Essay on the Selection of Technological and Environmental Dangers.* University of California Press.
Douny, L. 2007. The Materiality of Domestic Wastes: The Recycled Cosmology of the Dogon of Mali. *Journal of Material Culture* 12（3）: 309-331.
Fakih, F. 2020. *Authoritarian Modernization in Indonesia's Early Independence Period: The Foundation of the New Order State（1950-1965）.* Brill.
Feliciani, F. A. 2023. Path Leading to Urban Sustainability: Reflections from Solid Waste Management in Surabaya. In S. Roitman & D. Rukmana（eds）*Routledge Handbook of Urban Indonesia,* pp. 352-366. Routledge.
Fort, L. 2022. *Making Indonesia Clean from Waste: The Role of Culture in the Development of New Waste Management Services in Sumbawa, Indonesia.* Ph. D. Dissertation, The University of Western Australia.
フーコー, M. 2007『ミシェル・フーコー講義集成6　社会は防衛しなければならない（コレージュ・ド・フランス講義 1975-76）』石田英敬・小野正嗣訳　筑摩書房.
Fredericks, R. 2018. *Garbage Citizenship: Vital Infrastructures of Labour in Dakar, Senegal.* Duke University Press.
Fu'adah, A. Maftuqatul & R. N. Setyowati 2016. Aktivitas Partisipasi Masyarakat Kelurahan Jambangan dalam Kegiatan Green and Clean Kota Surabaya. *Kajian Moral dan Kewarganegaraan* 4（2）: 441-455.
藤井誠一郎 2018『ごみ収集という仕事──清掃車に乗って考えた地方自治』コモンズ.
藤原俊六郎 2003『堆肥のつくり方・使い方──原理から実際まで』農山漁村文化協会.
福島真人 2002『ジャワの宗教と社会──スハルト体制下インドネシアの民族誌的メモワール』ひつじ書房.
─── 2017『真理の工場──科学技術の社会的研究』東京大学出版会.
─── 2020「言葉とモノ──STSの基礎理論」藤垣裕子責任編集『「つなぐ」「こえる」「動く」の方法論──科学技術社会学の挑戦 3』pp. 214-232. 東京大学出版会.
─── 2021「自然」日比野愛子・鈴木舞・福島真人編『ワードマップ科学技術社会学（STS）──テクノサイエンス時代を航行するために』pp. 1-25. 新曜社.
布野修司 2021『スラバヤ　東南アジア都市の起源・形成・変容・転成──コスモスとしてのカンポン』京都大学学術出版会.
Furniss, J. 2017. What Type of Problem is Waste in Egypt? *Social Anthropology* 25（3）: 301-317.
───. 2021. Reading the Signs: Some Ways Waste is Framed in Tunisia. In Z. Gille & J. Lepawsky（eds）*The Routledge Handbook of Waste Studies,* pp. 68-87. Routledge.
Gandy, M. 1994. *Recycling and the Politics of Urban Waste.* Routledge.

Geels, F. W. 2007. Feelings of Discontent and the Promise of Middle Range Theory for STS: Examples from Technology Dynamics. *Science, Technology, and Human Values* 32 (6): 627-651.

Geertz, C. 1960. *The Religion of Java*. The Free Press of Glencoe.

─── . 1965. *The Social History of an Indonesian Town*. MIT Press.

Gericke, J. F. C. 1847. *Javaansch-Nederduitsch Woordenboek*.（https://www.sastra.org/）

Gille, Z. 2007. *From the Cult of Waste to the Trash Heap of History: The Politics of Waste in Socialist and Postsocialist Hungary*. Indiana University Press.

Gille, Z. & J. Lepawsky 2021. Introduction: Waste Studies as a Field. In Z. Gille & J. Lepawsky （eds）*The Routledge Handbook of Waste Studies,* pp. 3-19. Routledge.

Gordon, J. 1998. NGOs, the Environment, and Political Pluralism in New Order Indonesia. *Explorations in Southeast Asian Studies* 2 (2).

Gregson, N. 2007. *Living with Things: Ridding, Accommodation, Dwelling*. Sean Kingston Pub.

Hadiwinata, B. S. 2003. *The Politics of NGOs in Indonesia: Developing Democracy and Managing a Movement*. Routledge Curzon.

アル・ハッジャージ, M. 2001『日訳サヒーフ・ムスリム第1巻』磯崎定基・飯森嘉助・小笠原良治訳 日本ムスリム協会。

Harianto, Y. E. 2015. *Dinamika Konflik Pengelolaan Sampah*（*Studi Deskriptif Konflik Realistis Pengelolaan Sampah TPA Benowo Surabaya*）. Skripsi Universitas Airlangga（アイルランガ大学卒業論文）.

Harvey, P., C. B. Jensen, & A. Morita 2017. Introduction: Infrastructural Complications. In P. Harvey, C. B. Jensen, & A. Morita（eds）*Infrastructures and Social Complexity: A Companion*, pp. 1-22. Routledge.

Harvey, P. & H. Knox 2015. *Roads: An Anthropology of Infrastructure and Expertise*. Cornell University Press.

Hatley, B. 1982. National Ritual, Neighborhood Performance: Celebrating Tujuhbelasan. *Indonesia* 34: 55-64.

Hawkins, G. 2006. *The Ethics of Waste: How We Relate to Rubbish*. Rowman & Littlefield Publishers.

Hefner, R.（ed）2018. *Routledge Handbook of Contemporary Indonesia*. Routledge.

Hetherington, K. 2004. Secondhandedness: Consumption, Disposal, and Absent Presence. *Environment and Planning D: Society and Space* 22 (1): 157-173.

日比野愛子・鈴木舞・福島真人編 2021『ワードマップ科学技術社会学（STS）──テクノサイエンス時代を航行するために』新曜社。

平野恵子 2005「インドネシアPKKと〈主婦ボランティア〉──開発政策における「女性の役割」と日常実践」『F-GENSジャーナル』3: 261-268。

Hird, M. J., S. Lougheed, R. K. Rowe, & C. Kuyvenhoven 2014. Making Waste Management Public (or Falling Back to Sleep). *Social Studies of Science* 44 (3): 441-465.

日立造船 2015『インドネシア国スラバヤ市における都市ごみの廃棄物発電事業報告書』環境省。

本名純 2005「ポスト・スハルト時代におけるジャワ3州の地方政治──民主化・支配エリート・2004年選挙」『アジア研究』51 (2): 44-62。

─── 2013『民主化のパラドックス──インドネシアにみるアジア政治の深層』岩波書店。

Hughes, T. P. 1987. The Evolution of Large Technological Systems. In T. Hughes & T. Pinch （eds）*The Social Construction of Technological Systems: New Directions in the Sociology and History of Technology,* pp. 51-82. MIT Press.

ヒューズ, T. P. 1996『電力の歴史』市場泰男訳 平凡社。

Isnaeni, N. 2016. *Public-Private-Community Partnerships: A Case of Unilever's Corporate Social Responsibility in Surabaya, Indonesia*. Ph. D. Dissertation, University of Malaya.

伊藤紀子 2018「ポスト緑の革命期のインドネシア・ジャワにおける低投入農法の普及過程——有機 SRI（System of Rice Intensification）の普及事例の社会ネットワーク分析」『農林水産政策研究』29: 1-27．
伊藤好一 1982『江戸の夢の島』吉川弘文館．
岩原紘伊 2020『村落エコツーリズムをつくる人びと——バリの観光開発と生活をめぐる民族誌』風響社．
Jasanoff, S.（ed）2004. *States of Knowledge: The Co-production of Science and the Social Order.* Routledge.
JICA 1993. *The Study on the Solid Waste Management Improvement for Surabaya City in the Republic of Indonesia, Final Report volume 1 Main Report.* JICA.
自治体国際化協会 2009『インドネシアの地方自治』自治体国際化協会．
鏡味治也 2000『政策文化の人類学——せめぎあうインドネシア国家とバリ地域住民』世界思想社．
鏡味治也編著 2012『民族大国インドネシア——文化継承とアイデンティティ』木犀社．
金子守恵 2019「使い終えた授業ノートをめぐって——ゴミとして識別されていく過程を人—「もの」関係としてとらえる試み」床呂郁哉・河合香吏編『ものの人類学 2 ——人間と非人間のダイナミクス』pp. 251-256. 京都大学学術出版会．
加藤剛 2003「開発と革命の語られ方——インドネシアの事例より」『民族學研究』67（4）: 424-449．
小林和夫 2000「インドネシアの住民組織 RT・RW の淵源——日本占領期ジャワにおける隣組・字常会の導入」『総合都市研究』71: 175-192．
国際協力事業団 1987『インドネシア国ジャカルタ都市廃棄物整備計画調査報告書』国際協力事業団（JICA）．
———1991『インドネシア国スラバヤ市廃棄物処理計画調査事前調査報告書』国際協力事業団（JICA）．
倉沢愛子 1998「インドネシアの村落開発における情報伝達——「クロンプンチャピル」を中心に」『アジア経済』39（9）: 71-90．
———2001『ジャカルタ路地裏フィールドノート』中央公論新社．
Kurniawan, F. & S. K. Setyobudi 2013. Klausula Tipping Fee Dalam Kontrak Kerjasama Pemerintah Dengan Swasta（Public-Private Partnership）Pengelolaan Persampahan. *ADIL Jurnal Hukum* 4（1）: 24-48.
Kusno, A. 2013. *After the New Order: Space, Politics and Jakarta.* University of Hawaii Press.
Larkin, B. 2013. The Politics and Poetics of Infrastructure. *Annual Review of Anthropology* 42: 327-343.
ラトゥール, B. 1999『科学が作られているとき——人類学的考察』川崎勝・高田紀代志訳 産業図書．
———2008『虚構の「近代」——科学人類学は警告する』川村久美子訳 新評論．
———2019『社会的なものを組み直す——アクターネットワーク理論入門』伊藤嘉高訳 法政大学出版局．
———2023『パストゥールあるいは微生物の戦争と平和、ならびに「非還元」』荒金直人訳 以文社．
ラトゥール, B. & S. ウールガー 2021『ラボラトリー・ライフ——科学的事実の構築』立石裕二・森下翔監訳 ナカニシヤ出版．
Lavigne, F., P. Wassmer, C. Gomez, T. A. Davies, D. S. Hadmoko, T. Y. W. M. Iskandarsyah, J. C. Gaillard, M. Fort, P. Texier, M. B. Heng, & I. Pratomo 2014. The 21 February 2005, Catastrophic Waste Avalanche at Leuwigajah dumpsite, Bandung, Indonesia. *Geoenvironmental Disasters* 1（1）: 1-12.

Lee, D. 2016. *Activist Archives: Youth Culture and the Political Past in Indonesia*. Duke University Press.
レヴィ゠ストロース, C. 1976『野生の思考』大橋保夫訳 みすず書房。
Luckin, B. 2001. Pollution in the City. In M. Daunton (ed) *The Cambridge Urban History of Britain volume 3*, pp. 207-228. Cambridge University Press.
前田利蔵 2010「堆肥化の推進と住民参加によるごみ削減──スラバヤ市の廃棄物管理モデル分析」『IGES ポリシー・ブリーフ』9: 1-12。
前川啓治ほか 2018『ワードマップ 21 世紀の文化人類学──世界の新しい捉え方』新曜社。
Marres, N. 2007. The Issues Deserve More Credit: Pragmatist Contributions to the Study of Public Involvement in Controversy. *Social Studies of Science* 37 (5): 759-780.
―――. 2012. *Material Participation: Technology, the Environment and Everyday Publics*. Palgrave Macmillan.
Marshall R. E. & K. Farahbakhsh 2013. Systems Approaches to Integrated Solid Waste Management in Developing Countries. *Waste Management* 33 (4): 988-1003.
松井和久編 2003『インドネシアの地方分権化──分権化をめぐる中央・地方のダイナミクスとリアリティー』アジア経済研究所。
McDougall, F. R., P. R. White, M. Franke, & P. Hindle 2001 (2004). *Integrated Solid Waste Management: A Life Cycle Inventory 2nd Edition*. Wiley-Blackwell.(『持続可能な廃棄物処理のために──総合的アプローチと LCA の考え方』松藤敏彦訳 技法堂出版。)
Medina, M. 2007. *The World's Scavengers: Salvaging for Sustainable Consumption and Production*. Alta Mira Press.
メドウズ, D. H., D. L. メドウズ, J. ランダーズ, & W. W. ベアランズ三世 1972『成長の限界──ローマ・クラブ「人類の危機」レポート』大来佐武郎監訳 ダイヤモンド社。
Melosi, M. V. 2005. *Garbage in the Cities: Refuse, Reform, and the Environment*. University of Pittsburgh Press.
見市建 2014『新興大国インドネシアの宗教市場と政治』NTT 出版。
Millar, K. M. 2018. *Reclaiming the Discarded: Life and Labor on Rio's Garbage Dump*. Duke University Press.
Miller, D. 1987. *Material Culture and Mass Consumption*. Blackwell.
―――. (ed) 1998. *Material Cultures: Why Some Things Matter*. UCL Press/The University of Chicago Press.
溝入茂 1988『ごみの百年史──処理技術の移りかわり』学芸書林。
Mohsin, A. 2015. Jakarta Under Water: The 2007 Flood and the Debate on Jakarta's Future Water Infrastructure. *Jurnal Wilayah dan Lingkungan* 3 (1): 39-58.
森田良成 2008「貧乏──『カネがない』とはどういうことか」春日直樹編『人類学で世界をみる──医療・生活・政治・経済』pp. 263-279. ミネルヴァ書房。
村上咲 2007「ペスト対策を通じたオランダ領東インド専門保健行政の定着 1900〜1925 年」『社会経済史学』73 (3): 283-301。
村松伸・村上暁信・林憲吾・栗原伸治編 2017『メガシティ 5──スプロール化するメガシティ』東京大学出版会。
村松伸・岡部明子・林憲吾・雨宮知彦編 2017『メガシティ 6──高密度化するメガシティ』東京大学出版会。
Nagle, R. 2013. *Picking Up: On the Streets and Behind the Trucks with the Sanitation Workers of New York City*. Farrar Straus and Giroux.
Newberry, J. 2006. *Back Door Java: State Formation and the Domestic in Working Class Java*. University of Toronto Press.
Nguyen, M. T. N. 2018. *Waste and Wealth: An Ethnography of Labor, Value, and Morality in a*

Vietnamese Recycling Economy. Oxford University Press.
Ni'mah, N. L. 2016. *Pengelolaan Sampah Kota Surabaya Tahun 1916-1940.* Skripsi Universitas Airlangga.（アイルランガ大学卒業論文）
Nomura, K. 2007. Democratisation and Environmental Nongovernmental Organisations in Indonesia. *Journal of Contemporary Asia* 37（4）: 495-517.
野村政修 2011「北九州市が取り組んできた環境政策」『九州国際大学経営経済論集』17（3）: 13-21。
OECD 2015. *Environment at a Glance 2015: OECD Indicators.* OECD Pub.
———. 2019. *Waste Management and the Circular Economy in Selected OECD Countries: Evidence from Environmental Performance Reviews.* OECD Pub.
岡本正明 2015『暴力と適応の政治学——インドネシア民主化と地方政治の安定』京都大学学術出版会。
Pellow, D. N. 2002. *Garbage Wars: The Struggle for Environmental Justice in Chicago.* MIT Press.
———. 2007. *Resisting Global Toxics: Transnational Movements for Environmental Justice.* MIT Press.
Pemerintah Kota Surabaya 2016. *Rencana Pembangunan Jangka Menengah Daerah Kota Surabaya Tahun 2016-2021.* Pemerintah Kota Surabaya.
Perry, S. 1998. *Collecting Garbage: Dirty Work, Clean Jobs, Proud People.* Routledge.
Peters, R. 2013. *Surabaya, 1945-2010: Neighborhood, State and Economy in Indonesia's City of Struggle.* NUS Press.
Pinch, T. J. & W. E. Bijker 1987. The Social Construction of Facts and Artefacts: Or How the Sociology of Science and the Sociology of Technology Might Benefit Each Other. In W. E. Bijker, T. P. Hughes, & T. Pinch（eds）*The Social Construction of Technological Systems: New Directions in the Sociology and History of Technology,* pp. 17-50. MIT Press.
Prasetiyo, W. H., K. R. Kamarudin, & J. A. Dewantara 2019. Surabaya Green and Clean: Protecting Urban Environment through Civic Engagement Community. *Journal of Human Behavior in the Social Environment* 29（8）: 997-1104.
Premakumara J. D. G. 2012. Kitakyushu City's International Cooperation for Organic Waste Management in Surabaya City, Indonesia and Its Replication in Asian Cities. IGES.（https://pub.iges.or.jp/pub/kitakyushu-citys-international-cooperation 2022 年 10 月 7 日閲覧）
Puspitasari, D. E. 2016. Surabaya Sebagai Kota Adipura pada Masa Kepemimpinan Poernomo Kasidi pada Tahun 1984-1994. *AVATARA, e-Journal Pendidikan Sejarah* 4（2）: 373-387.
リード, A. 2021『世界史のなかの東南アジア——歴史を変える交差路（上）』太田淳・長田紀之監訳 名古屋大学出版会。
Reno, J. 2015. Waste and Waste Management. *Annual Review of Anthropology* 44（1）: 557-572.
———. 2016. *Waste Away: Working and Living with a North American Landfill.* University of California Press.
Ricklefs, M. C. 2008. *A History of Modern Indonesia since c. 1200 4th Edition.* Stanford University Press.
Rip, A. & R. Kemp 1998. Technological Change. In S. Rayner & E. L. Malone（eds）*Human Choice and Climate Change: Resources and Technology,* pp. 327-399. Battelle Press.
定松淳 2018『科学と社会はどのようにすれ違うのか——所沢ダイオキシン問題の科学社会学的分析』勁草書房。
齊藤綾美 2009『インドネシアの地域保健活動と「開発の時代」——カンポンの女性に関するフィールドワーク』御茶の水書房。
桜井国俊 2018「環境衛生分野の国際協力に 40 年携わって」『廃棄物資源循環学会誌』29（1）: 81-88。
佐々木俊介 2015『廃棄物最終処分場におけるインフォーマル・リサイクル——インドネ

シア共和国バンタル・グバン廃棄物最終処分場を事例に』博士論文 東京大学。
佐藤百合 2008「スラバヤ」『新版 東南アジアを知る事典』p. 229. 平凡社。
関谷雄一 2010『やわらかな開発と組織学習――ニジェールの現場から』春風社。
柴田晃芳 2001「政治的紛争過程におけるマス・メディアの機能(2・完)――「東京ゴミ戦争」を事例に」『北大法学論集』52 (2): 143-171。
島上宗子 2001「ジャワ農村における住民組織のインボリューション――スハルト政権下の「村落開発」の一側面」『東南アジア研究』38 (4): 512-551。
Soekarno 2016 (1959). *Di Bawah Bendera Revolusi*. Banana Books.
スマルジャン, S. & K. ブリージール 2000『インドネシア農村社会の変容――スハルト村落開発政策の光と影』中村光男監訳 明石書店。
Stamatopoulou-Robbins, S. 2019. *Waste Siege: The Life of Infrastructure in Palestine*. Stanford University Press.
Star, S. L. 1999. The Ethnography of Infrastructure. *American Behavioral Scientist* 43 (3): 377-391.
Star, S. L. & K. Ruhleder 1996. Steps toward an Ecology of Infrastructure: Design and Access for Large Information Spaces. *Information Systems Research* 7 (1): 111-134.
Strasser, S. 1999. *Waste and Want: A Social History of Trash*. Metropolitan Books.
杉島敬志・中村潔編 2006『現代インドネシアの地方社会――ミクロロジーのアプローチ』NTT 出版。
スルヤクスマ, J. 2022「国家イブイズム――「新秩序」体制下のインドネシアにおける女性性の領有と歪曲」森本一彦・平井晶子・落合恵美子編『家族イデオロギー（リーディングス アジアの家族と親密圏第 1 巻）』pp. 93-110. 有斐閣。
高倉弘二 2023『高倉式コンポストと JICA の国際協力――スラバヤから始まった高倉式コンポストの歩み』佐伯コミュニケーションズ。
高野さやか 2015『ポスト・スハルト期インドネシアの法と社会――裁くことと裁かないことの民族誌』三元社。
滝沢秀一 2018『このゴミは収集できません――ゴミ清掃員が見たあり得ない光景』白夜書房。
Thompson, M. 1979. *Rubbish Theory: The Creation and Destruction of Value*. Oxford University Press.
Tsing, A. L. 2005. *Friction: An Ethnography of Global Connection*. Princeton University Press.
津田浩司 2011『「華人性」の民族誌――体制転換期インドネシアの地方都市のフィールドから』世界思想社。
Vannini, P. & J. Taggart 2014. *Off the Grid: Re-assembling Domestic Life*. Routledge.
von Schnitzler, A. 2016. *Democracy's Infrastructure: Techno-Politics and Protest after Apartheid*. Princeton University Press.
Wijayanti, D. R. & S. Suryani 2015. Waste Bank as Community-based Environmental Governance: A Lesson Learned from Surabaya. *Procedia: Social and Behavioral Sciences* 184: 171-179.
ウィナー, L. 2000『鯨と原子炉――技術の限界を求めて』吉岡斉・若松征男訳 紀伊國屋書店。
山口富子・福島真人編 2019『予測がつくる社会――「科学の言葉」の使われ方』東京大学出版会。
吉田航太 2018「インフラストラクチャー／バウンダリーオブジェクトにおける象徴的価値の問題――インドネシアにおける廃棄物堆肥化技術をめぐって」『文化人類学』83 (3): 385-403。
―――― 2021「市民参加」日比野愛子・鈴木舞・福島真人編『ワードマップ科学技術社会学 (STS)――テクノサイエンス時代を航行するために』pp. 156-161. 新曜社。

吉原直樹 2000『アジアの地域住民組織——町内会・街坊会・RT/RW』御茶の水書房。
——2005『アジア・メガシティと地域コミュニティの動態——ジャカルタのRT/RWを中心にして』御茶の水書房。

索　引

あ行

アイルランガ大学　　32, 143, 145, 150, 151
アクターネットワーク理論　　3
アジア通貨危機　　145　→通貨危機
アジア低炭素化センター　　87
アディウィヤタ（Adiwiyata）　186
アディプラ（Adipura）　38, 39, 64, 68, 109, 186
アパデュライ（Appadurai, A.）　10
アブ飼育　　213
アブの繁殖　　211
イェルイェル（yel-yel）　192, 195-197, 207
イスラーム　　33, 37, 82, 191, 192, 196
インドネシア　　23-25, 31, 80, 81, 139, 225, 226
インドネシア共産党　　37
インフラ（インフラストラクチャー）　1, 14, 25, 66, 120, 122, 217, 223-226
　——人類学　　5
ウェイストピッカー　　19, 50
埋立処分　　18, 65, 111
　——場　　14, 118　→最終処分場
埋立処理　　15
エコブリック　　179, 180
黄色部隊（pasukan kuning）　39, 49
オープンダンピング　　58
汚職　　26, 116
オランダ　　34, 80
　——領東インド　　36

か行

開発　　2
　——主義　　25, 38, 135, 137
科学技術社会学（Science and Technology Studies, STS）　2-4, 7, 20, 66, 120
華人　　33, 34, 45, 55, 94, 203, 205
ガス化　　113, 114, 122-124　→ブノウォ最終処分場, X社
　——溶融炉　　114
カルパタル（Kalpataru）　186
環境
　——NGO　→NGO
　——運動　　15, 71, 123
　——コンテスト　　167, 182, 209, 210
　——問題　　15, 18, 19, 38, 139, 140
　——リーダー　　187, 205, 208, 209
慣習社会（masyarakat adat）　137
慣習村　　203
カンプン（kampung）　34-37, 90, 134, 159, 174-176, 183, 188, 190, 193, 199-201
北九州市　　85-87, 105, 113, 146, 152, 163, 164
クプティ最終処分場（TPA Keputih）　53, 57-59, 61, 65, 66, 143, 144
軍（国軍）　　37, 58, 61, 134
グンディ地区（Kelurahan Gundih）　201, 202
公園　　63, 64, 94, 107, 166, 168, 169
公衆衛生　　12-14, 35, 36, 159, 161
洪水　　80, 169, 171, 173
五ヵ年計画　　38, 39
コネット，ポール（Connett, P.）　71
ゴミ　　8, 9
　——銀行（bank sampah）　158, 181, 193, 205, 207, 208, 212
　——の洪水（banjir sampah）　57, 59, 60, 62, 69
　青ゴミ（sampah biru）　77-79
　黄ゴミ（sampah kuning）　77-79
　残渣ゴミ（sampah sisa, sampah residu）　100, 101
　濡れゴミ／乾きゴミ（sampah basah/sampah kering）　77
　非有機ゴミ（sampah anorganik）　76, 99
　有機ゴミ（sampah organik）　73, 74, 76, 94, 99, 100
ゴミ問題　　65
　——の複数性　　222
コミュニティ　　132, 135, 136, 138, 168, 173　→マシャラカット
混合性　　181
コンポスト　　208

246　索　引

　　　──センター　94
　　　──ハウス　107, 108, 110, 127, 144-146
さ行

最終処分場　48, 52　→
参加型開発（participatory development）
　　　131, 132, 137, 154, 155　→住民参加
残余年数　127
残余容量　118, 126
事業系廃棄物　105
市場　49, 54, 98, 107
　　　──化　18, 98, 99, 110, 111, 117, 128, 129, 218
自然　7
　　　──愛好家　140, 144
実践　9-11
社会　1, 6-8, 132-136, 138, 203, 205, 223, 225, 226
社会的起業（social entrepreneurship）　211
ジャカルタ　32, 33, 54, 99, 101, 121, 148, 171, 211
ジャムゥ（jamu）　193, 199
ジャワ　82, 138, 142
　　　──語　33
　　　──人　33, 34, 54, 90
ジャワポス社（Jawa Pos）　115, 183, 185
ジャンバンガン地区（Kelurahan Jambangan）　167, 184, 185, 208
収集人　41-46, 48, 54, 77, 91
住民参加（partisipasi masyarakat）　19, 25, 131, 137, 157, 161, 180, 181, 204-207, 210, 218, 219, 225
手芸品　176-178, 181, 192, 208, 210
授賞式　195, 207
焼却処理　15, 67, 72, 123
焼却炉　14, 68, 69, 71, 124
象徴　4, 9, 10, 110
ジョグジャカルタ　159, 179
ジョコ・ウィドド（Joko Widodo）　26, 123
処理費用　105, 106, 126, 127
ジル（Gille, Z.）　17, 22
スカルノ（Soekarno）　115, 133, 134
スター（Star, S. L.）　66, 120
スナルト（Soenarto Soemoprawiro, スラバヤ市長）　60-62

スハルト（Suharto）　37, 134-136, 140, 141, 148, 188, 189, 203
　　　──政権　24
　　　──体制　58　→ポストスハルト体制
スラバヤ　31-35, 38, 39, 86, 87, 202, 224
スラバヤ教育大学　32, 167, 184, 208
スラバヤ工科大学　32, 72
政治　5, 6, 172, 213, 214
生成　20, 203, 204, 206, 215
清掃公園局　46, 49, 52, 94, 106, 166, 190
創造性（kreatif）　177, 178, 198, 199
組成調査　73, 74

た行

ダイオキシン　16, 71, 72
大規模技術システム　1, 4, 14
堆肥　18, 110, 163, 181
　　　──化　76, 94, 103, 107, 109
高倉弘二　163, 164　→タカクラバスケット
タカクラバスケット　146, 163, 173　→堆肥化
ダグラス（Douglas, M.）　9
竹（竹製）　174
樽コンポスター　166, 173, 185, 208　→コンポスト，堆肥化
ダンドゥット　192, 195, 196
地区（kelurahan）　183, 187
地方代表議会（Dewan Perwakilan Daerah, DPD）　214
中継所　39, 43, 46-48, 52, 89, 90
通貨危機（1997年）　69　→アジア通貨危機
統合的廃棄物処理（Integrated Waste Management）　16, 18, 22, 76, 217, 220, 223, 224
闘争民主党（PDIP）　61, 62, 115, 122, 144
道徳的な問題としてのゴミ　65, 80, 81
トガ（家庭薬草園）　199
独立記念日（8月17日）　190
ドレス　177, 178
トロンメル　95, 96, 103

な行

二重のインフォーマリティ　39, 40, 55, 221
日本　67, 72, 81, 118, 135, 224

は行

廃棄物処理　8, 12, 38, 55, 224
廃棄物発電所　122-124
廃棄レジーム　17, 22　→ジル
パッカー車　48, 91
バリ　142, 179, 196, 203
バンタル・グバン最終処分場（TPA Bantar Gebang）　54, 99, 121
バンバン（Bambang Swerda）　159, 160　→ゴミ銀行
バンバン（Bambang Dwi Hartono, スラバヤ市長）　60-64, 82, 184, 202
ビオポリ（biopori）　168　→堆肥化
美学　174
ヒューズ（Hughes, T. P.）　4
不可視　66, 120
福島　1, 3, 7
複数性　226
プグプル（pengepul）　51-53, 94, 162　→プムルン
不決定の政治　224
婦人会（Pembinaan Kesejahteraan Keluarga）　188, 192
プスダコタ（Pusat Pemberdayaan Komunitas Perkotaan）　145, 164, 165　→NGO
物質　110, 175
　　──性　12, 13
　　──文化　2, 10, 11, 81
ブノウォ最終処分場（TPA Benowo）　48, 111, 112, 118-126
ププック・インドネシア（Pupuk Indonesia）　106, 107, 143
プムルン（pemulung）　50-54, 77, 99, 100, 101, 119, 162, 178
浮遊する大衆（massa mengambang）　135
プラスチック　15, 93, 94, 101, 148, 152, 179, 208
ブラタ，カミル（Brata, K. R.）　170　→ビオポリ
プルノモ（Poernomo Kasidi, スラバヤ市長）　38
プルマハン（perumahan）　35, 90, 193, 203, 205, 207
文化　1, 6, 82, 201, 225

文化人類学（人類学）　1, 5, 6
分散　22, 23, 25, 26, 220-224, 226
分別　16, 18, 19, 76-79, 89, 99, 158, 191
プンボンカル（pembongkar）　52, 101　→プムルン
ペトロキミア（Petrokimia Gresik）　98
ポストスハルト（期・体制）　24, 25, 58, 63, 137, 138, 189, 217, 226
ポスヤンドゥ（Posyandu）　186, 188
ポロ・プンデム（polo pendem）　193, 199

ま行

マシャラカット（masyarakat）　25, 131-139, 141, 146, 148, 154, 203, 206, 209, 225, 226　→住民参加
マスタープラン　40, 67
マドゥラ（人）　33, 34, 54, 90, 193, 194, 202, 204
マングローブ　154, 214
民営化　18, 19, 112, 120, 129
民族覚醒党（Partai Kebangkitan Bangsa）　214　→PKB
民族誌　1, 23, 24
メガワティ（Megawati Sukarnoputri）　115
メダン　55, 94

や行

有機肥料　105
ユニリーバ　167, 184, 222

ら行

ラトゥール（Latour, B.）　3, 7, 75
リサイクル（daur ulang）　16-19, 50, 72, 88, 99, 103, 109, 157, 158, 173, 175, 181, 192
リスマ（Tri Rismaharini, スラバヤ市長）　72, 212
リドワン・カミル（Ridwan Kamil）　63
リヤカー　39, 43, 46, 77, 91, 109
倫理政策　36
レヴィ=ストロース（Lévi-Strauss, C.）　4
ロンバ（lomba）　186, 188, 190, 201-203　→コンテスト
ロンベン（rombeng）　51, 53, 54　→プムルン

わ行

ワークショップ　153, 179, 205, 208　→ソシアリサシ
ワルダ・ハフィズ（Wardah Hafidz）　148, 149　→UPC

AtoZ

AusAID（オーストラリアの援助機関）　144, 145
A社（北九州市の企業）　85, 86, 88-90, 105-107, 112-114, 121, 129, 147, 188
C/N比（炭素と窒素の比率）　104, 105
JICA（国際協力事業）　40, 66-69, 88, 94, 118
LSM（社会自助団体）　141　→NGO
MDS　183　→環境コンテスト
MUI（インドネシア・ウラマー評議会）　82
NGO　25, 71, 79, 115, 120, 131, 132, 139, 163, 179, 180, 197, 206-208, 212, 213, 216, 219
NIMBY（Not in My Backyard）　20
NS　147, 179, 205, 207, 210-215　→NGO
RT（Rukun Tetangga）　41-44, 46, 135, 136, 138, 160, 162, 182, 183, 185, 188-191, 196-198, 203, 209
RW（Rukun Warga）　41, 135, 136, 138, 187, 189, 203
SDM（Sumber Daya Manusia, 人的資源）　81
SGC（Surabaya Green and Clean）　182-184
TPS（Tempat Pembuangan Sementara, 中継所）　47
UPC（Urban Poor Consortium）　148, 149　→NGO
WALHI（Wahana Lingkungan Hidup Indonesia）　140　→NGO
X社　111, 112, 114-117, 120, 121, 125-127, 129

著者略歴

1990年兵庫県生まれ。東京大学大学院総合文化研究科博士課程修了。博士（学術）。現在、静岡県立大学大学院国際関係学研究科助教。専門は文化人類学、科学技術社会学、東南アジア地域研究。

主な論文に「ダークインフラの合理性——インドネシアの廃棄物最終処分場における不可視への動員とその効果」『文化人類学研究』22巻、「インフラストラクチャー／バウンダリーオブジェクトにおける象徴的価値の問題——インドネシアにおける廃棄物堆肥化技術をめぐって」『文化人類学』83巻3号、著作に『ワードマップ科学技術社会学（STS）』（共著、新曜社）、翻訳に『ラボラトリー・ライフ——科学的事実の構築』（B. ラトゥール＆S. ウールガー著、共訳、ナカニシヤ出版）などがある。

ゴミが作りだす社会
現代インドネシアの廃棄物処理の民族誌

2025年1月31日　初　版

［検印廃止］

著　者　吉田航太

発行所　一般財団法人　東京大学出版会
　　　　代表者　中島隆博
　　　　153-0041 東京都目黒区駒場 4-5-29
　　　　https://www.utp.or.jp/
　　　　電話 03-6407-1069　Fax 03-6407-1991
　　　　振替 00160-6-59964

印刷所　株式会社三陽社
製本所　誠製本株式会社

Ⓒ 2025 Kota Yoshida
ISBN 978-4-13-036292-4　Printed in Japan

JCOPY 〈出版者著作権管理機構　委託出版物〉
本書の無断複写は著作権法上での例外を除き禁じられています。複写される場合は、そのつど事前に、出版者著作権管理機構（電話 03-5244-5088、FAX 03-5244-5089、e-mail: info@jcopy.or.jp）の許諾を得てください。

編著者	書名	判型	価格
山口富子 編 福島真人	予測がつくる社会 「科学の言葉」の使われ方	四六	3200 円
福島真人 著	真理の工場 科学技術の社会的研究	四六	3900 円
福島真人 著	「実験」とは何か 科学・社会・芸術から考える	四六	5400 円
鈴木舞 著	科学鑑定のエスノグラフィ ニュージーランドにおける法科学ラボラトリーの実践	A5	6200 円
廣野喜幸 藤垣裕子 定松淳 内田麻理香 編	科学コミュニケーション論の展開	A5	3600 円

ここに表示された価格は本体価格です．ご購入の際には消費税が加算されますのでご了承ください．